マリタイムカレッジシリーズ

エクセルで試してわかる 数学と物理

商船高専キャリア教育研究会 編

KAIBUNDO

■執筆者一覧

　CHAPTER 1　　内山　憲子（広島商船高等専門学校）
　　　　　　　　西井　典子（富山高等専門学校）
　CHAPTER 2　　岩崎　寛希（大島商船高等専門学校）
　　　　　　　　中谷　俊彦（富山高等専門学校）
　CHAPTER 3　　向瀬紀一郎（弓削商船高等専門学校）
　　　　　　　　小田　真輝（鳥羽商船高等専門学校）
　CHAPTER 4　　遠藤　真　（富山高等専門学校）
　　　　　　　　岩崎　寛希
　　　　　　　　石田　邦光（鳥羽商船高等専門学校）
　　　　　　　　中谷　俊彦
　　　　　　　　向瀬紀一郎
　　　　　　　　小田　真輝
　　　　　　　　経田　僚昭（富山高等専門学校）

■編集幹事

　向瀬紀一郎
　内山　憲子

まえがき

　船を動かすには，多くの科学的な知識が必要です。船長は航法や船体運動などについて，機関長はエンジンや電気機器などについて，よく知っていなければいけないでしょう。

　さらに，これからも科学の発達とともに，船も進化していくでしょうから，どんどん新しい知識も必要になってくることでしょう。ますます高度化していく海上輸送の担い手は，過去の知識だけでなく，未来の技術へ対応していく柔軟な能力も，身につけておいたほうがよいでしょう。

　しかしどのような科学技術であれ，数学の定理や，物理の法則によって，理解できるものばかりです。数学や物理の基礎を，しっかりと理解した技術者なら，次々と登場してくる新技術も，すばやく吸収していくことができるのです。いつも最先端の船で，ずっと活躍し続けることができるのです。

　ですから，船乗りを目指す商船学科の学生たちには，まずは数学や物理の勉強にがんばってほしいと思います。そして数学や物理が身につくよう，いまのうちに練習問題や実験実習に，繰り返し取り組んでおいてほしいと願います。でも，練習問題は計算に時間がかかるし，実験実習は失敗が怖いですよね。

　そこで，パソコンを使って問題を解いたり，パソコンを使って実験を試したりしてみてはどうでしょうか。パソコンを使えば，筆算で手が疲れることもありませんし，操作を誤って怪我をしてしまうこともありません。一人のときでも，何度でも，挑戦してみることができるのです。

　そんなパソコンを使った数学や物理の勉強法の例を，この一冊にまとめました。5つの高専の教員たちが持ち寄った，商船学科の学生たちにぴったりの，とっておきの問題や実験ばかりです。

この本の CHAPTER 1 から CHAPTER 3 までは，情報処理の授業で活用されることを想定し，およそ 1 節分の内容が 1 回分の授業に適量となるよう，工夫されたものになっています。

　CHAPTER 1 では，パソコン用の代表的な表計算ソフトである，エクセルの使い方について，基本から学べるようになっています。パソコンに不慣れな学生も，レポートや論文などで幅広くエクセルを活用できるようになるでしょう。

　CHAPTER 2 では，エクセルを利用しながら数学を勉強できるようになっています。三角関数や連立方程式の計算法，微分と積分の意味，さらに多量のデータの統計的な分析法を，理解できるようになるでしょう。

　CHAPTER 3 では，エクセルを利用しながら物理を勉強できるようになっています。コンピュータシミュレーションを納得いくまで体験することで，力学や電気工学，そして熱力学の重要な法則を，理解できるようになるでしょう。

　そして CHAPTER 4 では，商船学に関する専門的な問題を，エクセルを活用して解決する例が紹介されています。将来の研究や仕事などにおいて強力な味方になってくれるコンピュータの有用性を，実感することができるでしょう。

　各章には練習問題も付属しています。身につくまで何度でも，繰り返しチャレンジできるようになっています。パソコンは道具ですので，使い方を体で覚えることが大切です。数学や物理も，問題解決のための道具のようなものですので，使い慣れることが大切です。

　この本の出版に際しては，たくさんの方々が協力してくださいました。末筆となりましたが，各校の教職員の皆様と，海文堂出版編集部の岩本登志雄様に，厚くお礼申し上げます。

編集幹事
向瀬紀一郎（弓削商船高等専門学校）
内山　憲子（広島商船高等専門学校）

目　　次

執筆者一覧 ……………………………………………………………… *2*
まえがき ………………………………………………………………… *3*
本書の記述について …………………………………………………… *7*

CHAPTER 1　エクセルを使う ……………………………………… *9*
　　1.1　エクセルの基本操作 ……………………………………… *10*
　　1.2　エクセルでの計算方法 …………………………………… *25*
　　1.3　グラフ描画 ………………………………………………… *34*
　　1.4　ワークシートの機能 ……………………………………… *49*
　　1.5　IF 関数など ………………………………………………… *65*
　　1.6　エクセルの活用 …………………………………………… *75*
　　1.7　エクセルの印刷法 ………………………………………… *80*
　　1.8　エクセル使用法一覧 ……………………………………… *83*
　　1.9　練習問題 …………………………………………………… *85*

CHAPTER 2　エクセルで理解する数学 ………………………… *89*
　　2.1　ラジアン，三角関数，三角比 …………………………… *90*
　　2.2　連立方程式 ………………………………………………… *95*
　　2.3　微分 ………………………………………………………… *99*
　　2.4　積分 ………………………………………………………… *101*
　　2.5　統計処理 …………………………………………………… *109*
　　2.6　最小 2 乗法と近似曲線 …………………………………… *117*
　　2.7　練習問題 …………………………………………………… *123*

CHAPTER 3　エクセルで理解する物理 … 129
　3.1　力と運動 … 129
　3.2　仕事とエネルギー … 137
　3.3　電気回路 … 144
　3.4　熱と温度 … 151
　3.5　練習問題 … 158

CHAPTER 4　エクセルで解く商船学の問題 … 163
　4.1　横傾斜（ヒール）と縦傾斜（トリム） … 164
　4.2　航法の計算 … 183
　4.3　誘導電動機のトルク特性の理解 … 199
　4.4　内燃系，熱系現象の理解 … 206
　4.5　梁の曲げ応力と船体縦強度 … 218
　4.6　物理現象の数学モデル（1階線形微分方程式） … 233
　4.7　練習問題 … 246

練習問題の解答例　CHAPTER 1 … 253
　　　　　　　　　CHAPTER 2 … 255
　　　　　　　　　CHAPTER 3 … 260
　　　　　　　　　CHAPTER 4 … 265

索引 … 275

本書の記述について

　本書の説明は，基本ソフトとして Microsoft Windows 8 の利用を想定し，表計算ソフトとして Microsoft Excel 2013（本書ではエクセルと呼ぶ）の利用を想定したものとなっている。

　また，本書の文中で使われる各種の記号には，次表のような意味がある。

記号の例	記号の意味
[Enter]	キーボード上の「Enter」キーを押す操作
[Shift]+[Ctrl]	「Shift」キーと「Ctrl」キーを同時に押す操作
[ホーム]タブ -[段落]グループ -[中央揃え]	「ホーム」というタブにある， 「段落」というグループの， 「中央揃え」というメニュー
A2	列番号 A 列，行番号 2 行のセル
C3:F5	列番号 C 列，行番号 3 行のセルから， 列番号 F 列，行番号 5 行のセルまでの矩形の範囲
=A2+SUM（C3:F5）	キーボードやメニューなどを使って， 数式バーに表記どおりの数式や関数を設定し， セルに計算結果を表示させる操作
{123}	「123」という数値のキーボードによる入力
{商船}	「商船」という文字列のキーボードによる入力
❶, ❷, ❸, ……	例題などにおけるエクセルの操作手順
§1.2.3	CHAPTER 1 の第 2 節の第 3 項で説明している事項

CHAPTER 1

エクセルを使う

　本章では，表計算ソフトであるエクセルを使うと，どんなことができるのか，どんな点が便利なのかを学ぶことで，次章以降の数学や物理の問題への理解につなげてもらいたい。

　ここでは，エクセル基礎として，以下の項目を中心に学ぶ。

---
1. 表の作成や書式の設定：表を簡単に作成することや，さまざまなデータを簡単に編集することができること
2. 計算：集計や複雑な計算を簡単にできることや，関数機能を使用することで，便利に作業できること
3. グラフの作成：さまざまな種類のグラフのなかから，表現する目的によってグラフを選び取り，作成することができること

　各節で取り組み，例題として解説する技術項目は以下のとおりである。

1.1　エクセルの基本操作　　　1.6　エクセルの活用

1.2　エクセルでの計算方法　　1.7　エクセルの印刷法

1.3　グラフ描画　　　　　　　1.8　エクセル使用法一覧

1.4　ワークシートの機能　　　1.9　練習問題

1.5　IF関数など

　本章で解説する内容は，次章以降の数学や物理の問題を解くために必要となるエクセルの基礎知識を学ぶものであり，授業以外でもエクセルを活用したいと考える学生の入門テキストとして，役立ててくれることを期待する。

1.1 エクセルの基本操作

　この節では，エクセルの起動と終了の方法およびデータの入力，修正や消去，オートフィル機能，ファイルの保存について学ぶ。

1.1.1 エクセルの起動と終了

　エクセルを使うためには，まずエクセルを起動し，使い終わったらエクセルを終了することが必要となる。

(1) エクセルアプリがスタート画面上にある場合

❶　画面下部のスクロールバーで右側の画面を表示させる。

❷　エクセルのアプリ[Excel 2013] をタップ，またはマウスでクリックする。

 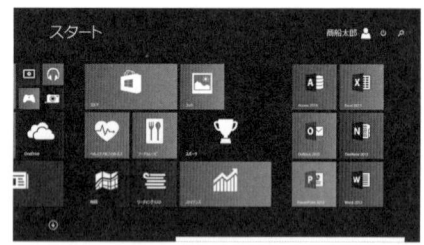

❸　エクセルが起動する。

(2) エクセルアプリがスタート画面上にない場合

❶　画面の右端からスワイプ，またはマウスポインタを画面の右上か右下に合わせると，画面の右端にチャームバーが出現する。ここで[**検索**]をタップ，またはマウスでクリックする。

　スワイプとは，タッチスクリーン上を指でなぞる動作のことをいう。また，チャームバーとは，画面の右端に出現する部分のことをいい，頻繁に使う機能や操作が配置されていて，すぐに実行することができるようになっている。

❷ 検索内容を {Excel} と入力すると，エクセルのアプリ「Excel 2013」が検索結果に現れるので，これを選択して起動する。

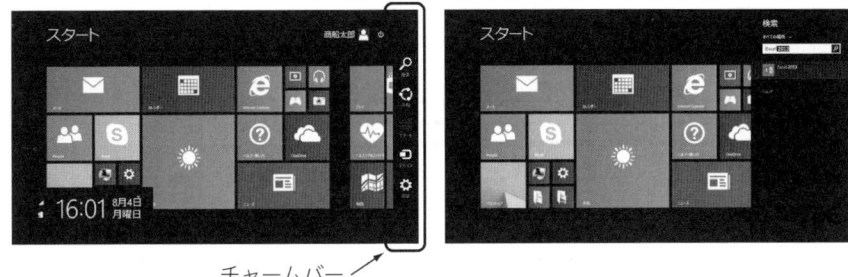

チャームバー

❸ エクセルが起動する。

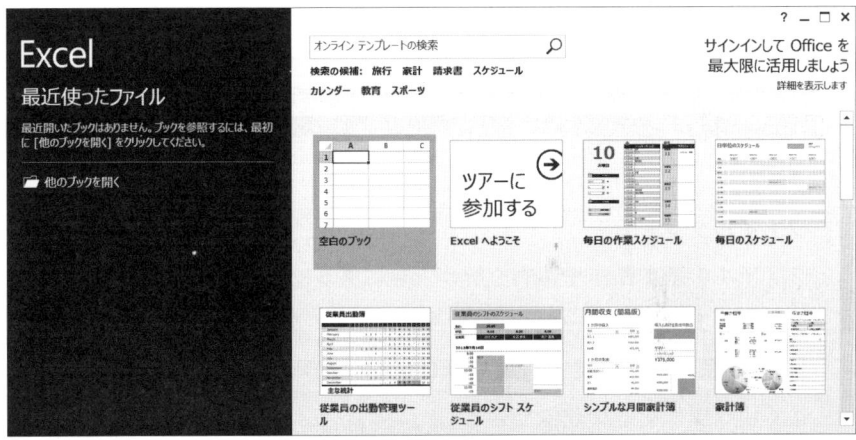

(**3**) エクセルの終了

ウィンドウ右側上の「閉じる」ボタンをクリックする。

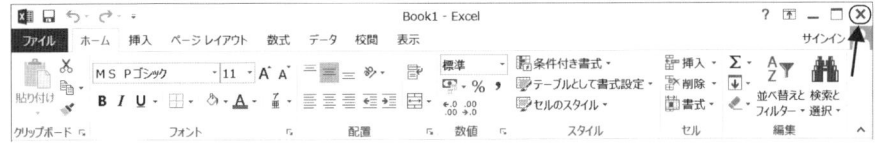

(4) 基本画面

基本画面の名前とその役割について学ぶ。

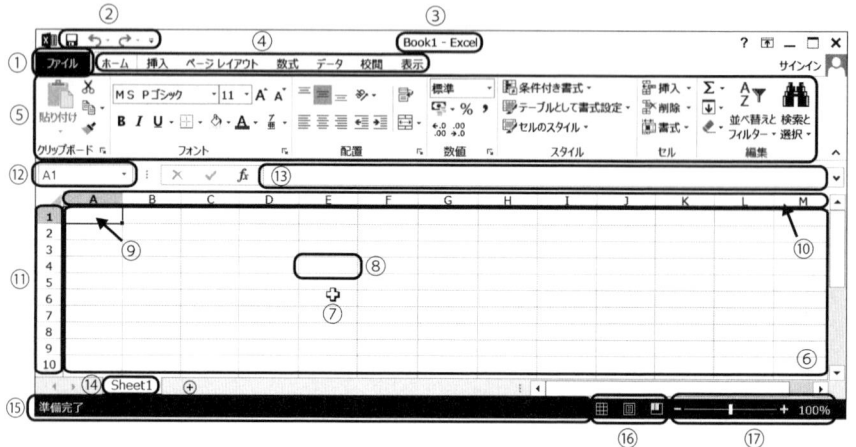

① **ファイルタブ**

ファイルの基本操作や印刷を行うときにクリックする。

② **クイックアクセスツールバー**

[上書き保存][元に戻す][繰り返し]ボタンが用意されている。

よく使う操作を追加登録できる。

③ **タイトルバー**

ブックのファイル名が表示される。

④ **タブ**

目的の操作を行うときにクリックする。

⑤ **リボン**

エクセルの操作を選ぶ。

[ホーム][挿入]などのタブで種類ごとにまとまっており、そのなかでもいくつかの操作グループに分類されている。

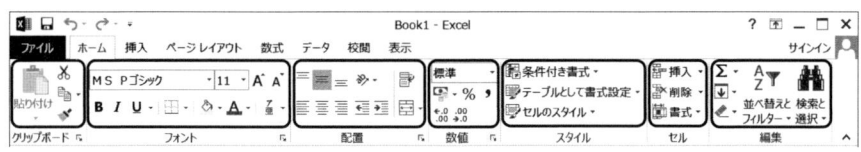

ダイアログボックス操作ツール■をクリックすることで，操作グループの詳細設定をすることができる。

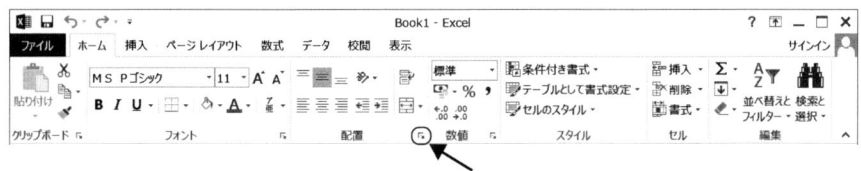

リボンを最小化するには，リボンを折りたたむボタン■をクリックする。

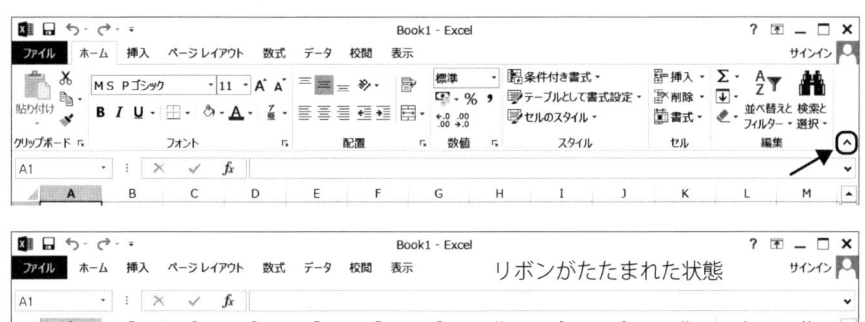

⑥ シート

表やグラフを作成する領域である。

エクセルでは，ファイルを「ブック」と呼び，1枚の表を「シート」と呼ぶ。複数のシートをまとめて，1つのブックで管理することができる。

⑦ ポインタ

マウスの場所を示す。操作によって形が変わる。

形	内容
✢	セルやセル範囲を指定する
▶	メニューやリボンのボタンを選択する
I	データの入力・編集をする
＋	フィルハンドル（オートフィルで使用）
↔ ↕	列の幅・行の幅を変更する
↓ →	列・行を選択する
↕ ↔ ↘	上下・左右・斜めに拡大／縮小

⑧ **セル**

　マス目のことで，ここにデータを入力する。

⑨ **アクティブセル**

　現在操作の対象となっているセルのことで，太枠で囲まれる。

⑩ **列**

　「A」「B」「C」という縦方向の並びのことで，「列番号」で位置を表す。

⑪ **行**

　「1」「2」「3」という横方向の並びのことで，「行番号」で位置を表す。

⑫ **名前ボックス**

　アクティブセルのセル番号が表示される。

⑬ **数式バー**

　アクティブセルのデータや数式が表示される。

⑭ **シート見出し・ワークシートの挿入**

　シート見出しには「Sheet1」などの名前がついており，シート名は変更できる。ワークシートの切り替えは，作業したいシート見出しをクリックすると，そのシートが表示される。

　⊕をクリックすると，ワークシートを追加挿入できる。

⑮ **ステータスバー**

操作の説明やシートの状態が表示される。

⑯ **画面表示ボタン**

作業によって画面の表示モードを切り替える。

⑰ **ズームスライダー**

シートの表示倍率を変更できる。

1.1.2 データの処理方法

　エクセルのセルには，数値や文字を入力することができる。入力した文字は，修正，コピー，移動することができる。

(1) 数値データの入力

❶　セル A2 を選択する。セル A2 がアクティブセルになる。

❷　キーボードから {123} と入力する。数式バーにも表示される。

❸　Enter を押すと，入力した数値は右詰めで表示され，アクティブセルは下のセル A3 に移動する。

15

(2) 文字データの入力

❶ セル B1 を選択する。セル B1 がアクティブセルになる。

❷ 日本語を入力するために，日本語入力モードに切り替える。文字入力システム MS-IME を「半角英数」から「ひらがな」に切り替える。

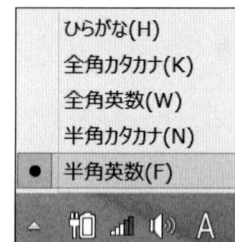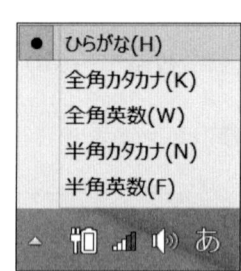

❸ キーボードから読みを入力する。

セル B1 に {うんこうせんぱくせきすう} と入力する。

❹ 漢字に変換する。

[Space] を押すと，「運航船舶隻数」と変換される。

実線の下線が表示されているのは，まだ変換が確定されていないことを意味するので，[Enter] を押して確定する。

CHAPTER 1　エクセルを使う

[表：B2セル選択、B1に「運航船舶隻数」]

(3) 入力した文字の修正

　セル内にカーソルが表示されると，入力済の内容を，[Delete]または[Backspace]で不要な部分を削除，または入力の追加を行うことで，修正することができる。

❶　セル B1 をダブルクリックして編集モードにする。

　　または，数式バーをクリックする。

[表：B1セル編集モード、「運航船舶隻数」]

❷　カーソルを修正位置に移動して，{年度別運航船舶隻数}に変更する。

❸　追加入力部分を漢字に変換する。

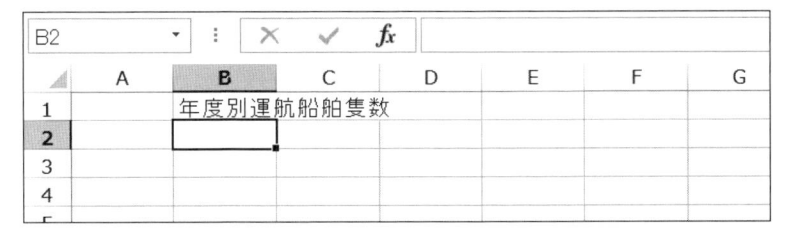

[表：B2セル選択、B1に「年度別運航船舶隻数」]

(4) データの消去

❶　[Delete]キーからのクリア

　　セルを選択して[Delete]を押すと，選択したセル内のデータが消去される。

また，クリアするセル範囲を選択して Delete を押すと，範囲内のデータはすべて消去される。

❷ リボンからのクリア

クリアするセル範囲を選択して，[ホーム]タブ-[編集]グループ-[クリア]-[すべてクリア]を選択すると，範囲内のデータはすべて消去される。

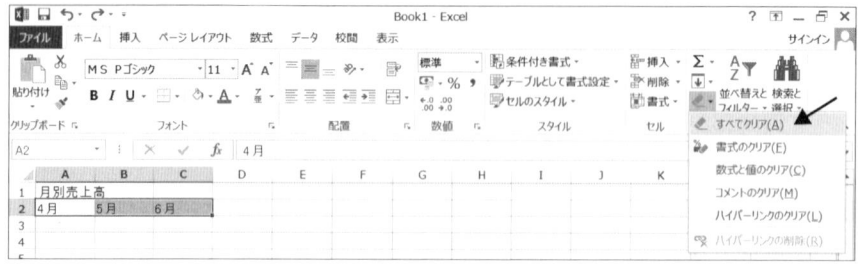

（5） データの移動

セル A2 のデータをセル B2 へ移動する。

❶ セル A2 をクリックする。

	A	B	C
1			
2	移動		
3			

❷ [ホーム]タブ-[クリップボード]グループ-[切り取り]をクリックする。
セル A2 の境界線が点滅する。

 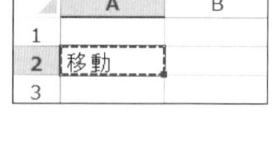

❸ 移動先のセル B2 をクリックする。
❹ [ホーム]タブ-[クリップボード]グループ-[貼り付け]をクリックする。

セル A2 のデータがセル B2 へ移動する。

(6) データのコピー

セル A3 のデータをセル B3 へコピーする。

❶ セル A3 をクリックする。

❷ [ホーム]タブ-[クリップボード]グループ-[コピー]をクリックする。

セル A3 の境界線が点滅する。

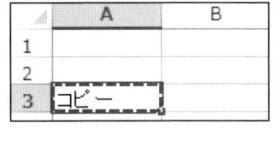

❸ セル B3 をクリックする。

❹ [ホーム]タブ-[クリップボード]グループ-[貼り付け]をクリックする。

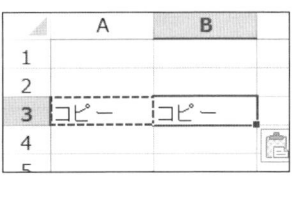

1.1.3　オートフィル機能

　連続したデータを簡単に入力する方法として,「オートフィル」機能がある。1つずつ増える連続データや 2 つずつ増える連続データ, 規則性のある月名や曜日名など, セルの右下にあるフィルハンドル╋をドラッグするだけで, 簡単に連続データを入力することができる。

　また, オートフィル機能は, 計算データにも利用することができる。

(1)　規則性があるデータの場合

❶　先頭のデータを入力する。

	A	B	C	D	E
1		年度別運航船舶隻数		(商船アジア)	
2					
3		2009年			
4					

❷　セルの右下にポインタを合わせる。ポインタの形が╋に変わる。

	A	B	C	D	E
1		年度別運航船舶隻数		(商船アジア)	
2					
3		2009年			
4					

❸　作成したい方向へフィルハンドルをドラッグする。

	A	B	C	D	E
1		年度別運航船舶隻数		(商船アジア)	
2					
3		2009年			
4					
5					
6					
7			2012年		

❹　連続データが入力される。

(2) 数値を連続データにする場合

「1」という数値データを入力した 1 つのセルだけを選び，フィルハンドルをドラッグすると，単に「1」がコピーされてしまう。連続データを入力したい場合は，セルに「1」「2」と 2 つの数値データを入力した後，2 つの数値データのセルを選択した状態で右下のフィルハンドルをドラッグする。

1.1.4 ファイルの保存

最初にファイルを保存するときは，ファイル名を付けて保存先を指定する。すでに保存を行った（ファイル名を付けた）ファイルを編集した後は，上書き保存をする。

(1) ファイルを保存する

ドキュメントフォルダ内に「商船アジア　隻数」というファイル名で保存する。

❶ ［ファイル］タブをクリックする。

❷ [名前を付けて保存] を選択する。

[コンピューター] をクリックして，[参照] をクリックする。

❸ ファイル名には，ファイルの内容が判別できる名前を付ける。

{商船アジア隻数} と入力し，保存ボタンをクリックする。

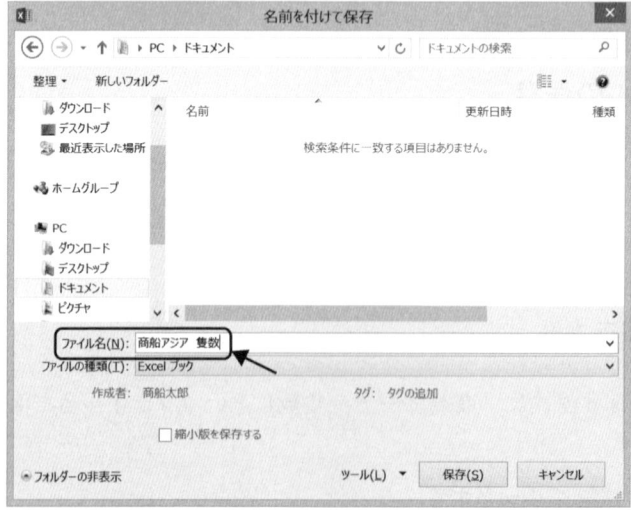

❹ ファイルが保存できる。

タイトルバー上に「商船アジア 隻数」のファイル名が付く。

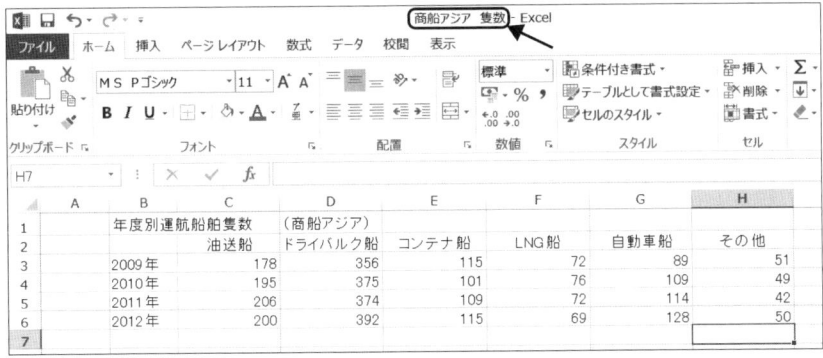

(**2**) 保存したファイルを開く

◆開きたいファイルを[ファイルタブ]から開く方法

❶ [ファイル]タブ-[開く]をクリックする。

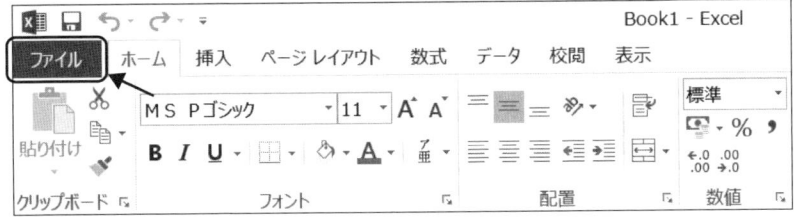

❷ 「ドキュメント」に保存した「商船アジア　隻数」ファイルを開く。

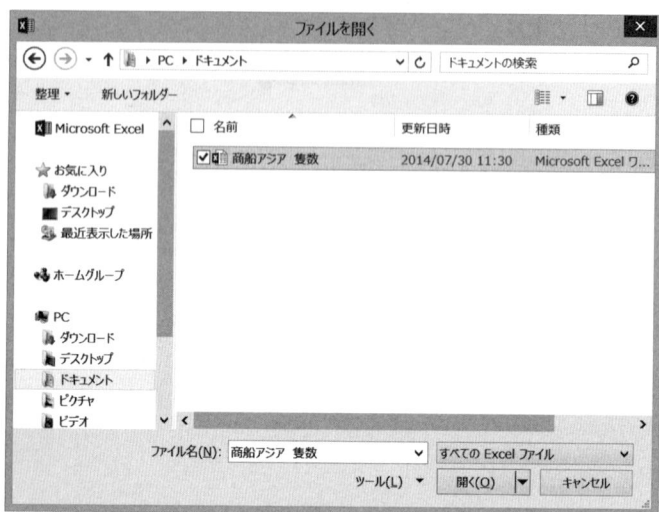

❸ファイルが開く。

◆エクセルのアイコンをクリックして開く方法

❶ [コンピューター]-[ドキュメント]を選択し，「商船アジア　隻数」ファイルを探し，エクセルソフトのアイコンをダブルクリックして開く。

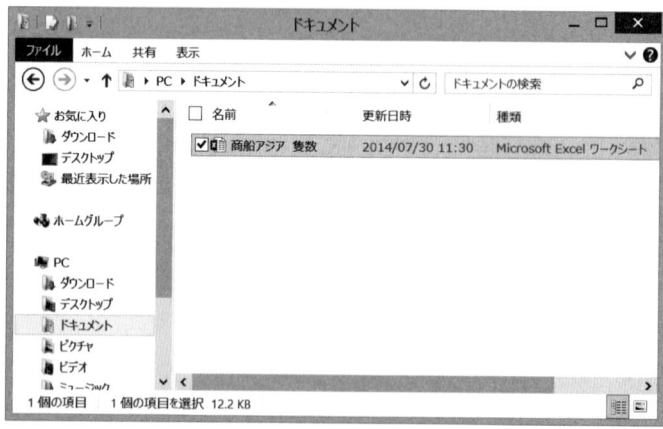

❷　ファイルが開く。

1.2 エクセルでの計算方法

この節では，演算子を使った計算方法と関数を使った計算方法について学ぶ。

数式の記述で，足し算や割り算，掛け算などの演算を表す記号のことを演算子という。エクセルで計算する際，その計算命令を数式で入力する必要があり，このときに演算子を用いる。

いったん，式を入れておけば，データを修正したときには，自動で計算をしなおしてくれる機能を持つ。

1.2.1 演算子を使った計算

エクセルでよく使われる演算子は次のとおりである。いずれも半角で入力する。

◆算術演算子

算術演算子	意味	使用例
＋（プラス）	足し算	5+2
－（マイナス）	引き算	5-2
＊（アスタリスク）	掛け算	5*2
／（スラッシュ）	割り算	5/2
＾（キャレット）	べき算	5^2

（1） 足し算

「商船アジア　隻数」ファイルを使い，2009年の合計値をセル I3 に計算する。

❶ セル I3 に {=} を半角で入力する。

	A	B	C	D	E	F	G	H	I
1		年度別運航船舶隻数		(商船アジア)					
2			油送船	ドライバルク船	コンテナ船	LNG船	自動車船	その他	合計
3		2009年	178	356	115	72	89	51	=
4		2010年	195	375	101	76	109	49	
5		2011年	206	374	109	72	114	42	
6		2012年	200	392	115	69	128	50	

❷ 合計させたいセル C3 をクリックして参照させる。

　セル I3 には，計算中のセル番地が C3 と表示される。

	A	B	C	D	E	F	G	H	I
1		年度別運航船舶隻数		（商船アジア）					
2			油送船	ドライバルク船	コンテナ船	LNG船	自動車船	その他	合計
3		2009年	178	356	115	72	89	51	=C3
4		2010年	195	375	101	76	109	49	
5		2011年	206	374	109	72	114	42	
6		2012年	200	392	115	69	128	50	

❸ 演算子を {+} と入力する。

	A	B	C	D	E	F	G	H	I
1		年度別運航船舶隻数		（商船アジア）					
2			油送船	ドライバルク船	コンテナ船	LNG船	自動車船	その他	合計
3		2009年	178	356	115	72	89	51	=C3+
4		2010年	195	375	101	76	109	49	
5		2011年	206	374	109	72	114	42	
6		2012年	200	392	115	69	128	50	

❹ 合計させたいセル D3 からセル H3 についても，❷〜❸の作業を行い，合計値 {=C3+D3+E3+F3+G3+H3} を表示する。

	A	B	C	D	E	F	G	H	I	J
1		年度別運航船舶隻数		（商船アジア）						
2			油送船	ドライバルク船	コンテナ船	LNG船	自動車船	その他	合計	
3		2009年	178	356	115	72	89	51	=C3+D3+E3+F3+G3+H3	
4		2010年	195	375	101	76	109	49		
5		2011年	206	374	109	72	114	42		
6		2012年	200	392	115	69	128	50		

❺ [Enter] を押すと，合計値が算出される。

	A	B	C	D	E	F	G	H	I
1		年度別運航船舶隻数		（商船アジア）					
2			油送船	ドライバルク船	コンテナ船	LNG船	自動車船	その他	合計
3		2009年	178	356	115	72	89	51	861
4		2010年	195	375	101	76	109	49	
5		2011年	206	374	109	72	114	42	
6		2012年	200	392	115	69	128	50	

（2） 割り算

　ここでは，油送船の平均値をセル C8 に計算する。

❶ セル C8 をクリックして，{=C7/4} を入力する。

❷ `Enter` を押すと，平均値が算出される。

1.2.2 オートカルク

オートカルクとは，数値データの入力されているセルをドラッグすると，ステータスバーにそれらのセルの平均値，データの個数，合計値が表示される機能のことである。ステータスバー上で右クリックして，オートカルクの設定を変更すると，最大値，最小値，数値の個数などを表示させることができる。

❶ 表示させたいセル範囲を選択しておいて，ステータスバー上で右クリックする。

❷ ［ステータスバーのユーザー設定］で，最大値にチェックをすると，ステータスバーに最大値を表示させることができる。

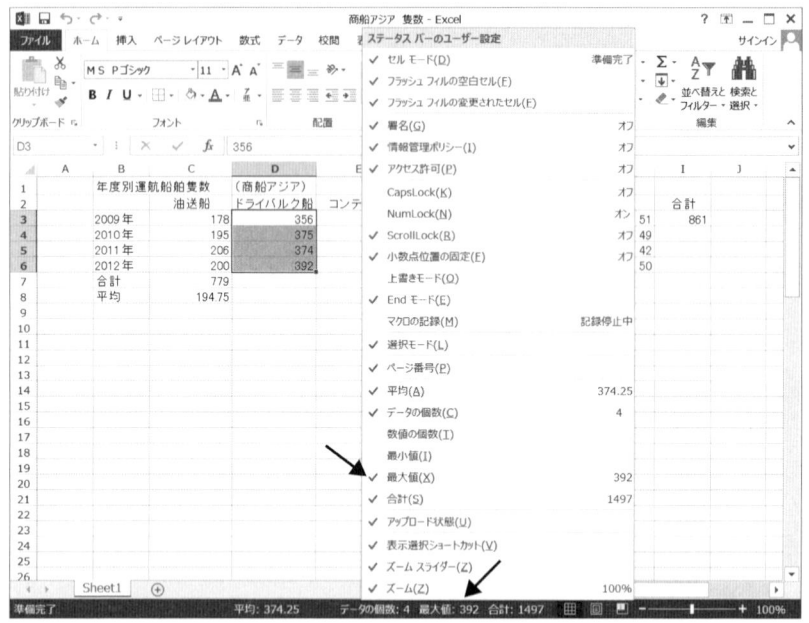

1.2.3 関数を使った計算

関数とは，あらかじめ用意された計算式のことである。

関数を利用すると，計算に必要な値を一定の書式に従って指定するだけで，簡単に計算結果を求めることができる。

◆関数の書式構造

関数の書式構造は，以下のとおりである。

=関数名（引数1，引数2）

引数とは，関数を実行する際に計算に必要な情報のことであり，数値または数値の入ったセル名を入力する。引数の数や種類は，関数によって異なる。また，引数を持たない関数もある。

本節で使用する関数以外で，よく使用する関数を以下に示す。

関数	引数	関数の意味
ATAN	数値	数値のアークタンジェントを返す 戻り値の角度は，$-PI/2 \sim PI/2$ の範囲のラジアンになる
COS	数値	角度のコサインを返す
DEGREES	角度	ラジアンで表された角度を度に変更する
MDETERM	配列	配列の行列式を返す
MINVERSE	配列	配列の逆行列を返す
MMULT	配列1，配列2	2つの配列の積を返す
POWER	数値，指数	数値を累乗した値を返す
RADIANS	角度	度単位で表された角度をラジアンに変換した結果を返す
ROUND	数値，桁数	数値を指定した桁数に四捨五入した値を返す
SIN	数値	角度のサインを返す
SQRT	数値	数値の正の平方根を返す
STDEV	数値1， 数値2，…	標本に基づいて予測した標準偏差を返す 標本内の論理値，および文字列は無視される
TAN	数値	角度のタンジェントを返す
VAR	数値1， 数値2，…	標本に基づいて母集団の分散の推定値（不偏分散）を返す 標本内の論理値，および文字列は無視される

(**1**) 合計値の計算（SUM 関数）

合計値を求めるには，SUM 関数を使う。

❶ セル I3 をクリックする。

[数式]タブ-[関数ライブラリ]グループ-[オートSUM][合計]を選択する。

合計値を求める範囲 C3:H3 が選択され，セル I3 に合計値が表示される。

=SUM(C3:H3)

❷ 同様にセル C7 に合計値を計算する。

（2） 平均の計算（AVERAGE 関数）

平均値を求めるには，AVERAGE 関数を使う。

❶ セル C8 をクリックする。

[数式]タブ-[関数ライブラリ]グループ-[オートSUM][平均]を選択する。

❷ セル範囲 C3:C7 が選択されるので，平均値を求めるセル範囲 C3:C6 を選択しなおす。

=AVERAGE(C3:C6)

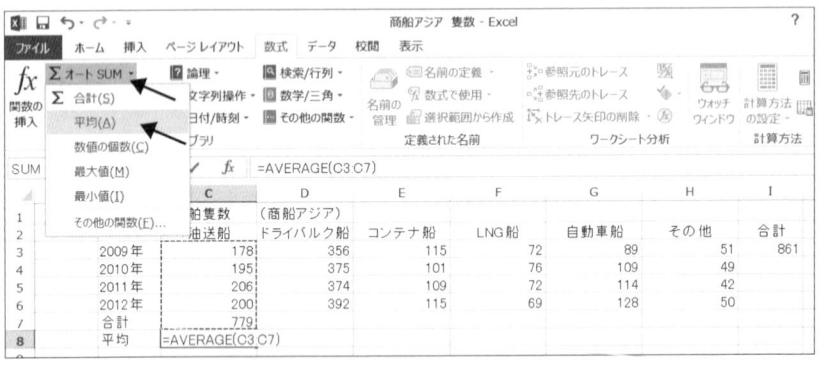

❸ セル C8 に平均値が表示される。

	A	B	C	D	E	F	G	H	I
1		年度別運航船舶隻数		(商船アジア)					
2			油送船	ドライバルク船	コンテナ船	LNG船	自動車船	その他	合計
3		2009年	178	356	115	72	89	51	861
4		2010年	195	375	101	76	109	49	
5		2011年	206	374	109	72	114	42	
6		2012年	200	392	115	69	128	50	
7		合計	779						
8		平均	194.75						
9									

(3) 最大値・最小値の計算（MAX 関数，MIN 関数）

最大値を求めるには MAX 関数を使い，最小値を求めるには MIN 関数を使う。

❶ 最大値を求めるため，セル C10 をクリックする。

［数式］タブ-［関数ライブラリ］グループ-［オートSUM］［最大値］を選択する。

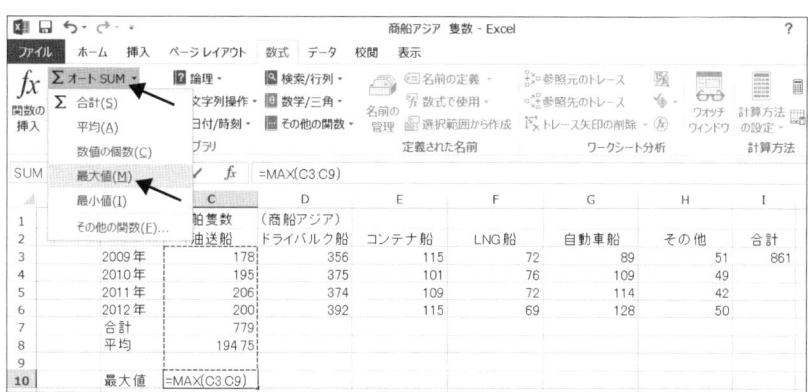

❷ セルが自動選択されるので，最大値を求めるセル範囲 C3:H6 を選択しなおす。

=MAX（C3:H6）

	A	B	C	D	E	F	G	H	I
1		年度別運航船舶隻数		(商船アジア)					
2			油送船	ドライバルク船	コンテナ船	LNG船	自動車船	その他	合計
3		2009年	178	356	115	72	89	51	861
4		2010年	195	375	101	76	109	49	
5		2011年	206	374	109	72	114	42	
6		2012年	200	392	115	69	128	50	
7		合計	779						
8		平均	194.75						
9									
10		最大値	=MAX(C3:H6)						
11			MAX(数値1, [数値2], ...)						

❸ 最大値が表示される。

	A	B	C	D	E	F	G	H	I
1		年度別運航船舶隻数		(商船アジア)					
2			油送船	ドライバルク船	コンテナ船	LNG船	自動車船	その他	合計
3		2009年	178	356	115	72	89	51	861
4		2010年	195	375	101	76	109	49	
5		2011年	206	374	109	72	114	42	
6		2012年	200	392	115	69	128	50	
7		合計	779						
8		平均	194.75						
9									
10		最大値	392						
11		最小値							

❹ 最小値を求める。

同様に，最小値を求めるセル範囲 C3:H6 を選択しなおして，計算する。

=MIN(C3:H6)

	A	B	C	D	E	F	G	H	I
1		年度別運航船舶隻数		(商船アジア)					
2			油送船	ドライバルク船	コンテナ船	LNG船	自動車船	その他	合計
3		2009年	178	356	115	72	89	51	861
4		2010年	195	375	101	76	109	49	
5		2011年	206	374	109	72	114	42	
6		2012年	200	392	115	69	128	50	
7		合計	779						
8		平均	194.75						
9									
10		最大値	392						
11		最小値	42						
12									

❺ オートフィル機能を利用して，合計値と平均値を以下のように算出する。

	A	B	C	D	E	F	G	H	I
1		年度別運航船舶隻数		(商船アジア)					
2			油送船	ドライバルク船	コンテナ船	LNG船	自動車船	その他	合計
3		2009年	178	356	115	72	89	51	861
4		2010年	195	375	101	76	109	49	905
5		2011年	206	374	109	72	114	42	917
6		2012年	200	392	115	69	128	50	954
7		合計	779	1497	440	289	440	192	
8		平均	194.75	374.25	110	72.25	110	48	
9									
10		最大値	392						
11		最小値	42						

(4) 目的に合った関数を使う

[数式]タブ-[関数ライブラリ]グループ-[関数の挿入]から，関数を探すことができる。

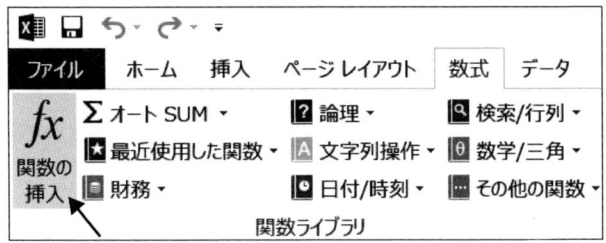

また，[数式]タブ-[関数ライブラリ]グループ-[オートSUM][その他の関数]からも，関数を探すことができる。

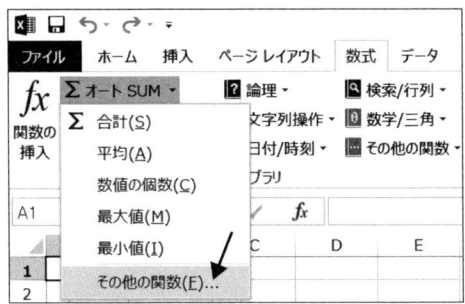

❶ 関数の挿入ダイアログボックスが表示されるので，[**関数の分類**]から関数名を探す（関数名はアルファベット順に並んでいる）。

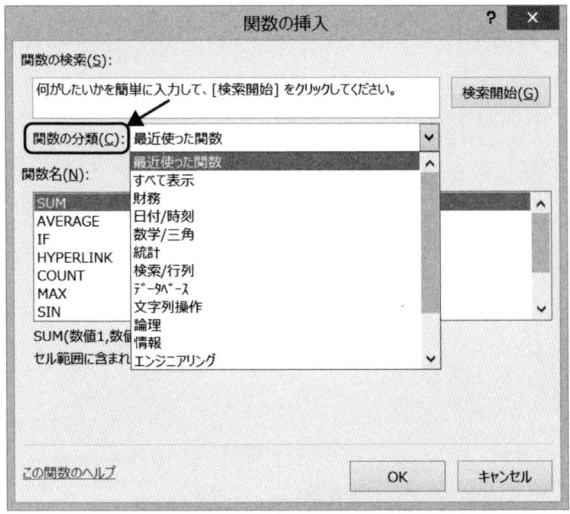

❷ 関数名がわからない場合は，関数の検索ボックスからキーワード{四捨五入}を入力して検索を行うと，ROUND関数を見つけることができる。

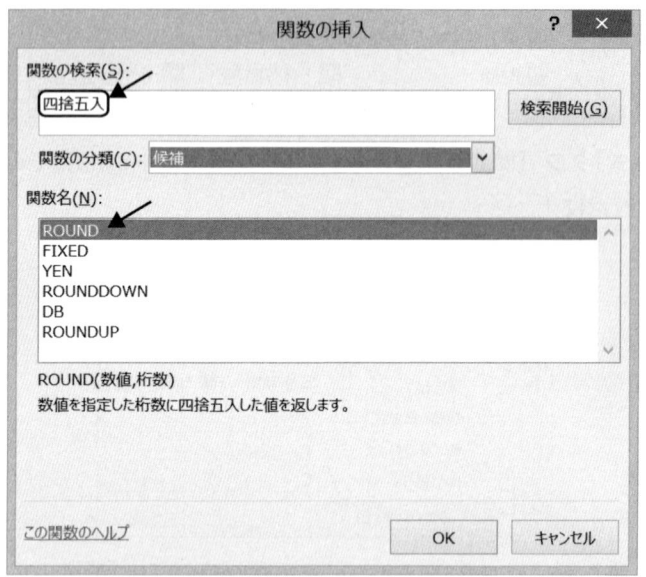

1.3 グラフ描画

この節では，エクセルのグラフ描画の方法について学ぶ。

数値をグラフ化することで，データの比較を視覚的にわかりやすくすることができる。

グラフ化させたいデータのセル範囲とグラフの種類を選択するだけで，簡単にグラフを作成することができる。作成するグラフは，表現する目的によって，グラフの種類を選び取ることが必要となる。

◆グラフの種類

エクセルで使用できるグラフの種類は，以下のとおりである。

グラフの種類	用途
棒グラフ	一定期間のデータの変化を示す，項目間の比較を示す場合
折れ線グラフ 面グラフ	時間の経過による傾向や順序付けられた項目ごとの傾向を示す場合
円グラフ	全体に対する各値の割合
レーダーチャート	複数（3つ以上の項目）のデータ要素の合計を比較する場合
等高線グラフ	複数のデータ要素の合計を比較する場合
散布図 バブルチャート	複数のデータ系列の数値間の関係を示す場合
株価チャート	株価の変動を示す場合

1.3.1 グラフの構成要素

グラフの各部位の名称は，以下のとおりである。

グラフに表示されている部位は，マウスでポイントすると名称が表示される。

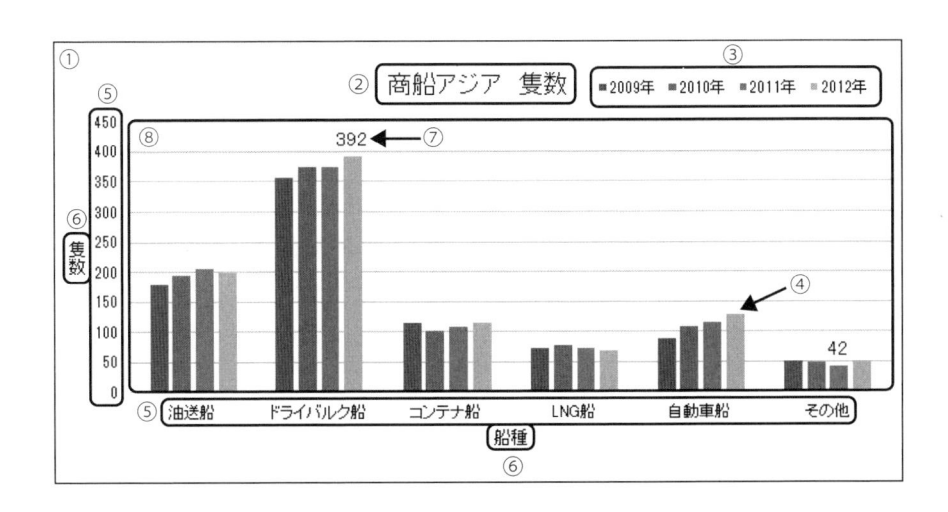

① **グラフエリア**：グラフを構成する領域すべてを指す
② **グラフタイトル**：グラフに何を表すかを明確に示す場所を指す
③ **凡例**：系列や項目に割り振られた色やパターンを識別する領域を指す
④ **データ系列**：同じ色で表されるデータグループを指す
⑤ **縦（数値）軸**：グラフの示す値を見る軸を指す
　横（項目）軸：グラフの項目を示す軸を指す
⑥ **軸ラベル（縦・横）**：データ内容の名称を指す
⑦ **データラベル**：グラフに表示される値や割合などを示す数値を指す
⑧ **プロットエリア**：グラフのサイズや書式を変更できる領域を指す

1.3.2　グラフの選び方

グラフは9種類に分類されている。

［挿入］タブ−［グラフ］グループ−［ダイアログボックス起動ツール］ をクリックすると，全種類のグラフを一覧から選択することができる。

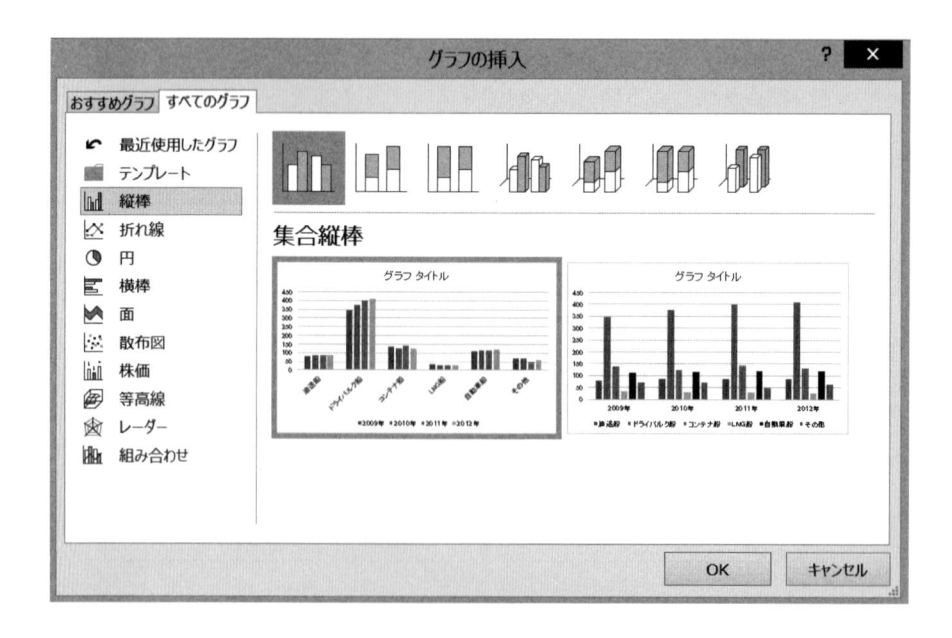

グラフを選択しているときは，リボン上には[**グラフツール　デザイン**]タブと[**グラフツール　書式**]タブの2つのタブが追加表示される。

また，一度作成したグラフは，別の種類のグラフに変更することもできる。

1.3.3　グラフの作成

次の「大和郵船　隻数」データについて，年度別運航船舶隻数を表す縦棒グラフを作成する。

❶　データの入力を行い，合計値，平均値，最大値，最小値は，事前に計算しておく。

　　ファイル名は{**大和郵船　隻数**}と付ける。

	A	B	C	D	E	F	G	H	I
1		年度別運航船舶隻数		（大和郵船）					
2			油送船	ドライバルク船	コンテナ船	LNG船	自動車船	その他	合計
3		2009年	80	346	137	33	112	71	779
4		2010年	85	378	125	30	115	70	803
5		2011年	86	401	143	29	118	50	827
6		2012年	85	410	129	28	121	62	835
7		合計	336	1535	534	120	466	253	
8		平均	84	383.75	133.5	30	116.5	63.25	
9									
10		最大値	410						
11		最小値	28						
12									

❷　グラフ作成に必要なデータのセル範囲 **B2:H6** を選択する。

	A	B	C	D	E	F	G	H	I
1		年度別運航船舶隻数		（大和郵船）					
2			油送船	ドライバルク船	コンテナ船	LNG船	自動車船	その他	合計
3		2009年	80	346	137	33	112	71	779
4		2010年	85	378	125	30	115	70	803
5		2011年	86	401	143	29	118	50	827
6		2012年	85	410	129	28	121	62	835
7		合計	336	1535	534	120	466	253	
8		平均	84	383.75	133.5	30	116.5	63.25	
9									
10		最大値	410						
11		最小値	28						
12									

❸　[挿入]タブ-[グラフ]グループ-[縦棒]-[集合縦棒]を選択する。

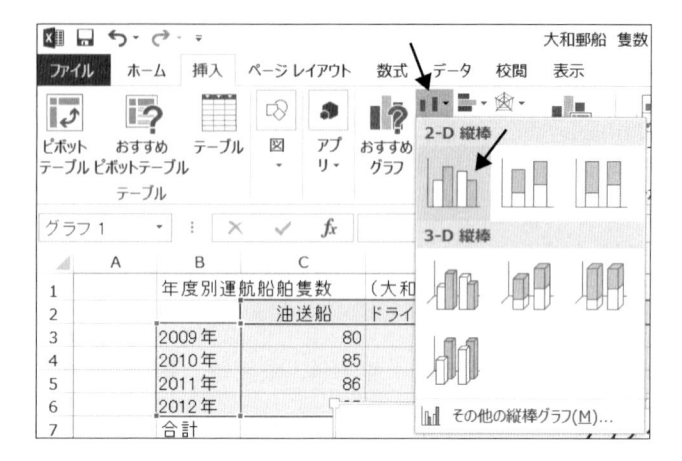

❹ 集合縦棒グラフが表示される。

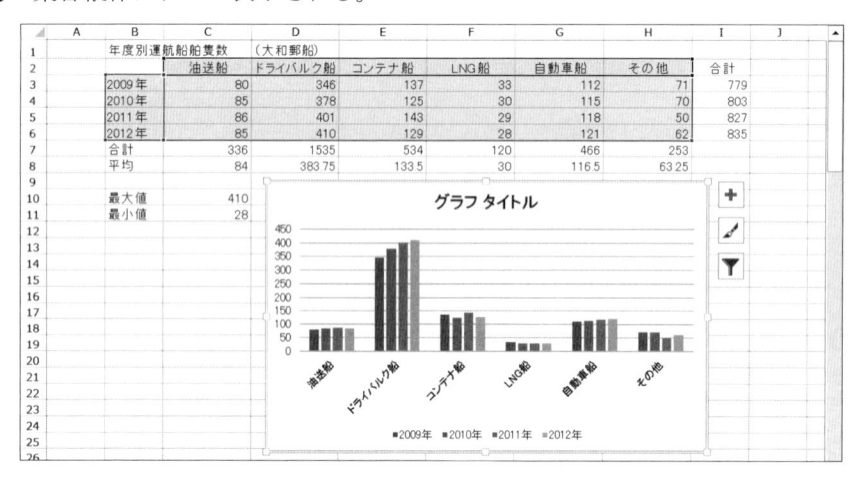

1.3.4 グラフの編集

見やすい，わかりやすいグラフにするために，グラフの部位の追加編集を行う。

(1) グラフを完成させる

❶ グラフタイトルを追加する。
グラフタイトルは｛**大和郵船　隻数**｝と付ける。

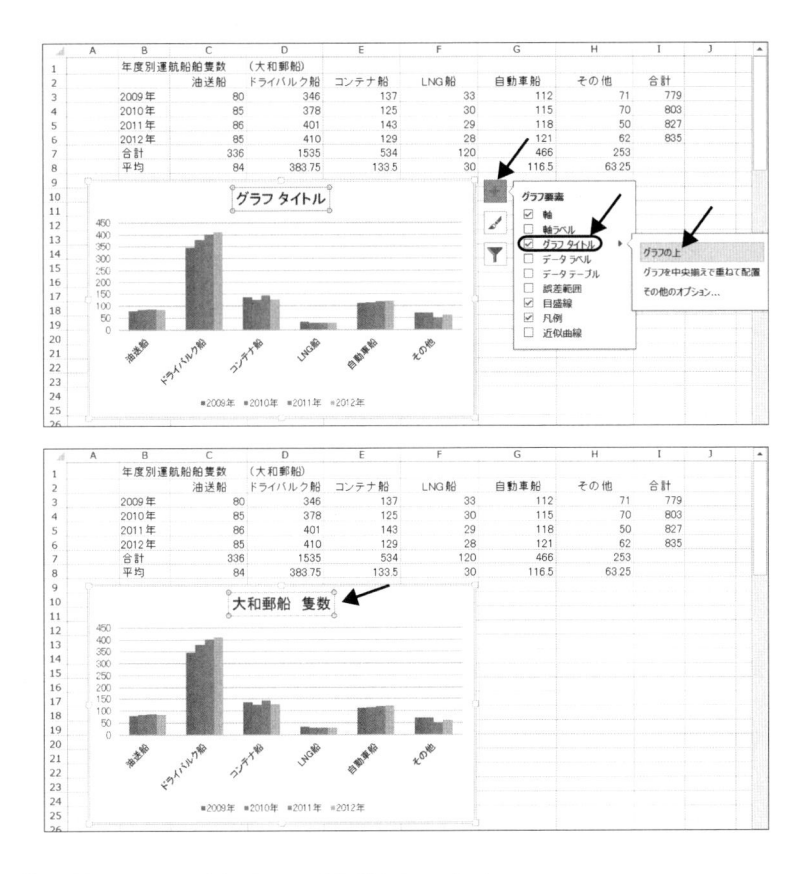

CHAPTER 1　エクセルを使う

❷　軸ラベルを追加する。{隻数}と入力する。

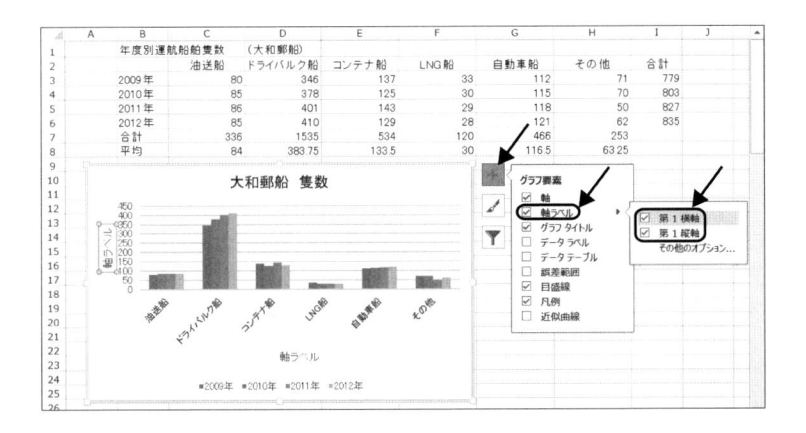

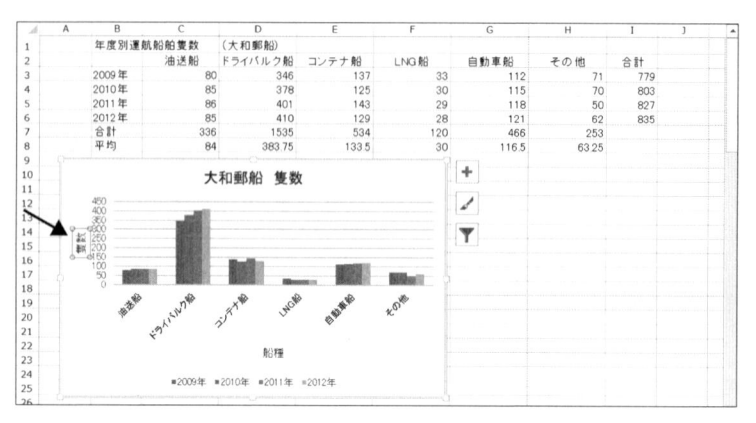

❸ 縦軸ラベル「隻数」の書式を縦書きに変更する。

[グラフツール　書式]タブ-[現在の選択範囲]グループ-[選択対象の書式設定]をクリックする。

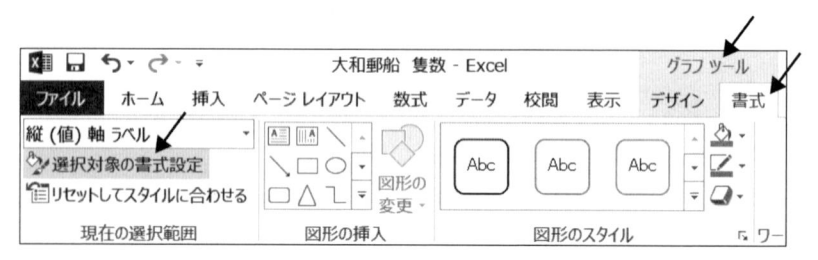

❹ 軸ラベルの書式設定画面より，[配置]-[文字列の方向]-[縦書き]に変更する。

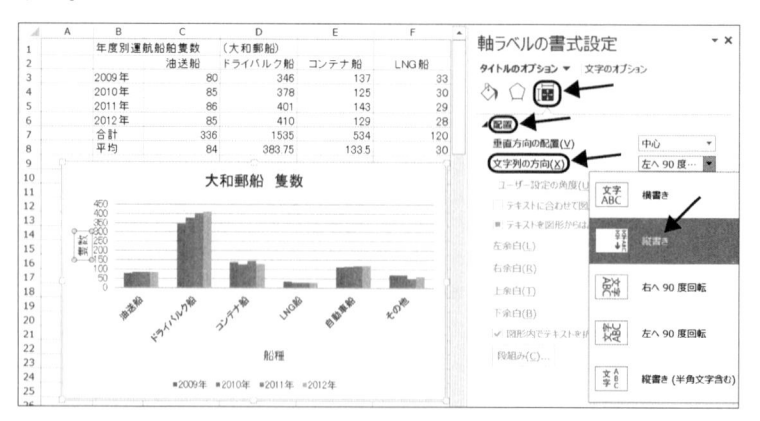

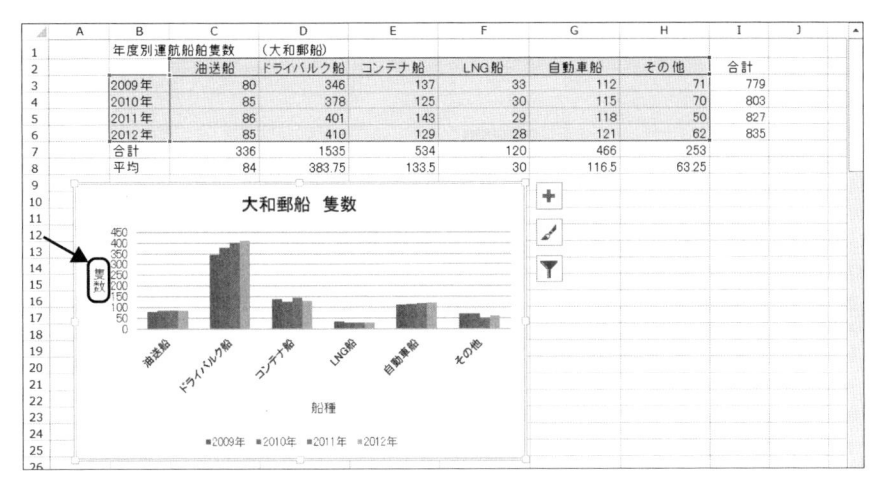

❺ グラフの色を変更する。

[グラフツール デザイン]タブ-[グラフスタイル]グループ-[色の変更]を選択する。

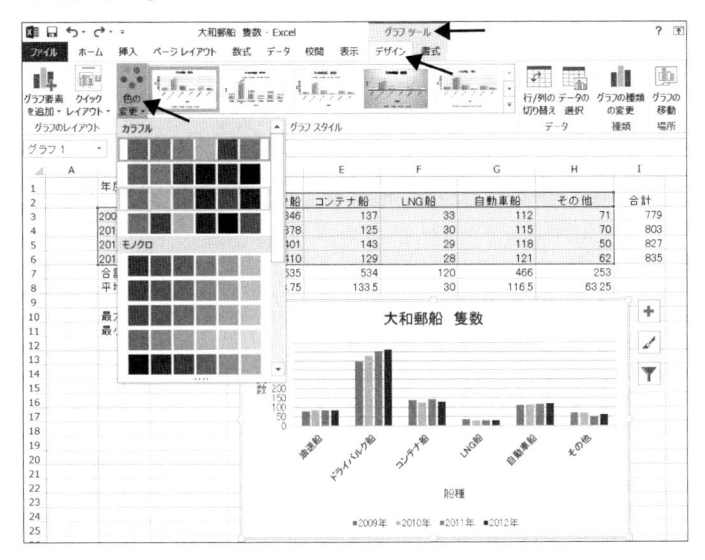

❻ グラフのデザインを変更する。

[グラフツール デザイン]タブ-[グラフスタイル]グループ-[グラフスタイル]を選択する。

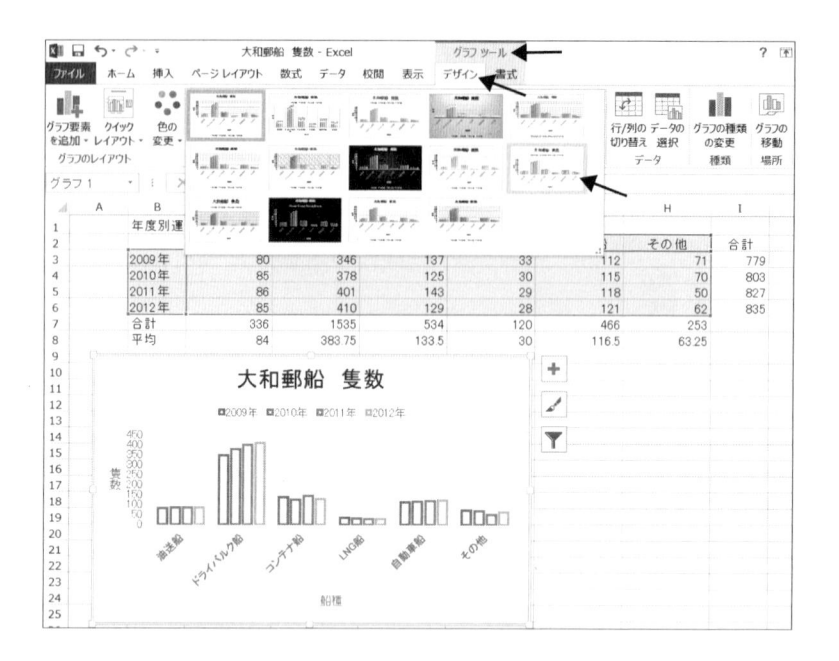

(2) グラフの種類を変更する

❶ 集合縦棒グラフから積み上げ縦棒グラフへ変更する。

[グラフツール　デザイン]タブ-[種類]グループ-[グラフの種類の変更]から積み上げ縦棒を選択する。

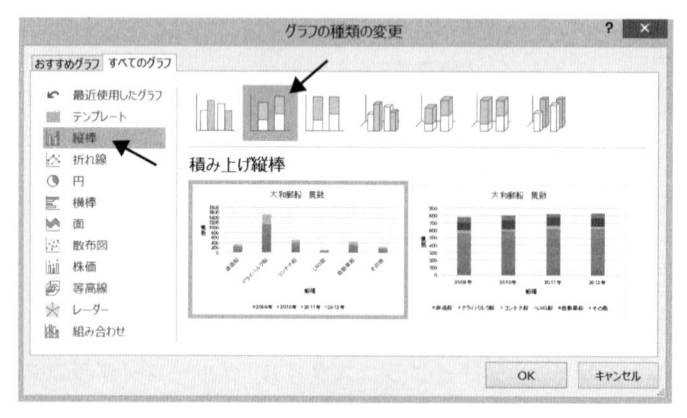

❷ 積み上げ縦棒グラフに変更できる。

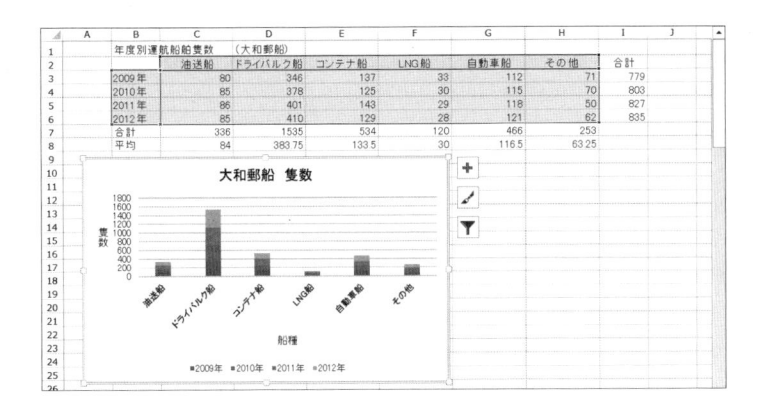

(**3**) グラフのデータ範囲を変更する

❶ 船種別グラフを合計値グラフへ変更するため，グラフのデータ範囲を合計値範囲へ選択しなおす。

[グラフツール　デザイン]タブ-[データ]グループ-[データの選択]を選択する。

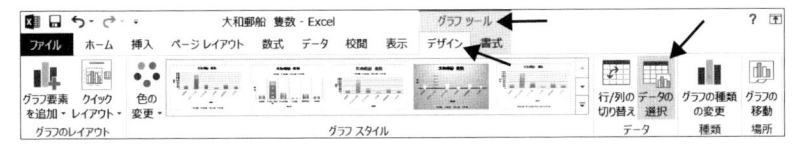

❷ [データソースの選択]ダイアログボックス-[グラフデータの範囲]がワークシート上に選択されているので，必要なデータのセル範囲 B2:B6 と I2:I6 を選択しなおす。離れたデータを選択するには，Ctrl を押しながらセルを選択する。

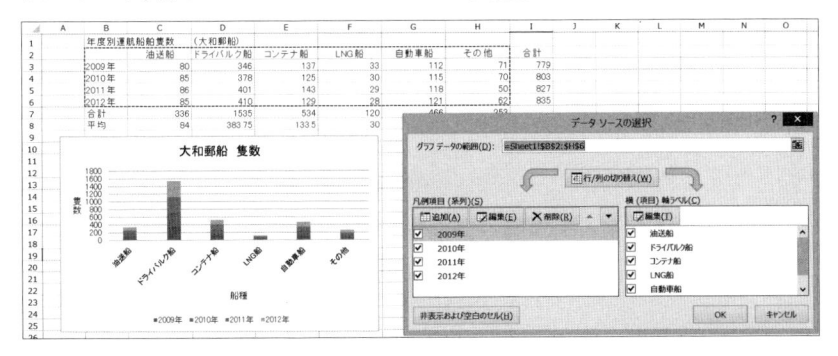

新しいグラフデータのセル範囲は=Sheet1!$B$2:$B$6,Sheet1!$I$2:$I$6 となる。

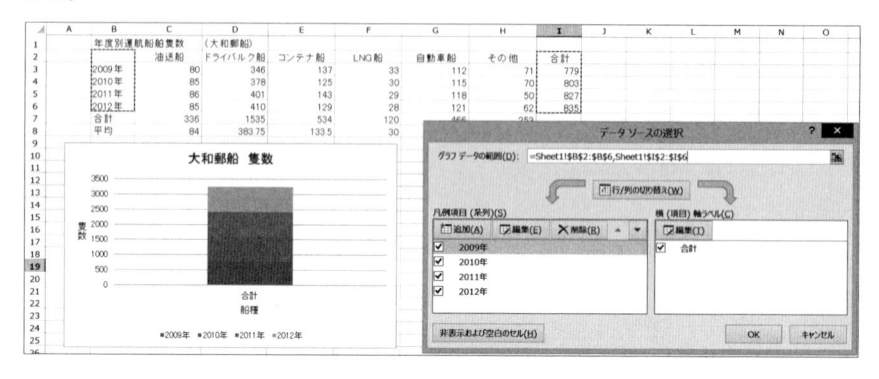

※複数のシートを扱った計算式の表示方法

　　エクセルでは，Sheet1 と Sheet2 の計算結果を合計するなど，複数のシートをリンクさせた計算を行うことが可能である。

　　その際に表示される計算式として，Sheet1 のセル範囲を指定しているときには「Sheet1!」，Sheet2 のセル範囲を指定しているときには「Sheet2!」と「!」が表示される。

❸　[行/列の切り替え]ボタンをクリックする。

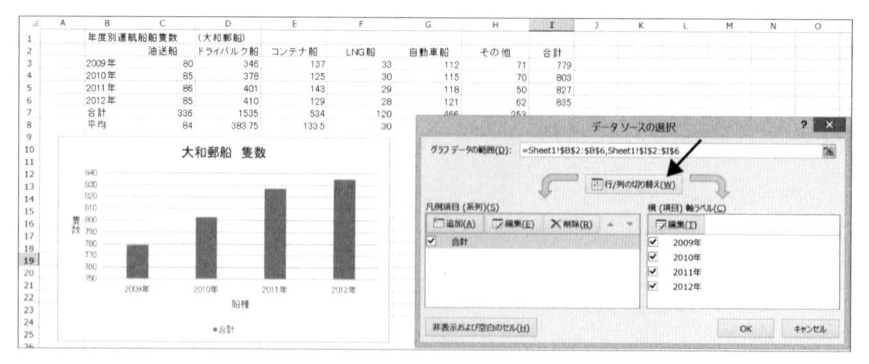

❹　グラフタイトルを{大和郵船　隻数合計}に変更する。

❺　(Delete)を押して，凡例を削除する（合計値のみ表示させるグラフなので凡例は不要）。

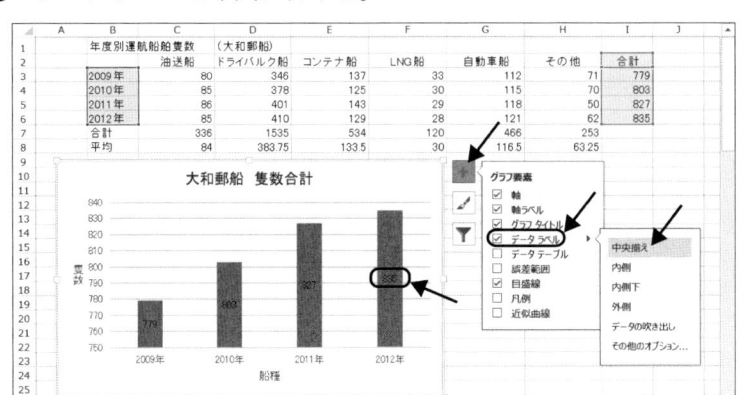

❻ データラベルを中央に付ける。

1.3.5 散布図グラフ

2座標のデータ (x, y) から相関を得たい場合には，散布図グラフを作成するのが効果的である。

(1) 散布図グラフの作成

次の「海難データ（総トン数と速力）」について，船舶ごとに得られた総トン数と速力のデータから散布図グラフを作成する。

❶ 各データを入力し，まず「避航船」の総トン数と速力データを選択して，グラフを作成する。

❷ グラフ作成でグラフの種類を選択する際に，[**散布図**] をクリックする。

❸ グラフタイトルと各軸ラベルを挿入する。

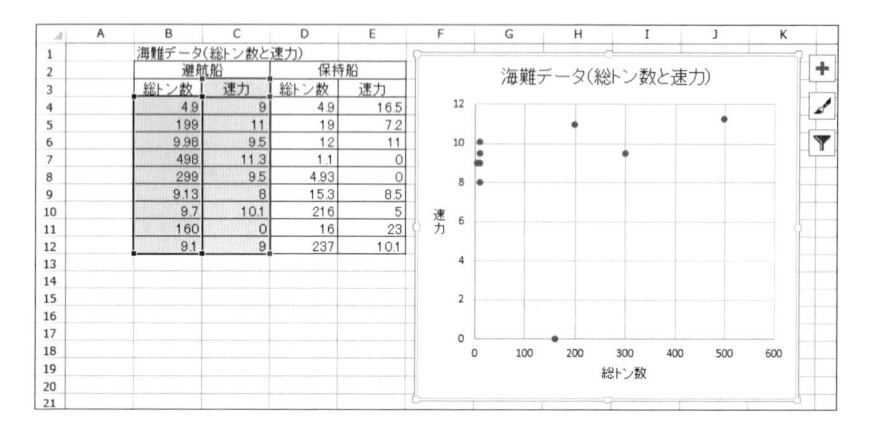

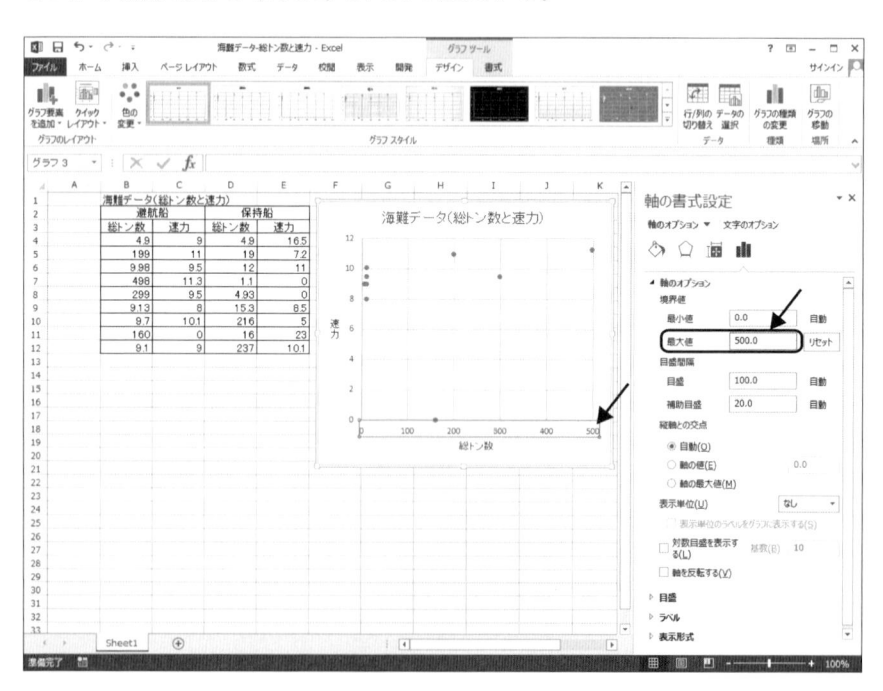

❹ データに最適なグラフ表示範囲とするため，[軸の書式設定]-[軸のオプション]で[**最大値**]を {500.0} と入力し設定する。

❺ 次に,「保持船」の総トン数と速力のデータを同一グラフ内に追加する。[**データソースの選択**]ダイアログで[**追加**]をクリックする。

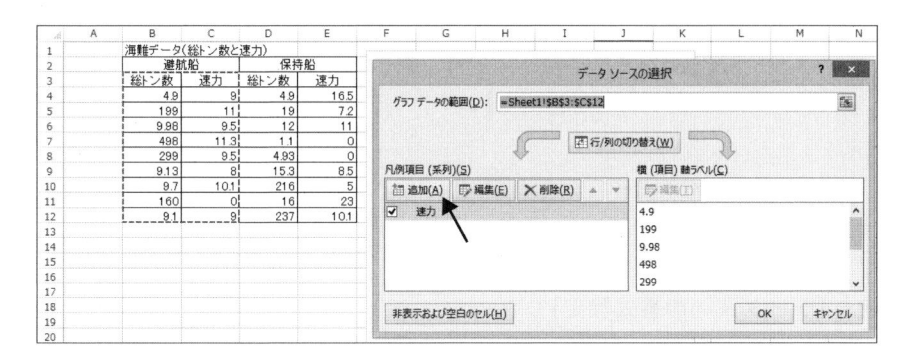

❻ [**系列の編集**]ダイアログで[**系列名**]に{保持船}と入力し,[**系列 X の値**]に総トン数のデータを,[**系列 Y の値**]に速力のデータを,それぞれセル範囲で指定し,入力する。

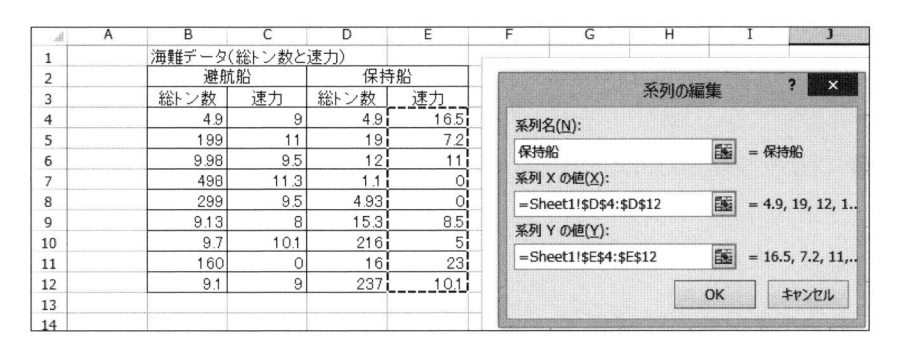

(2) マーカーの設定方法

散布図グラフにおいて複数種類のデータを同一グラフ上に載せる際は,各データプロット点を表すマーカーの設定が必要となる。

❶ マーカーにマウスポインタを合わせ,ダブルクリックし,[**データ要素の書式設定**]ウィンドウを表示させる。または,マーカー上で右クリックしてメニューから[**データ系列の書式設定**]を選択する。

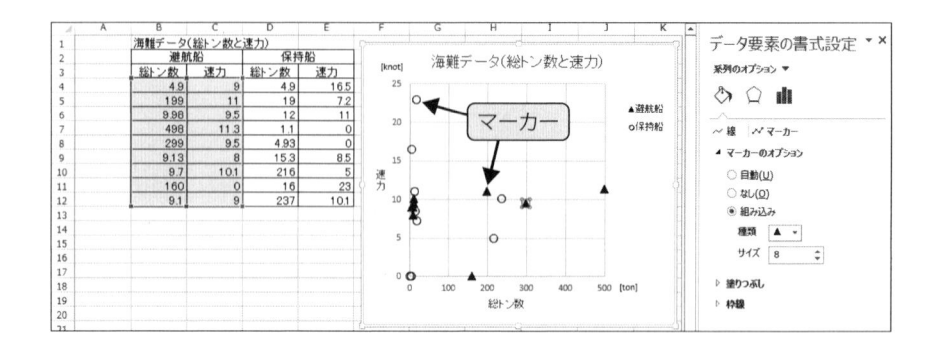

❷ [データ系列の書式設定]ウィンドウで[塗りつぶしと線]をクリックし,[マーカー]を選択する。

❸ [マーカーのオプション]で[組み込み]にチェックを入れると,マーカーの形を●▲■などに設定することができる。

❹ [塗りつぶし]では,マーカーを塗りつぶし表示●にするか,白抜き表示○にするかを設定することができる。マーカーの色を変更することもできる。

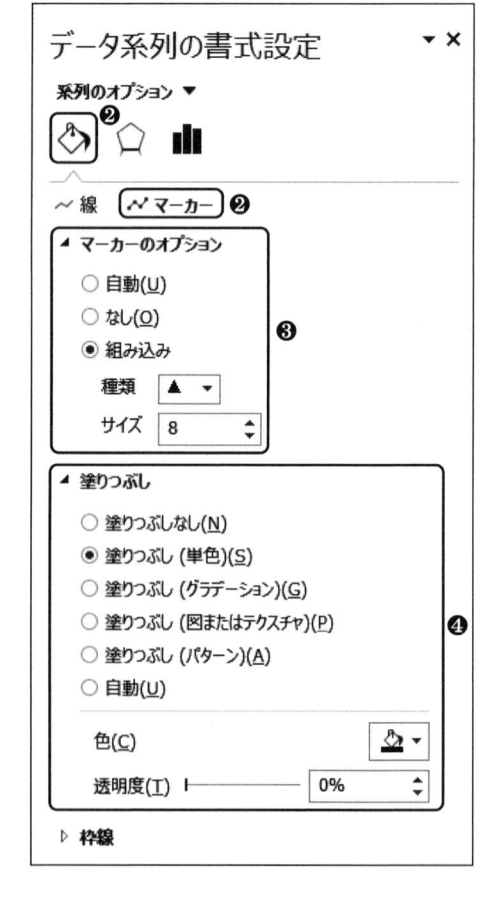

❺ 右図のような散布図が得られる。

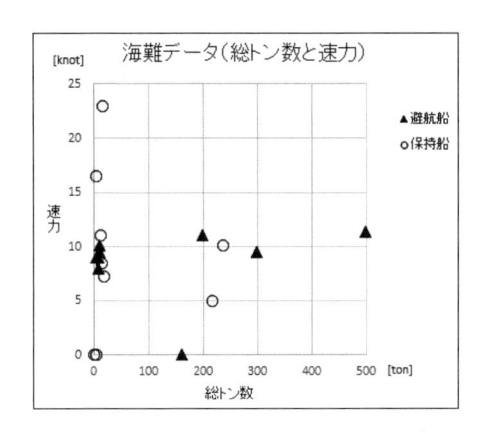

1.4 ワークシートの機能

この節では，エクセルの応用機能について学ぶ。

これまで，エクセルの基本的な機能を使って作業を行ってきたが，これ以外にも，セル幅の変更，セルの表示形式の変更，セルの追加や削除，セルに罫線を引くなど，エクセルの編集機能を活用すると，いま以上に見やすい表にすることができる。あわせて，セルを固定して計算する方法についても学ぶ。

以下の例題で行う，ワークシートの列と行の幅や高さの変更・挿入・削除の作業については，列と行のどちらも共通して可能な作業である。

1.4.1 データの入力

ワークシートの機能を学ぶために，次の「横浜汽船　隻数」データについて，事前にデータ入力を行っておく。

❶ 以下のデータの入力を行い，ファイル名は **{横浜汽船　隻数}** と付ける。

	A	B	C	D	E	F	G	H	I
1		年度別運航船舶隻数（横浜汽船）							
2			油送船	ドライバルク船	コンテナ船	LNG船	自動車船	その他	合計
3		2009年	25	166	98	30	93	70	
4		2010年	29	185	87	30	78	67	
5		2011年	25	206	82	28	89	69	
6		2012年	22	236	80	25	97	75	
7									

1.4.2 列幅・行の高さの変更

ワークシートの列幅や行の高さを変更することができる。全体の列幅は標準で「8.38」,行の高さは「13.50」になっている。

(1) マウスポインタで1つの列幅を変更する方法

❶ 列番号 C をクリックし,列番号 C の右側にマウスポインタを合わせ,↔ を表示させる(行の高さを変更させるには,↕ を表示させる)。

❷ 右方向にドラッグして列幅を「11.00」まで広げる。

(2) マウスポインタで複数の列幅を変更する方法

変更したい複数のセルを選択し,列幅や行の高さを変更することで同じ列幅や行の高さにすることができる。なお,境目はどの列の間でもかまわない。

❶ 列番号 B から列番号 I まで選択する。

❷ 右方向にドラッグして列幅を「11.00」まで広げる。

(3) リボンから複数の行の高さを数値で変更する方法

❶ 行番号 2 から行番号 6 を選択する。

❷ [ホーム]タブ-[セル]グループ-[書式]-[行の高さ]をクリックする。

❸ 行の高さを{20}に変更する。

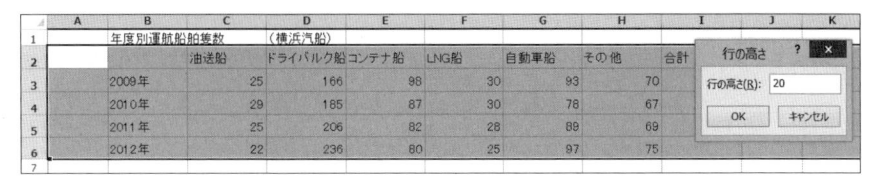

(4) ダブルクリックして，列幅を変更する方法

マウスポインタを列番号の境目に合わせ，✥ を表示させてダブルクリックすると，最適幅（その列の文字数の長さ）に合わせて広げることができる。

❶ 列番号 B から列番号 I を選択する。

❷ ダブルクリックすると，最適幅に合わせて列幅が広がる。

❸ 最適幅が確認できたら，次の作業のために，クイックアクセスツールバーの[元に戻す]ボタン ↶ をクリックして，ひとつ前の作業に戻しておく。

1.4.3 列・行の削除，挿入，移動

列や行の削除，挿入，移動を行うことができる。

操作は，前もって削除・挿入・移動したい列または行を選択しておいてから行う。

(**1**)　行の削除の方法（行番号 3 を削除する）

❶　行番号 3 をクリックした後，[ホーム]タブ-[セル]グループ-[削除]をクリックする。

(**2**)　行の挿入の方法

❶　行番号 3 の下に空白行を1行挿入する（行番号 4 に挿入できる）。
　　行番号 4 をクリックした後，[ホーム]タブ-[セル]グループ-[挿入]をクリックする。

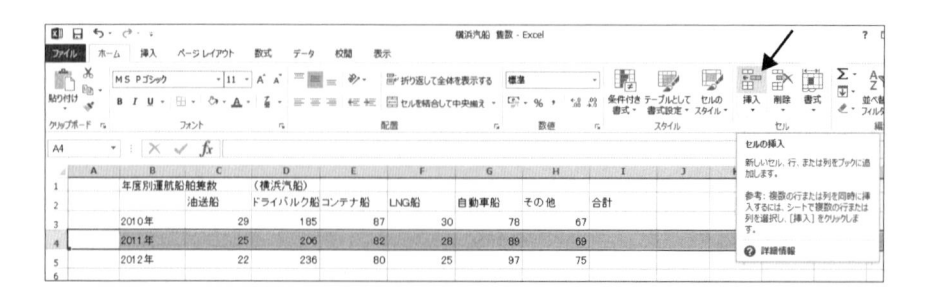

	A	B	C	D	E	F	G	H	I
1		年度別運航船舶隻数		(横浜汽船)					
2			油送船	ドライバルク船	コンテナ船	LNG船	自動車船	その他	合計
3		2010年	29	185	87	30	78	67	
4									
5		2011年	25	206	82	28	89	69	
6		2012年	22	236	80	25	97	75	
7									

❷ 同様に，行番号 5 の下に1行空白行を挿入する。

	A	B	C	D	E	F	G	H	I
1		年度別運航船舶隻数		(横浜汽船)					
2			油送船	ドライバルク船	コンテナ船	LNG船	自動車船	その他	合計
3		2010年	29	185	87	30	78	67	
4									
5		2011年	25	206	82	28	89	69	
6									
7		2012年	22	236	80	25	97	75	
8									
9									

（3） 列や行の移動の方法

　移動する行番号または列番号をクリックし，[ホーム]タブ-[クリップボード]グループ-[切り取り]を選ぶ。

　その後，移動先の行番号または列番号をクリックし，[ホーム]タブ-[クリップボード]グループ-[貼り付け]を選ぶと移動する。

1.4.4　罫線を引く

　罫線を引くと，データの境界線をわかりやすくすることができる。罫線を引くセルは，前もって選択しておく。

　罫線ボタンにない罫線については，[ホーム]タブ-[フォント]グループ-[罫線][その他の罫線]を選択する。

❶ 格子線を引く。

　　[ホーム]タブ-[フォント]グループ-[罫線][格子]を使う。

❷ 二重線を引く。

セル範囲 B2:I2 を選択する。

[ホーム]タブ−[フォント]グループ−[罫線][下二重罫線]を使う。

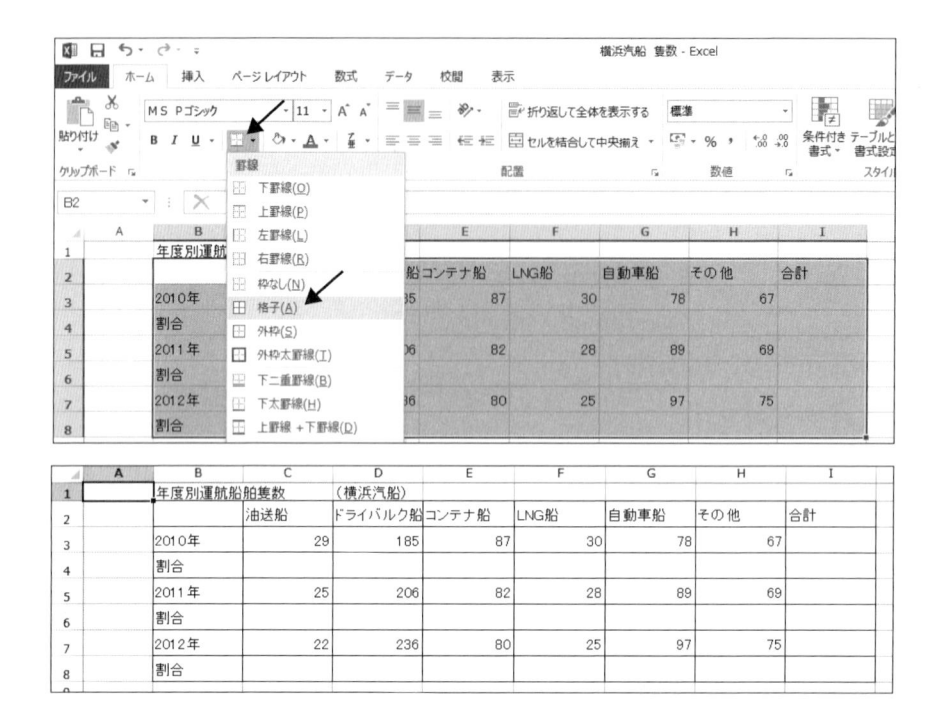

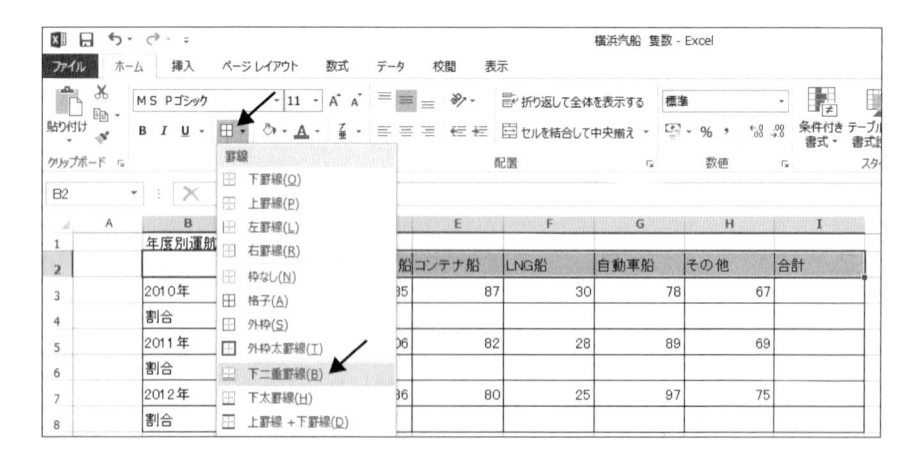

CHAPTER 1　エクセルを使う

	A	B	C	D	E	F	G	H	I
1		年度別運航船舶隻数		(横浜汽船)					
2			油送船	ドライバルク船	コンテナ船	LNG船	自動車船	その他	合計
3		2010年	29	185	87	30	78	67	
4		割合							
5		2011年	25	206	82	28	89	69	
6		割合							
7		2012年	22	236	80	25	97	75	
8		割合							

❸　外枠太罫線を引く。

セル範囲　B2:I8　を選択する。

[ホーム]タブ-[フォント]グループ-[罫線][外枠太罫線]を使う。

	A	B	C	D	E	F	G	H	I
1		年度別運航船舶隻数		(横浜汽船)					
2			油送船	ドライバルク船	コンテナ船	LNG船	自動車船	その他	合計
3		2010年	29	185	87	30	78	67	
4		割合							
5		2011年	25	206	82	28	89	69	
6		割合							
7		2012年	22	236	80	25	97	75	
8		割合							

❹　斜め線を引く。

セル　B2　を選択し，[ホーム]タブ-[フォント]グループ-[罫線][その他の罫線]から斜め線を選択する。

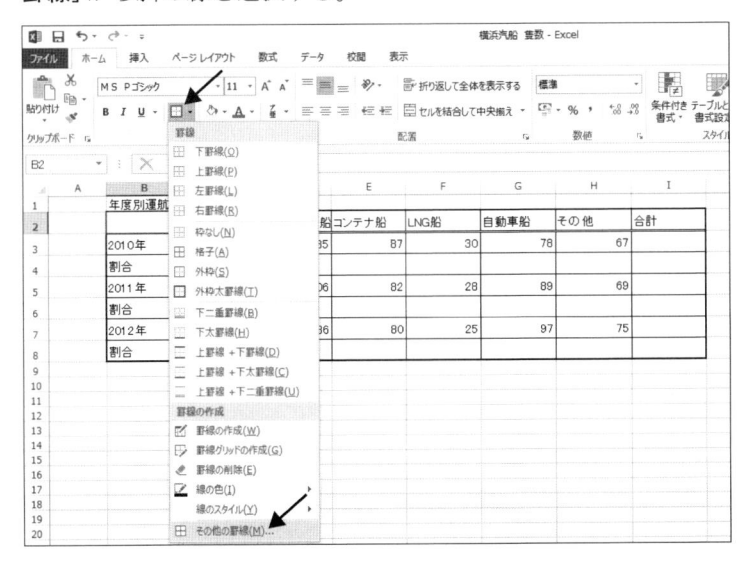

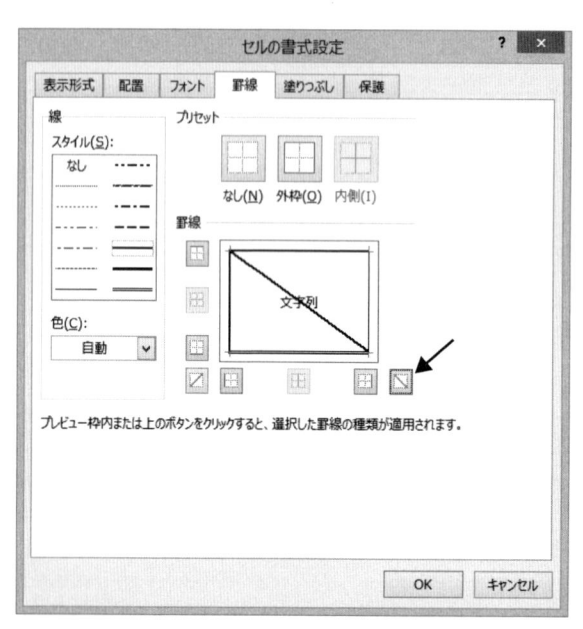

	A	B	C	D	E	F	G	H	I
1		年度別運航船舶隻数		(横浜汽船)					
2			油送船	ドライバルク船	コンテナ船	LNG船	自動車船	その他	合計
3		2010年	29	185	87	30	78	67	
4		割合							
5		2011年	25	206	82	28	89	69	
6		割合							
7		2012年	22	236	80	25	97	75	
8		割合							

❺ 点線を引く。

「年度」と「割合」の間の罫線を点線に変更する。

[ホーム]タブ-[フォント]グループ-[罫線][線のスタイル]から点線を選択する。

CHAPTER 1　エクセルを使う

❻　線の消去。

一度引いた罫線を消去するには，消去したいセル範囲をドラッグし，[**ホーム**]タブ-[**フォント**]グループ-[**罫線**][**枠なし**]を選択する。

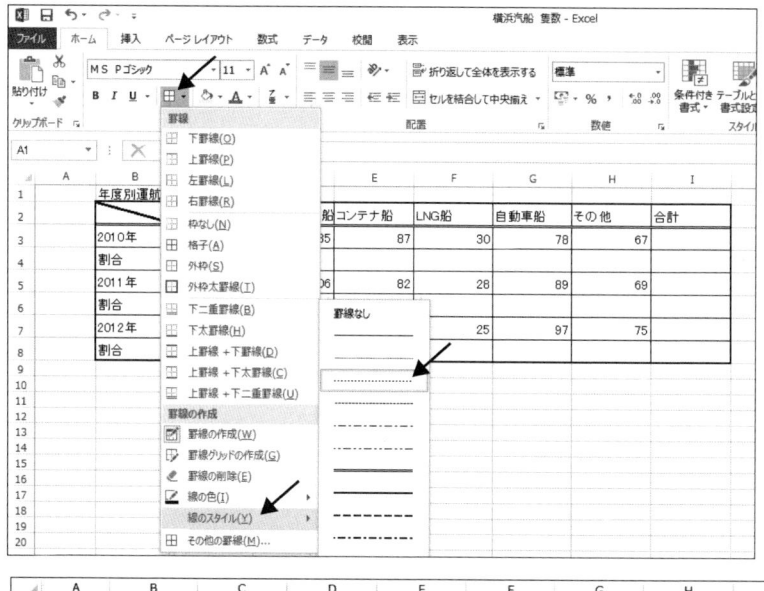

1.4.5　相対参照と絶対参照

計算式や関数の計算では，オートフィル機能を使うと，式や関数を複写することができるため，簡単に計算結果を得ることができることを前節までで学んだ。

§1.2.3 関数を使った計算(3)❺では，SUM 関数や AVERAGE 関数の計算でオートフィル機能を使ったが，それらの場合のように，セル番地が自動的に（相対的に）移動して複写する方法を相対参照という。

57

これに対して，複写のときに，指定したセルのセル番地が移動しないように固定する方法（つねに指定したセル番地を参照する方法）を絶対参照という。

◆絶対参照の表示

[F4]を1回押すごとにセル番地の表示が変化する。セルに $ が付いた表示に変わると，絶対参照の方法になる。

セルの表示	セルの固定
I3	列も行も固定なし
$I$3	列も行も固定
I$3	行のみ固定
$I3	列のみ固定

（1） 相対参照（セル番地が自動的に移動して複写する方法）での計算方法

❶ 2010年の合計を計算する。

オートフィル機能を使って，2011年と2012年の合計結果を表示する。

	A	B	C	D	E	F	G	H	I
1		年度別運航船舶隻数		（横浜汽船）					
2			油送船	ドライバルク船	コンテナ船	LNG船	自動車船	その他	合計
3		2010年	29	185	87	30	78	67	476
4		割合							
5		2011年	25	206	82	28	89	69	
6		割合							
7		2012年	22	236	80	25	97	75	
8		割合							

	A	B	C	D	E	F	G	H	I
1		年度別運航船舶隻数		（横浜汽船）					
2			油送船	ドライバルク船	コンテナ船	LNG船	自動車船	その他	合計
3		2010年	29	185	87	30	78	67	476
4		割合							0
5		2011年	25	206	82	28	89	69	499
6		割合							0
7		2012年	22	236	80	25	97	75	535
8		割合							0

（2） 絶対参照（つねに指定したセル番地を参照する方法）での計算方法

❶ 2010年輸送船について，合計に対する割合を計算する。

セル C4 をクリックし，{=C3/I3} と入力する。

	A	B	C	D	E	F	G	H	I
1		年度別運航船舶隻数		（横浜汽船）					
2			油送船	ドライバルク船	コンテナ船	LNG船	自動車船	その他	合計
3		2010年	29	185	87	30	78	67	476
4		割合	=C3/I3						0
5		2011年	25	206	82	28	89	69	499
6		割合							0
7		2012年	22	236	80	25	97	75	535
8		割合							0

❷ 分母にあたるセルは，つねにセル I3 を参照して計算を行いたいため，固定する必要がある。

セル I3 で F4 を押すと，セル $I$3 に変更され，絶対参照の方法になる。

	A	B	C	D	E	F	G	H	I
1		年度別運航船舶隻数		（横浜汽船）					
2			油送船	ドライバルク船	コンテナ船	LNG船	自動車船	その他	合計
3		2010年	29	185	87	30	78	67	476
4		割合	=C3/$I$3						0
5		2011年	25	206	82	28	89	69	499
6		割合							0
7		2012年	22	236	80	25	97	75	535
8		割合							0

	A	B	C	D	E	F	G	H	I
1		年度別運航船舶隻数		（横浜汽船）					
2			油送船	ドライバルク船	コンテナ船	LNG船	自動車船	その他	合計
3		2010年	29	185	87	30	78	67	476
4		割合	0.06092437						0.06092437
5		2011年	25	206	82	28	89	69	499
6		割合							0
7		2012年	22	236	80	25	97	75	535
8		割合							0

❸ オートフィル機能を使って計算結果を表示する。

	A	B	C	D	E	F	G	H	I
1		年度別運航船舶隻数		（横浜汽船）					
2			油送船	ドライバルク船	コンテナ船	LNG船	自動車船	その他	合計
3		2010年	29	185	87	30	78	67	476
4		割合	0.06092437	0.388655462	0.182773109	0.06302521	0.163865546	0.140756303	1
5		2011年	25	206	82	28	89	69	499
6		割合	0.0501002	0.412825651	0.164328657	0.056112224	0.178356713	0.138276553	1
7		2012年	22	236	80	25	97	75	535
8		割合	0.041121495	0.441121495	0.14953271	0.046728972	0.181308411	0.140186916	1

1.4.6　表示形式の変更

　数値を％で表示したり，小数点以下の桁数を変更したり，フォントサイズやフォントの種類，フォント色を変更する。

◆金額の表示をする

　[**ホーム**]タブ-[**数値**]グループ-[**通貨表示形式**]をクリックすれば，通貨スタイルに変更できる。

◆桁区切りを表示する

　[**桁区切りスタイル**]をクリックすれば，桁区切りを付けることもできる。

❶　割合の数値を「％」で表示する。

　　セル範囲 C4:I4 を選択し，[**ホーム**]タブ-[**数値**]グループ-[**パーセントスタイル**]をクリックする。

	A	B	C	D	E	F	G	H	I
1		年度別運航船舶隻数		（横浜汽船）					
2			油送船	ドライバルク船	コンテナ船	LNG船	自動車船	その他	合計
3		2010年	29	185	87	30	78	67	476
4		割合	6%	39%	18%	6%	16%	14%	100%
5		2011年	25	206	82	28	89	69	499
6		割合	0.0501002	0.412825651	0.164328657	0.056112224	0.178356713	0.138276553	1
7		2012年	22	236	80	25	97	75	535
8		割合	0.041121495	0.441121495	0.14953271	0.046728972	0.181308411	0.140186916	1

❷ 同様に，セル範囲 C6:I6 と C8:I8 を選択し，「%」で表示する。

	A	B	C	D	E	F	G	H	I
1		年度別運航船舶隻数		（横浜汽船）					
2			油送船	ドライバルク船	コンテナ船	LNG船	自動車船	その他	合計
3		2010年	29	185	87	30	78	67	476
4		割合	6%	39%	18%	6%	16%	14%	100%
5		2011年	25	206	82	28	89	69	499
6		割合	5%	41%	16%	6%	18%	14%	100%
7		2012年	22	236	80	25	97	75	535
8		割合	4%	44%	15%	5%	18%	14%	100%

❸ 小数点以下の桁数を変更する。

セル範囲 C4:H4 を選択し，[ホーム]タブ-[数値]グループ-[小数点以下の表示桁数を増やす]をクリックする（クリックした回数だけ表示桁数が増える）。小数点以下1桁の表示にするため，1回だけクリックする。

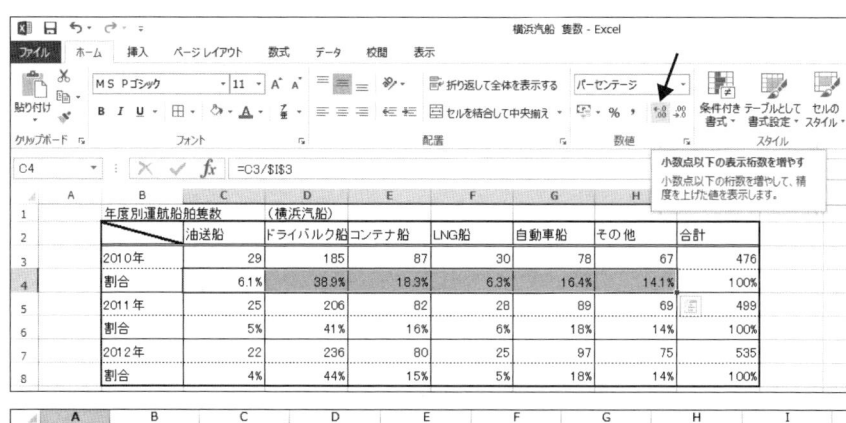

	A	B	C	D	E	F	G	H	I
1		年度別運航船舶隻数		（横浜汽船）					
2			油送船	ドライバルク船	コンテナ船	LNG船	自動車船	その他	合計
3		2010年	29	185	87	30	78	67	476
4		割合	6.1%	38.9%	18.3%	6.3%	16.4%	14.1%	100%
5		2011年	25	206	82	28	89	69	499
6		割合	5%	41%	16%	6%	18%	14%	100%
7		2012年	22	236	80	25	97	75	535
8		割合	4%	44%	15%	5%	18%	14%	100%

	A	B	C	D	E	F	G	H	I
1		年度別運航船舶隻数		（横浜汽船）					
2			油送船	ドライバルク船	コンテナ船	LNG船	自動車船	その他	合計
3		2010年	29	185	87	30	78	67	476
4		割合	6.1%	38.9%	18.3%	6.3%	16.4%	14.1%	100%
5		2011年	25	206	82	28	89	69	499
6		割合	5.0%	41.3%	16.4%	5.6%	17.8%	13.8%	100%
7		2012年	22	236	80	25	97	75	535
8		割合	4.1%	44.1%	15.0%	4.7%	18.1%	14.0%	100%

❹ フォントサイズを変更する。

セル B1 を選択し，[ホーム]タブ-[フォント]グループ-[フォントサイズ]を14ポイントに変更する。

	A	B	C	D	E	F	G	H	I
1		年度別運航船舶隻数		(横浜汽船)					
2			油送船	ドライバルク船	コンテナ船	LNG船	自動車船	その他	合計
3		2010年	29	185	87	30	78	67	476
4		割合	6.1%	38.9%	18.3%	6.3%	16.4%	14.1%	100%
5		2011年	25	206	82	28	89	69	499
6		割合	5.0%	41.3%	16.4%	5.6%	17.8%	13.8%	100%
7		2012年	22	236	80	25	97	75	535
8		割合	4.1%	44.1%	15.0%	4.7%	18.1%	14.0%	100%

❺ フォントの種類を変更する。

　セル B1 を選択し，[ホーム]タブ-[フォント]グループ-[フォント]-[HG丸ゴシック M-PRO] に変更する。

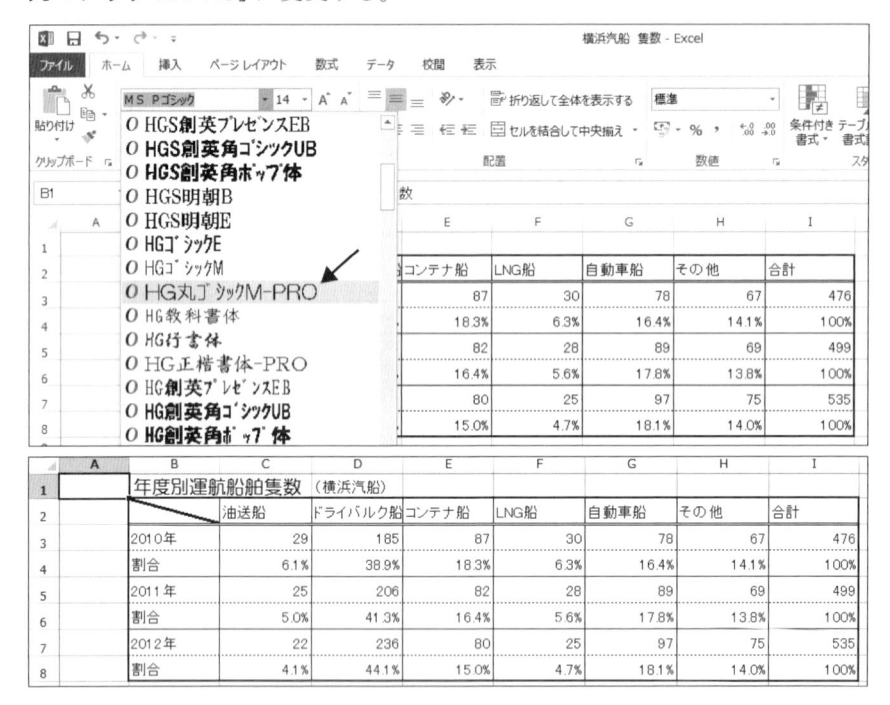

❻ フォント色を変更する。

　セル範囲 C2:I2 とセル範囲 B3:B8 を選択し，[ホーム]タブ-[フォント]グループ-[フォント色]-[青] に変更する。

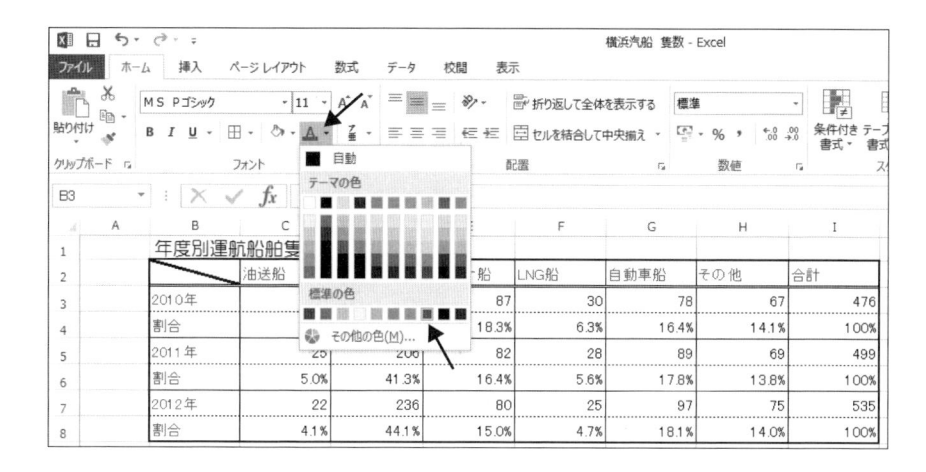

❼ セル色を変更する。

セル範囲 B2:I2 とセル範囲 B3:B8 を選択し，[ホーム]タブ-[フォント]グループ-[塗りつぶしの色]-[薄い青]に変更する。

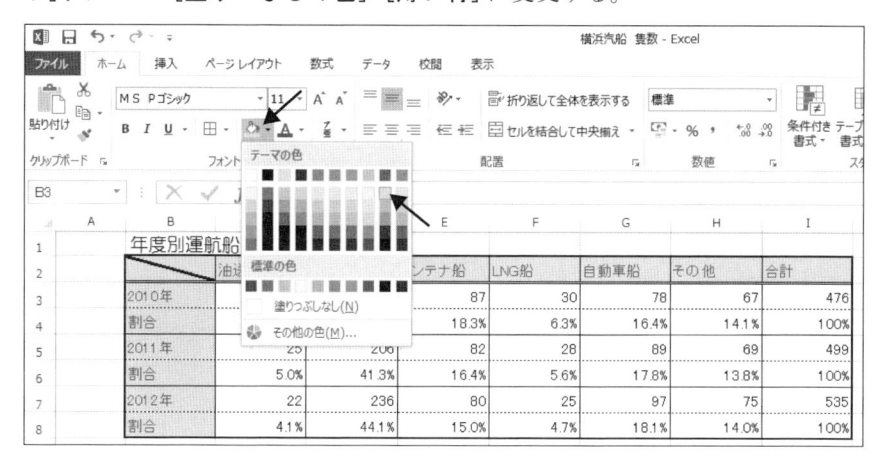

❽ 文字の配置を変更する。

セル範囲 C2:I2 とセル範囲 B3:B8 を選択し，[ホーム]タブ-[配置]グループ-[中央揃え]に変更する。

1.4.7 円グラフの作成

各データについて,全体のなかでの割合を見るのに便利な円グラフを作成する。ここでは,2012年度の割合について,グラフを作成する。

❶ 3D円を選ぶ。
❷ グラフタイトルは,{2012年度運航船舶隻数　割合}と付ける。
❸ データラベルを付ける。
❹ データラベルを変更する。

　　[グラフツール　書式]タブ-[現在の選択範囲]グループ-[選択対象の書式設定]を選択する。

　　[ラベルオプション]-[ラベルの内容][分類名][値]にチェックを入れる。

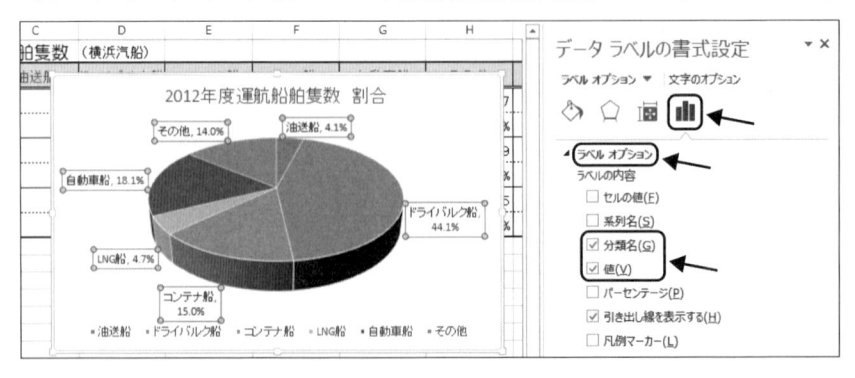

❺ 凡例を削除する。
❻ フォントサイズを変更する。
グラフタイトルは 16 ポイントにする。
データラベルは 12 ポイントにする。
❼ 図のような円グラフが得られる。

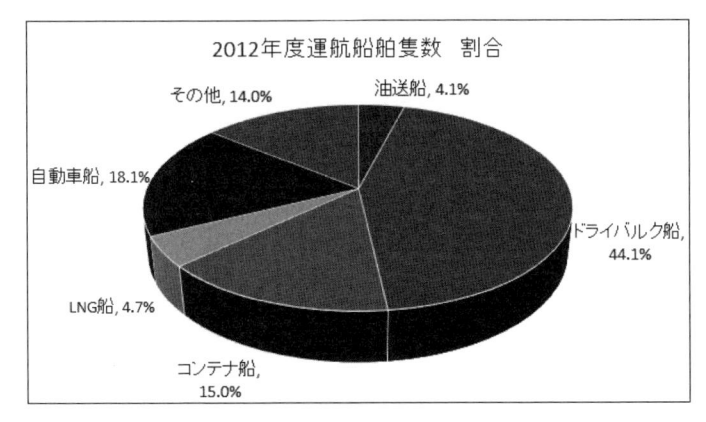

1.5 IF 関数など

　エクセルで何らかの計算を行ったり，データを分類したりするときに，あらゆる場面で使用頻度が高く活用されるのが，「条件による判定（条件判定）」である。たとえば，膨大な量のデータのなかから共通の条件に当てはまるデータだけを選び出したいときに「条件判定」を使って仕分けを行うことができる。またあるときは，膨大な量のデータのなかで条件を満たすものにだけ「合格」という文字を表示させて，条件を満たさないものには「不合格」という文字を表示させる，ということもできる。このように，ユーザが何らかの条件を指定し，それに当てはまるかどうかを判別してくれる機能がエクセルには搭載されている。この機能は関数機能のうちの 1 つであり，「IF 関数」を用いて処理を行うことができる。この節では，IF 関数を利用した条件判定，2 つ以上の条件による判定，条件判定を組み合わせた計算について学ぶ。

1.5.1　IF 関数による条件判定

それぞれのデータ値が 1 つの条件を満たす場合と満たさない場合について，IF 関数を用いて判定処理を行う。IF 関数を使うためには，条件式の構成，比較演算子，条件の書き方のルールなど，知っておくべき内容がある。以下，これらをふまえて IF 関数の例題を解きながら学んでいくことにする。

（1）　条件式の構成

IF 関数では，条件を満たす場合は「真の場合（TRUE）」と判定され，条件を満たさない場合は「偽の場合（FALSE）」と判定される。この真偽の判定結果は，「条件式」を設定することにより求められる。

条件式を設定するには，まず条件を数式で作成することから始めなければならない。条件式は，以下に示す引数で組み立てられたひとまとまりである。「論理式」「真の場合」「偽の場合」を設定する際には，それぞれ書き方が決まっている。

◆条件式：IF(論理式, 真の場合, 偽の場合)

　論理式……「もし，○○ならば」という条件。演算子（§1.2.1 参照）を用いて数式で条件を作成し，書く。
　真の場合…「論理式の条件に当てはまる場合にこうしなさい」という結果の指示。指示によって値や文字列を結果として表示させたり，数式を設定して計算させたりすることが可能。
　偽の場合…「論理式の条件に当てはまらない場合はこうしなさい」という結果の指示。書き方は真の場合と同様。
　※「真の場合」「偽の場合」において文字列を結果として表示させるときは，表示させたい文字列を " " でくくらなければならない。

(2) 比較演算子

論理式の条件を書くときには,「(判定したいデータ値と条件を比べて)もし○○ならば……」という操作命令を数式で表現する必要がある。この数式を作成するとき(上述の下線部を演算子で表現するとき)に使われるのが,「比較演算子」である。比較演算子には以下の種類がある。

比較演算子(半角入力)	意味	使用例
=(等号)	左辺と右辺が等しい	A1=B1
<>(不等号)	左辺と右辺が等しくない	A1<>B1
>(より大きい)	左辺が右辺より大きい	A1>B1
<(より小さい)	左辺が右辺より小さい	A1<B1
>=(以上)	左辺が右辺以上である	A1>=B1
<=(以下)	左辺が右辺以下である	A1<=B1

では,条件判定について次の例題を解いてみよう。

> **例題1** もし,セル A1 (の値)が10より大きいならばCと表示し,そうでなければBと表示する(数式で表すと,「10＜ A1 ならC, A1 ≦10ならB」と表現できる)。

例題は,IF関数を用いて簡単に解くことができる。エクセルにおいてIF関数の機能を呼び出す方法は,条件式を含むIF関数の直接入力法と,関数の挿入機能によるIF関数の条件式入力法との2通りがある。以下,各方法で解いてみよう。

1) 条件式を含むIF関数の直接入力法

論理式,真の場合,偽の場合を数式バーに直接入力する方法である。数式バーに入力する際は,IF関数の1つの式として作成し,入力しなければならない。
例題に沿ってIF関数の条件式をつくると,以下のようになる。

〈条件式〉

$$=IF(A1>10,"C","B")$$

論理式／真の場合／偽の場合

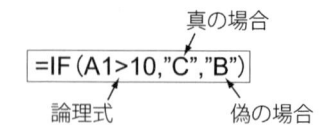

〈条件式の内容〉

「もし，セル A1 （の値）＞ 10 ならば」という条件で（論理式）条件にあてはまる場合は「C」の文字を表示せよ（真の場合）。
条件にあてはまらない場合は「B」の文字を表示せよ（偽の場合）。

エクセルでは，以下の手順に従って解くことができる。

❶ セル B1 をクリックし，数式バーに上記の条件式を入力する。

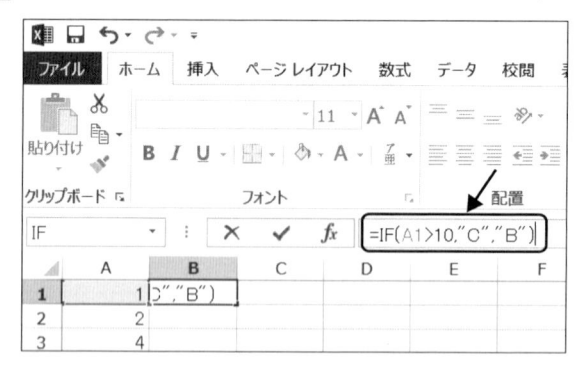

❷ Enter を押す。

❸ 条件判定したい範囲分だけフィルハンドルを真下に引き伸ばす。オートフィル機能により，同様に B2 以降のセルに IF 関数を設定することができ，同時に判定結果（右図）が得られる。

2) 関数の挿入機能による IF 関数の条件式入力法

[関数の挿入]ダイアログボックスを表示して条件式を作成する方法である。この方法は，項目ごとに入力していくので入力ミスを防げるうえ，仮計算結果も同時に確認することができる。

❶ [関数の挿入]をクリックして関数を呼び出す。

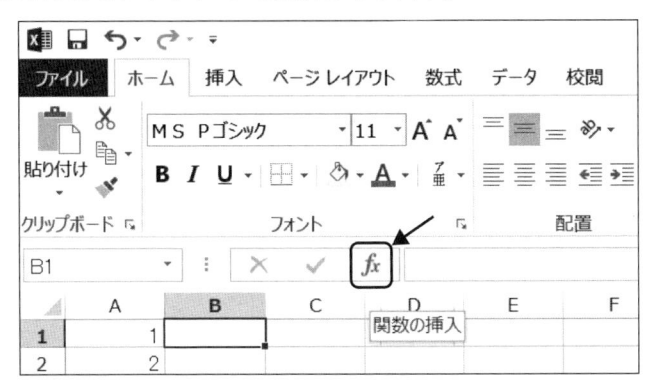

❷ [関数の検索]で IF を検索する。

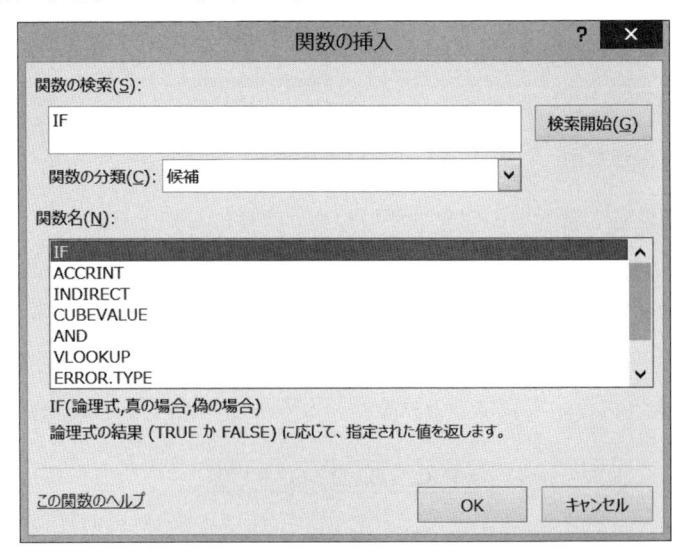

❸ 検索結果の IF 関数を選択した状態で {OK} をクリックすると，[関数の引数]ダイアログボックスが表示される。

❹ [関数の引数] ダイアログボックスで各項目に以下の内容を入力する。

　　論理式……{A1>10}
　　真の場合…{"C"}
　　偽の場合…{"B"}

　すべての項目に入力して [OK] をクリックすると，セル A1 の値は 10 より小さくないので偽の場合と判定され，「B」と結果が表示される。

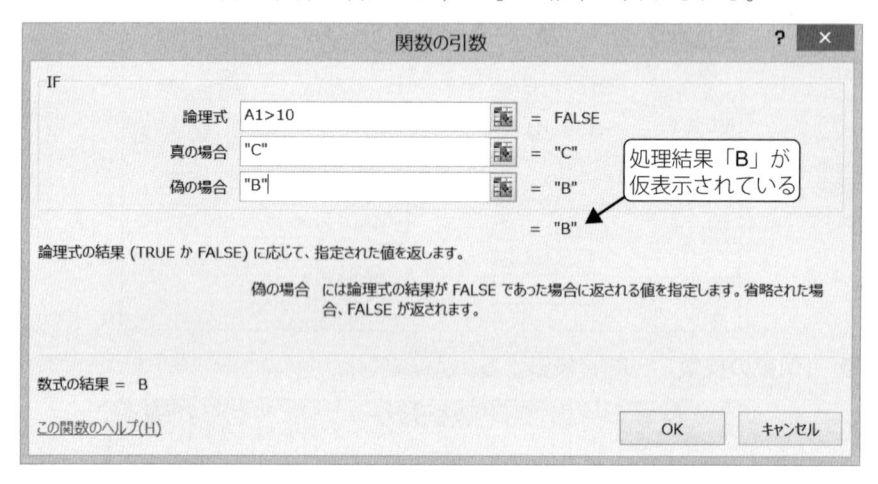

◆条件式の書き方例

以下に条件式の書き方の例を挙げておく。参考にしてもらいたい。

$$=IF(A2<=B2,"予算内","予算超過")$$

　セル A2 の値がセル B2 の値以下の場合は「予算内」と表示され，セル B2 の値より大きい場合は「予算超過」と表示される。

$$=IF(C2<D2,D2-C2,"　")$$

　セル C2 の値がセル D2 の値未満の場合はセル D2 からセル C2 を引いた値を求め，それ以外の場合は空白文字列が返される。

=IF(E2<>F2,"異なる","同じ")

セル E2 の内容とセル F2 の内容が異なる場合は「異なる」を表示し，異ならない場合は「同じ」を表示する。

1.5.2　2つ以上の条件による判定

前項では 1 つの条件で判定を行ったが，2 つ以上の条件であっても判定を行うことができる。条件式の [真の場合] または [偽の場合] の部分に IF 条件式を入れる（入れ子方式を使う）ことにより，2 段階，3 段階といった複数の条件による判定が可能になる。

実際に次の例題を解いて確認してみよう。

> **例題 2**　もし，セル A1 （の値）が 10 より大きい場合は，100 以上であれば E，そうでなければ D とし，10 以下の場合は B とする（数式で表すと，「A1 ≦ 10 のとき B，10 < A1 < 100 のとき D，100 ≦ A1 のとき E」と表現できる）。

（1）　条件式を含む IF 関数の直接入力法で解く場合

例題に沿って IF 関数の条件式をつくると，以下のようになる。

〈条件式〉　=IF(A1>10,IF(A1>=100,"E","D"),"B")

「真の場合」のなかに，例題の「100 以上であれば E，そうでなければ D」に相当する IF 関数の条件式を入れる。これで全体として 2 つの条件を設定できたことになる。

	A	B	C	D	E	F	G
			fx	=IF(A1>10,IF(A1>=100,"E","D"),"B")			
1	1	"),"B")		「真の場合」の部分に IF 条件式を書く			
2	2						
3	4						

（2） 関数の挿入機能による IF 関数の条件式入力法で解く場合

［関数の引数］ダイアログボックスで各項目に以下の内容を入力する。

　　論理式……{A1>10}

　　真の場合…{IF(A1>=100,"E","D")}

　　偽の場合…{"B"}

　この場合も同様に，「真の場合」のなかに，例題の「100 以上であれば E，そうでなければ D」に相当する IF 条件式を入れる。これで全体として 2 つの条件を設定できたことになる。

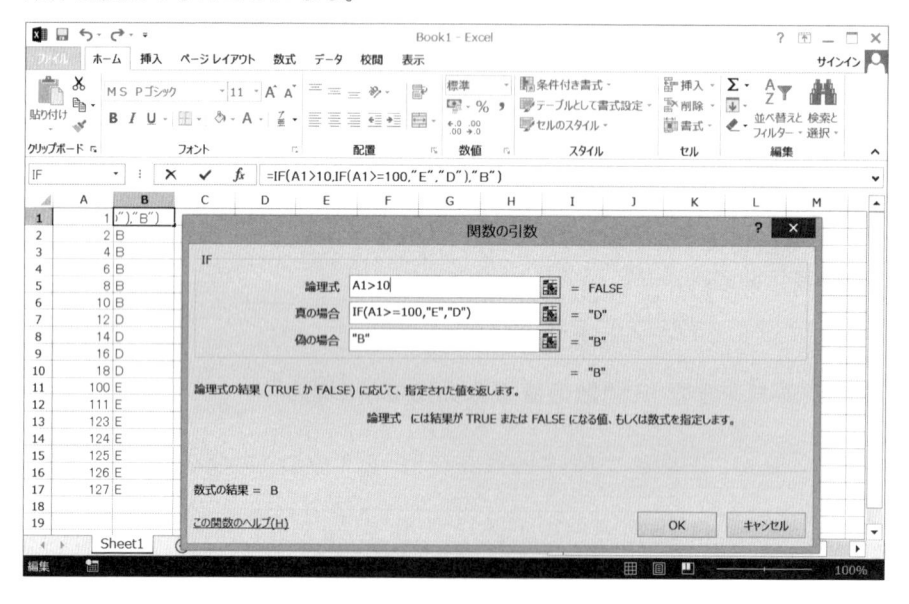

1.5.3　条件に合致するデータの集計

　IF 関数の機能とデータ集計の機能を 1 つにした関数がある。これを知っておくと，条件に合致するデータの抽出と集計を同時に行うことが可能となり，手間が省けて非常に便利である。ここでは，それらの関数機能をいくつか紹介する。

（1） COUNTIF：1つの条件に合ったセルの数を求める

> 例題3　次図の船舶データから，船種が「貨物船」の数を求める。

〈条件式の書き方〉

$$= COUNTIF（B2:B12,"貨物船"）$$

　すなわち，セル B2 からセル B12 の範囲のなかで，「貨物船」に該当するものだけを抽出し，その数を数える。

〈[関数の引数]ダイアログボックスへの入力〉

範囲………{B2:B12}

検索条件…{"貨物船"}

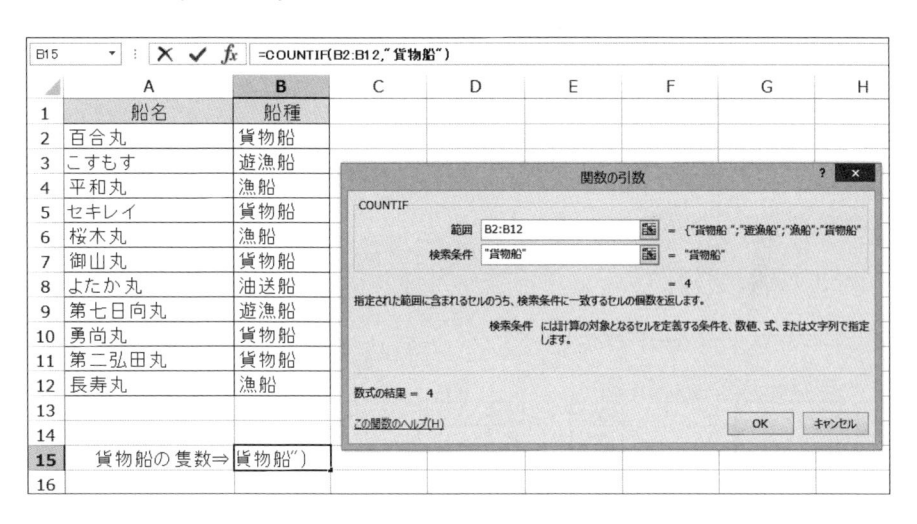

	A	B
1	船名	船種
2	百合丸	貨物船
3	こすもす	遊漁船
4	平和丸	漁船
5	セキレイ	貨物船
6	桜木丸	漁船
7	御山丸	貨物船
8	よたか丸	油送船
9	第七日向丸	遊漁船
10	勇尚丸	貨物船
11	第二弘田丸	貨物船
12	長寿丸	漁船
13		
14		
15	貨物船の隻数⇒	貨物船"）
16		

（2） SUMIF：1つの条件に合ったセルのデータの合計を求める

> 例題4　ある船舶の各航路における燃料消費量は表のとおりであった。このデータから，航路ごとに燃料消費量の合計[kl]を求めたい。

　SUMIF関数を用いれば，1つだけ特定の航路のデータを抽出し，抽出され

たデータの合計を求めることができる。

〈条件式の書き方〉

「新潟－小樽」航路の燃料消費量合計を求める。

=SUMIF(A2:A10,D2,B2:B10)
　　　　　①　　②　　③

すなわち，①複数種類ある航路のなかから ②「新潟－小樽」航路の条件に該当するものだけを③燃料消費量データのなかから抜き出して足し合わせる。この①～③を条件式に設定することで求められる。

〈[関数の引数] ダイアログボックスへの入力〉

範囲………{A2:A10}

　　　（条件検索するデータが含まれている範囲を指定）

検索条件…{D2}（"新潟－小樽" と入力してもよい）

　　　（条件の内容を指定）

合計範囲…{B2:B10}

　　　（計算するデータが含まれている範囲を指定）

すべての項目に入力して [OK] をクリックすると，該当セルに計算結果「168.6 [kl]」が表示される。

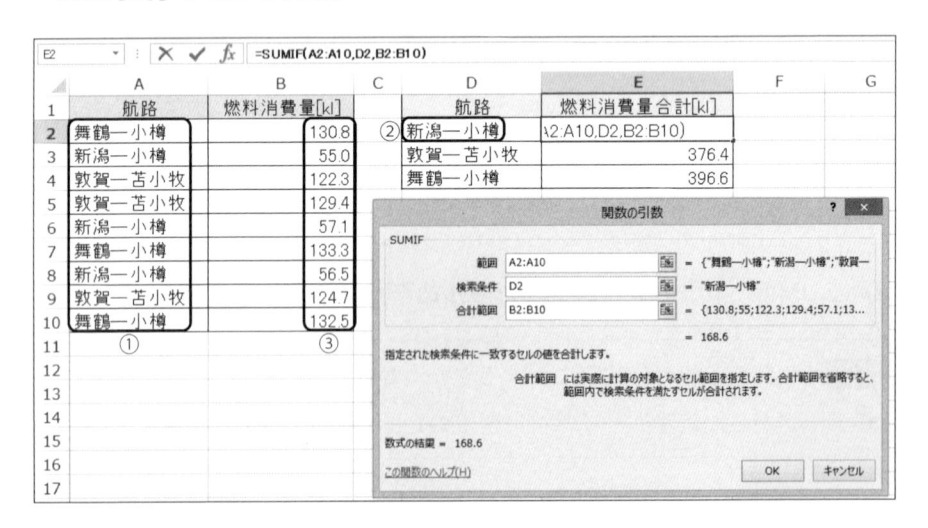

本節では，条件に合っているのかそうでないのかを判定してくれる「IF 関数」を用いて，簡単な条件判定から，計算を含む複雑な条件判定まで，求められることを学んだ．エクセルには，本節で紹介した他にも，さまざまに活用できる関数機能が多く搭載されている．数学や物理の問題を，エクセルの関数機能を用いて解くことも可能なのである．関数機能については，自分で問題を解いて試してみることをお勧めする．

1.6 エクセルの活用

この節では，表計算やレポート・論文の作成，研究発表などでエクセルを使用する際に役立つ知識や方法について学ぶ．

1.6.1 グラフ整形

グラフをレポートや論文に載せる場合，データの持つ傾向が一目で正確に理解できるように，グラフの種類は適切なものでなければならない．また，第三者が見てわかりやすいようなレイアウトであることも必要である．ここでは，グラフを整形する際の基本事項と注意点を挙げておく．グラフの描画方法については §1.3 グラフ描画を参照のこと．

◆ **グラフタイトル**

データが表している内容に沿ったタイトルを明記する．

◆ **軸ラベル**

両軸（縦軸，横軸）には何の量を表しているのかを明記し，単位を付ける．

◆ **軸の書式設定**

軸の交点は原則としてゼロを基準とし，データに適した最大値，最小値を設定し，データが最も見やすいグラフ表示範囲にする．グラフの大きさ（縦横比）は自由に変更できるが，基本的には X 軸と Y 軸の目盛り間隔を合わせて，縦

横比を等しくする。

◆凡例（グラフ上でのデータの区別）

2種類以上のデータを同一グラフ上で示す場合は，各データを混同せずに判別できるよう，マーカーの種類（○，△，□など）を区別し，それぞれ何を表しているか明記する必要がある。[**凡例**]で設定すれば，ラベルとしてグラフの横や上下にまとめて明記することができる。

◆その他

データの傾向を表示するのに最適なグラフの種類を選び，グラフの色や線の種類（——，-----など）を見やすい設定にしておく。とくにモノクロ印刷では，各データが判別できるように配慮しなければならない。

〈適切なグラフの例〉

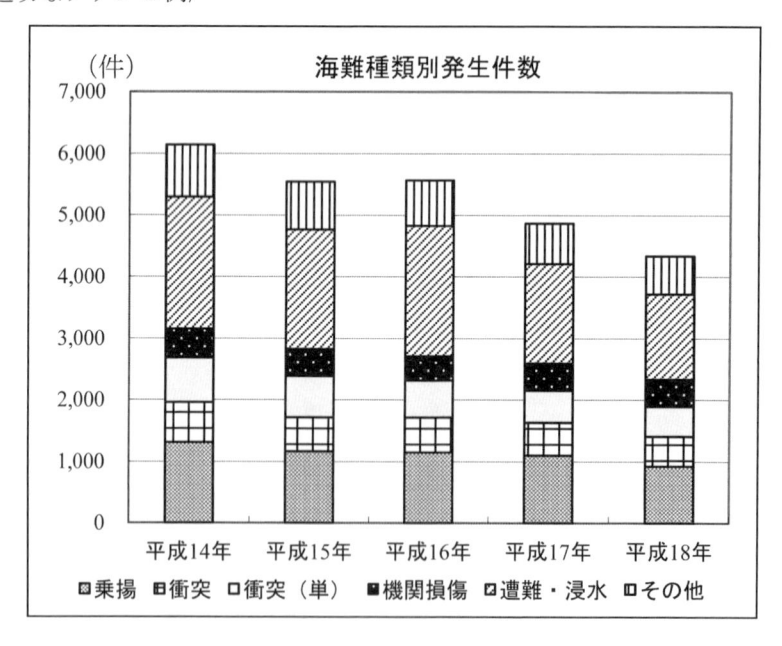

1.6.2 別のワークシートへのデータの貼り付け

エクセルでは，同一のワークシート上で作成していない表やデータを別のワークシート上にコピーし，貼り付けて使用することができる。同じデータを新たに一から入力する手間を省くことができるので，以下の方法を覚えておくとよい。

❶　貼り付け元のエクセルワークシートのデータ（セル範囲）を選択し，[**ホーム**] タブメニュー内の [**コピー**] をクリックする。

❷　貼り付ける位置のセルへカーソルを移動し，[**貼り付け**] をクリックする。

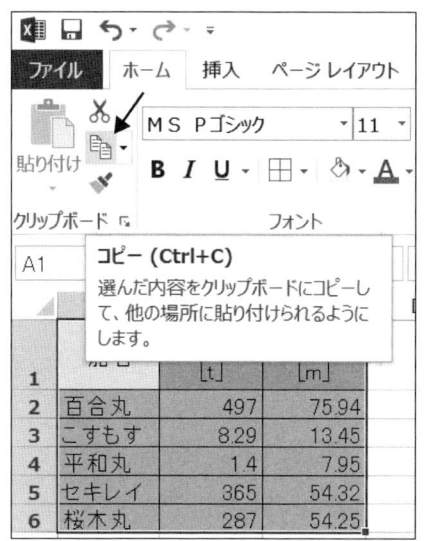

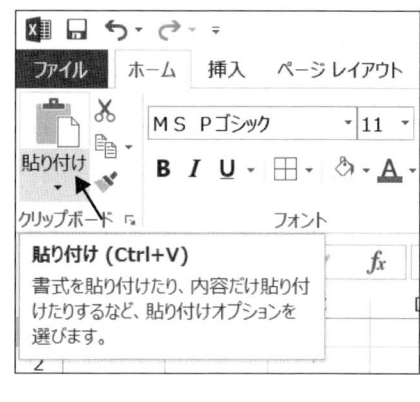

❸　貼り付けボタンの▼をクリックすると，貼り付けレイアウトを選んで変更することができる。元のスタイルを保持したままの貼り付けも可能である。

1.6.3　Word へのグラフの貼り付け

レポートや論文を書く上で，表やグラフを文章中に載せることが頻繁にある。エクセルで作成した表やグラフは，以下の方法で Word 上にそのまま貼り付けることができる。

❶ 貼り付け元のグラフを選択し，コピーする。
❷ 貼り付け先の Word 画面を表示する。
❸ Word 画面上で貼り付け位置へカーソルを移動し，📋 をクリックする。

1.6.4　スピンボタン

　スピンボタンとは，指定したセルに数値を入力するとき，毎回数値を入力しなくてもボタンを押すたびに入力数値を増減させることができる便利なボタンである。複雑な計算式や条件があるなかで，数値を 1 増加させると計算結果がどうなるか，または数値を 2 減少させると結果はどうなるか，などを数値入力の手間を省いてボタン操作だけで確認できるので，知っておくと便利である。さらに，入力する数値の最小値と最大値の範囲を設定したり，増減ステップ（1 刻みで増減，2 刻みで増減など）も設定変更したりすることができる。

　スピンボタンは，以下の手順で作成する。

❶ [**ファイル**]タブをクリックし，[**オプション**]-[**リボンのユーザー設定**]をクリックする。
❷ [**メインタブ**]の[**開発**]項目にチェックを入れ，[**OK**]をクリックする。
❸ [**開発**]タブの[**挿入**]をクリックし，[**フォームコントロール**]で[**スピンボタン**]をクリックする。

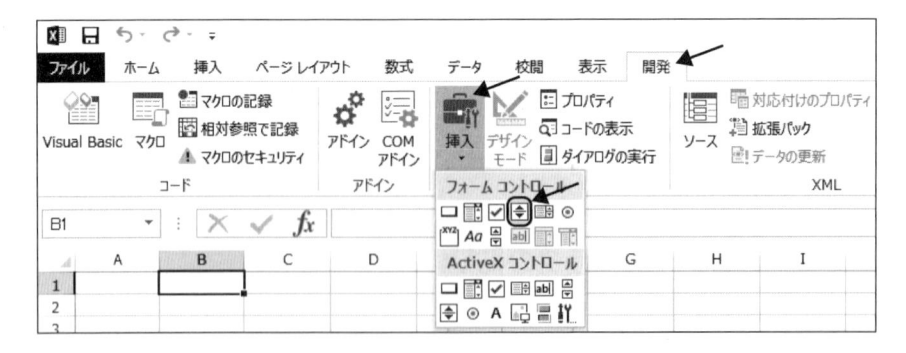

❹ スピンボタンを作成したい場所で 1 回クリックすると，スピンボタンが出現する。スピンボタン上で右クリックし，[**コントロールの書式設定**]をク

❺ [コントロール]タブの[リンクするセル]の空欄部分に，スピンボタン入力値を表示させるセルを設定する．

❻ [最小値]，[最大値]，[変化の増分]を設定し，[OK]をクリックする．

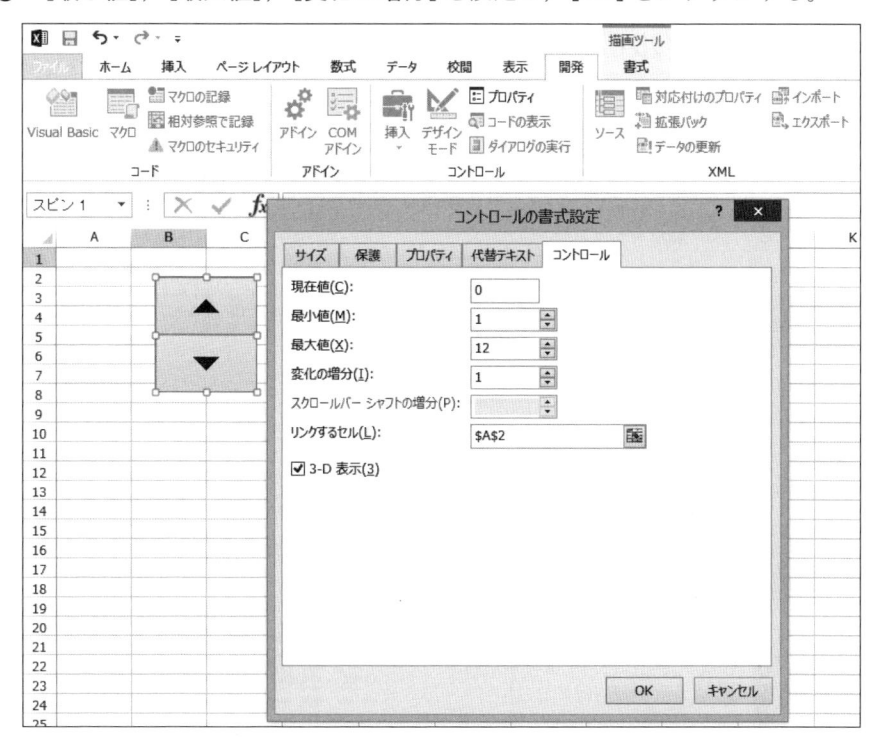

❼ スピンボタンをクリックすると，指定したセルに値が表示される．これで，ボタンをクリックするだけで数値を増減できるようになった．

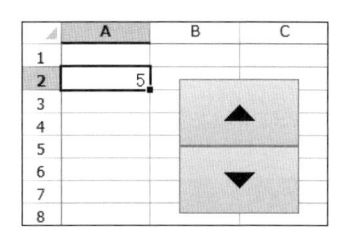

以上，本節で学んだ知識や方法を活用すると，より見栄えの良いグラフ作成ができたり，文章中に画像やデータをエクセルから貼り込む場合に苦労する必要がなくなったりと，ちょっとした作業を円滑にすることが可能になる．これ

らは知っておくと得をする活用度の高いコツである。スピンボタンについても，シミュレーションを簡単に操作できるようになるなど活用の場面はさまざまにあるので，自分なりに活用して表計算だけではない便利機能を実感してみてほしい。

1.7 エクセルの印刷法

エクセルでは，指定した範囲のデータのみを印刷したり，グラフのみを印刷したりと，さまざまなパターンでの印刷が可能である。印刷についての基本的な操作は Word と同様の方法で行う。それぞれの印刷手順については以下に解説する。

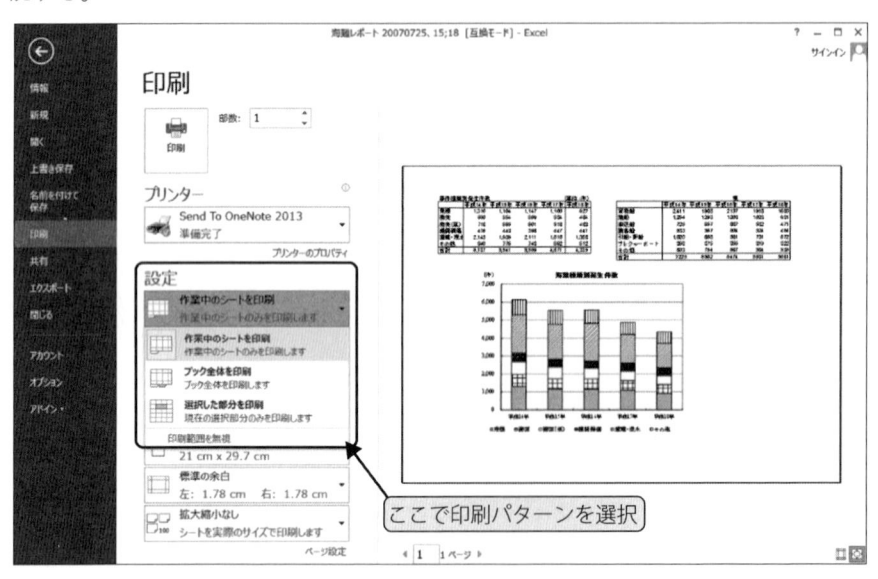

1.7.1 作業中のシートを印刷

現在表示されているワークシート上の表データやグラフを，そのままのレイアウトで印刷することができる。この印刷パターンでは，表示中（作業中）のワークシートのみが印刷され，ブック内の他のワークシートは印刷されない。

たとえば，次図の場合では，このワークシートがそのまま一枚の写真のように印刷される。アクティブでない（非表示の）ワークシートは印刷されない。

❶ ［ファイル］をクリックする。
❷ メニュー項目の［印刷］をクリックする。
❸ 設定メニューの［**作業中のシートを印刷**］を選択する。
❹ そのほか，印刷の向き，用紙サイズ，余白などを設定または確認し，左上の［**印刷**］ボタンをクリックする（印刷設定の右側には，印刷のプレビューが表示される）。

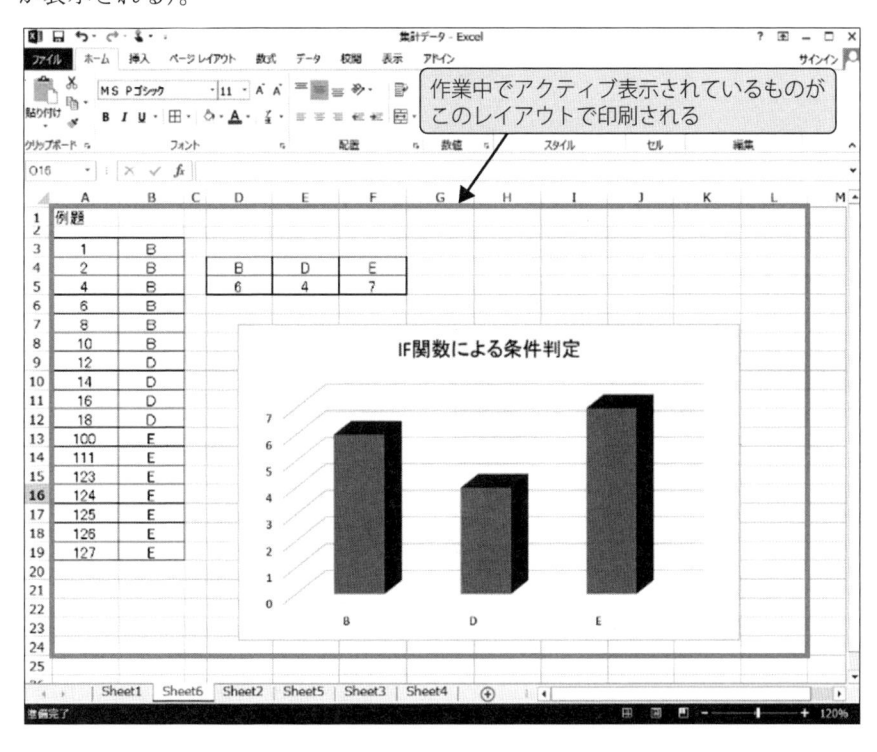

1.7.2 ブック全体を印刷

1つのブックに作成されたワークシートをすべて印刷するときには，この印刷パターンを選択するとよい。

現在作業中で表示しているワークシートだけでなく，ブック内の（同一ファイル内の）すべてのワークシートの内容が印刷される。たとえば，次図の場合では，Sheet1 → Sheet6 → Sheet2 → Sheet5 → Sheet3 → Sheet4 の順番で，すべてのワークシートの内容が印刷される。

❶ [**ファイル**]タブをクリックする。
❷ メニュー項目の[**印刷**]をクリックする。
❸ 設定メニューの[**ブック全体を印刷**]を選択する。
❹ そのほか，印刷の向き，用紙サイズ，余白などを設定または確認し，左上の[**印刷**]ボタンをクリックする。

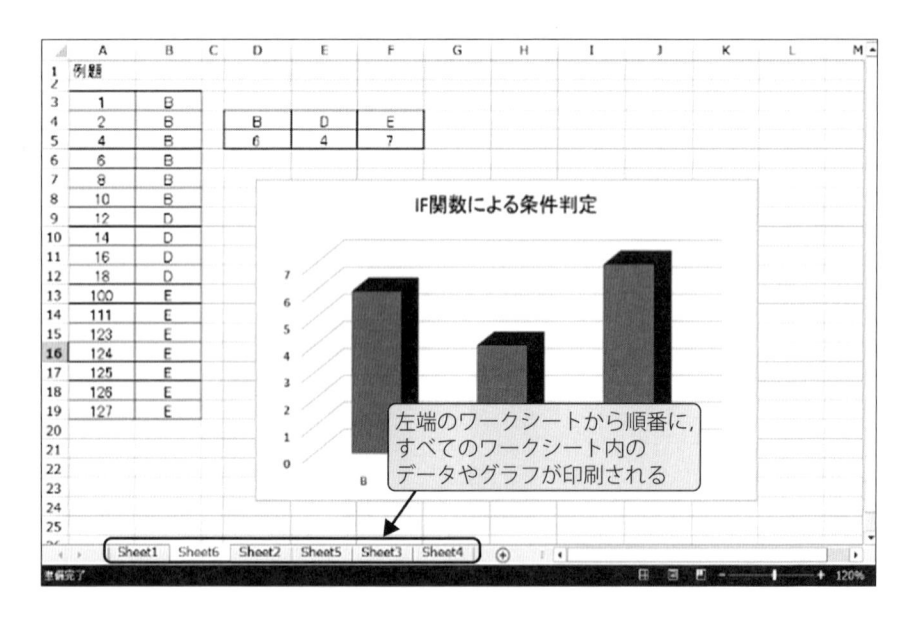

1.7.3 選択した部分を印刷

選択したデータのみを印刷する場合は，この印刷パターンを選択するとよい。マウスで印刷したい範囲を決めて，その部分だけを印刷することができる。
❶ ワークシート上で，印刷したいデータのセルをドラッグして選択しておく。

❷ [ファイル]をクリックし，メニュー項目の[印刷]をクリックする。
❸ 設定メニューの[選択した部分を印刷]を選択する。
❹ そのほか，印刷の向き，用紙サイズ，余白などを設定または確認し，左上の[印刷]ボタンをクリックする。

1.7.4 選択したグラフを印刷

グラフだけを印刷したい場合は，この印刷パターンを選択するとよい。マウスで選択してアクティブ状態になっているグラフだけが印刷される。

❶ ワークシート上で，印刷したいグラフをクリックして選択しておく。
❷ [ファイル]をクリックし，メニュー項目の[印刷]をクリックする。
❸ 設定メニューの[選択したグラフを印刷]を選択する。
❹ そのほか，印刷の向き，用紙サイズ，余白などを設定または確認し，左上の[印刷]ボタンをクリックする。

以上の4種類の印刷パターンがあることを知っておくと，レポート作成でグラフだけを印刷したり，研究発表の配布資料として見せたい部分だけを選択して印刷したり，というように目的に応じた印刷ができるようになる。結果を印刷するときには少し考えて，適切な印刷パターンを使い分けるとよいだろう。

1.8 エクセル使用法一覧

本章で紹介したエクセル使用法について，対応する節・項の番号を一覧にして以下に示す。CHAPTER 2 以降では，ここで学んだこれらのエクセル使用法を応用していくことになる。本章で学んだ内容をまとめ，復習するためにも，この表を活用してほしい。また，エクセルのテクニックがわからなくなったときにも参照してもらいたい。

なお，CHAPTER 2 以降で以下の表にあるエクセル使用法を参照する際は，対応する節・項番号にセクション記号（§）を付けて表記する。

参照表記法	エクセル使用法
§1.1	エクセルの基本操作
§1.1.1	エクセルの起動と終了
§1.1.2	データの処理方法
§1.1.3	オートフィル機能
§1.1.4	ファイルの保存
§1.2	エクセルでの計算方法
§1.2.1	演算子を使った計算
§1.2.2	オートカルク
§1.2.3	関数を使った計算
§1.3	グラフ描画
§1.3.1	グラフの構成要素
§1.3.2	グラフの選び方
§1.3.3	グラフの作成
§1.3.4	グラフの編集
§1.3.5	散布図グラフ
§1.4	ワークシートの機能
§1.4.1	データの入力
§1.4.2	列幅・行の高さの変更
§1.4.3	列・行の削除，挿入，移動
§1.4.4	罫線を引く
§1.4.5	相対参照と絶対参照
§1.4.6	表示形式の変更
§1.4.7	円グラフの作成
§1.5	IF 関数など
§1.5.1	IF 関数による条件判定
§1.5.2	2 つ以上の条件による判定
§1.5.3	条件に合致するデータの集計
§1.6	エクセルの活用
§1.6.1	グラフ整形
§1.6.2	別のワークシートへのデータの貼り付け
§1.6.3	Word へのグラフの貼り付け
§1.6.4	スピンボタン
§1.7	エクセルの印刷法
§1.7.1	作業中のシートを印刷
§1.7.2	ブック全体を印刷
§1.7.3	選択した部分を印刷
§1.7.4	選択したグラフを印刷

1.9 練習問題

本章で学んだエクセルの基礎に関する知識とエクセルを応用して課題を解く技術を活用して，以下の設問を解け。

1.9.1 データの入力とグラフの作成に関する問題

問 次の「船社別売上高」データについて，以下の条件に従って，処理結果のように作成すること。

ファイル名は{船社別売上高}と付けること。

	A	B	C	D	E	F
1	船社別売上高				単位:百万円	
2						
3			商船アジア	横浜汽船	大和郵船	
4		2008年	1945697	1244317	2584626	
5		2009年	1865802	838033	2429972	
6		2010年	1347965	985085	1697342	
7		2011年	1543661	972311	1929169	
8		2012年	1435221	1134772	1807819	
9		合計				
10		平均				
11						
12		最大値				
13		最小値				
14						

❶ データの入力を行う。
❷ 関数機能を使って，合計，平均，最大値，最小値の計算をする。
❸ 合計値と平均値の表示形式を通貨スタイルに変更する。
❹ 桁区切りを付ける。
❺ セル A1 に入力したタイトル「船社別売上高」のフォントサイズを 16 に変更する。
❻ セルの高さを 20，セルの幅を 11 に変更する。
❼ 罫線を引く。
❽ グラフを作成する。

- 集合縦棒グラフを選択する
- グラフタイトルは，{船社別売上高}と表示する
- 縦軸ラベルは，{売上高（百万円）}と縦書きで表示する
- データラベルは，各船社の最大値と最小値のみを表示する
- データラベルのフォント色は，最大値と最小値について，それぞれ任意の色に変更する
- 凡例の表示場所を変更する

◆処理結果

	A	B	C	D	E
1	船社別売上高				単位:百万円
2					
3			商船アジア	横浜汽船	大和郵船
4		2008年	1,945,697	1,244,317	2,584,626
5		2009年	1,865,802	838,033	2,429,972
6		2010年	1,347,965	985,085	1,697,342
7		2011年	1,543,661	972,311	1,929,169
8		2012年	1,435,221	1,134,772	1,807,819
9		合計	¥8,138,346	¥5,174,518	¥10,448,928
10		平均	¥1,627,669	¥1,034,904	¥2,089,786
11					
12		最大値	2,584,626		
13		最小値	838,033		

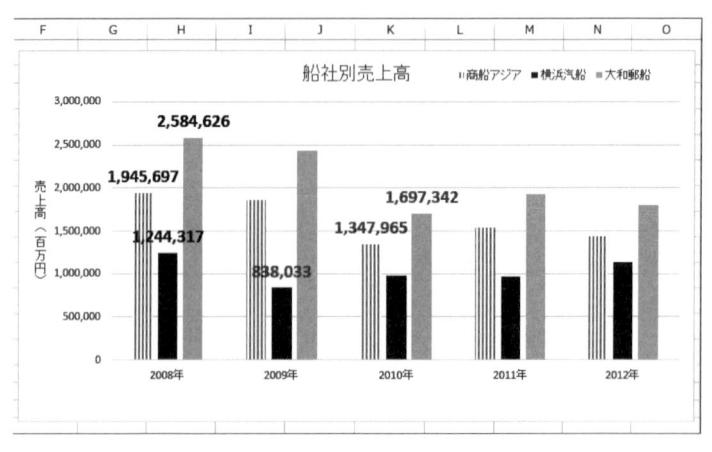

1.9.2 関数に関する練習問題

問1 次の表は，ある年に発生した海難データの一部である。この表のデータを，総トン数 20 トン未満の船舶と，それ以外の船舶とに区別せよ。また，船種別の海難発生隻数を求めよ。

船名	船種	総トン数[t]	全長[m]
百合丸	貨物船	497	75.94
こすもす	遊漁船	8.29	13.45
平和丸	漁船	1.4	7.95
セキレイ	貨物船	365	54.32
桜木丸	漁船	287	54.25
御山丸	貨物船	497	70.50
よたか丸	油送船	149	39.48
第七日向丸	遊漁船	6.73	14.20
勇尚丸	貨物船	122	45.00
第二弘田丸	貨物船	199	59.20
長寿丸	漁船	2.6	8.51

問2 ある日の帆船海竜丸の見学入場者数は，20 グループの団体でそれぞれ右の表のとおりであった。各グループの支払額を求め，この日の団体人数別の総入場料を求めよ。さらに，団体人数別の総入場料収入をグラフで描け。ただし，団体人数別の入場料は以下のとおりである。

ある日の団体入場者数

グループ番号	人数[人]
1	16
2	3
3	12
4	8
5	7
6	4
7	3
8	18
9	22
10	11
11	24
12	9
13	3
14	4
15	17
16	23
17	3
18	19
19	1
20	2

団体人数別の入場料

団体人数	10人未満	10人以上20人未満	20人以上
一人あたりの入場料[円]	900	850	700

CHAPTER 2
エクセルで理解する数学

　CHAPTER 1 でエクセルの基本的機能について学んだ。本書のタイトルのように，エクセルを数学や物理の計算で試して使ってみよう！　という気持ちになっただろうか？

　「数学の何をどう試していいかわかりません……」という人も，まったく心配は要らない。なぜなら，この章のタイトルは「エクセルで理解する数学」，次の章は「エクセルで理解する物理」とあるように，これから理解するからである。

　本章では，エクセルを計算ツールとして，数学に関係する具体的な問題に取り組む。

　各節で取り組む分野は次のとおりである。

2.1　ラジアン，三角関数，三角比
2.2　連立方程式
2.3　微分
2.4　積分
2.5　統計処理
2.6　最小2乗法と近似曲線

　「微分」「積分」と聞いただけで「難しそう」と思った人も心配はない。CHAPTER 1 に基づいてエクセルを操作した経験があれば，誰でも計算できるように解説した。エクセルの操作を説明しながらの例題も用意したので心配ご無用です。

　もちろん，本章で扱ったのは数学の分野のごく一部である。しかし，この章

で，数学に関する計算をエクセルで実施することに慣れておけば，次の章以降も理解しやすくなると思う。

途中であきらめないで，ぜひ，自分の手と指を動かして最後までやってみよう。

2.1 ラジアン，三角関数，三角比

2.1.1 ラジアン

角度を表す単位に度 [°] とラジアン [rad] がある。θ [°] を [rad] に変換するには

$$[\text{rad}] \leftarrow \theta[°] \times \frac{\pi}{180}$$

となる。[rad] が便利なのは，図 2.1 にあるように，円弧の長さを求めるときで，[rad] 値に半径 r を掛けるだけで，円弧の長さが算出できる。エクセルでは，三角関数の計算には，[°] ではなく，[rad] で与える。なお，図 2.2 に示すように =RADIANS(B3) として，[°] を [rad] に直す。

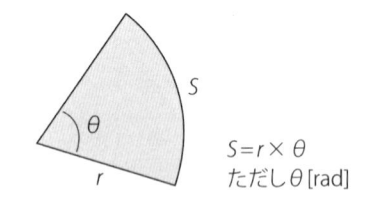

図2.1 円弧の長さの計算には[rad]が便利

$S = r \times \theta$
ただし θ [rad]

	A	B	C	D	E
1					
2		[°]	[rad]		
3		20	0.34906585		=RADIANS(B3)
4		30	0.523598776		
5		40	0.698131701		
6		50	0.872664626		
7					

図2.2

2.1.2 三角関数

図 2.3 に沿って説明する。

① A 列には 10° おきに，角度 0 [°]〜720 [°] まで記述している。B 列には，たとえば =RADIANS(A2) として [°] を [rad] に直している。

② エクセルにおける三角関数の演算には，[°] ではなく，[rad] を用いなくてはならない。そこで B 列の [rad] 値を用い，たとえば C 列には =sin(B2)，D 列には =cos(B2) を計算している。

	A	B	C	D	E	F	G	H	I
1	θ [°]	θ [rad]	sinθ	cosθ	tanθ	r=1の弧の長さ	tanθ =sinθ/cosθ	r(=5)*cosθ	r(=5)*sinθ
2	0	0	0	1	0	0	0	5	0
3		=RADIANS(A2)	=SIN(B2)	=COS(B2)	=TAN(B2)	=1*B2	=C2/D2	=5*D2	=5*C2
4	10	0.174532925	0.173648	0.984808	0.176326981	0.174532925	0.176326981	4.92403877	0.86824089
5	20	0.34906585	0.34202	0.939693	0.363970234	0.34906585	0.363970234	4.6984631	1.71010072
6	30	0.523598776	0.5	0.866025	0.577350269	0.523598776	0.577350269	4.33012702	2.5
7	40	0.698131701	0.642788	0.766044	0.839099631	0.698131701	0.839099631	3.83022222	3.21393805
8	50	0.872664626	0.766044	0.642788	1.191753593	0.872664626	1.191753593	3.21393805	3.83022222
9	60	1.047197551	0.866025	0.5	1.732050808	1.047197551	1.732050808	2.5	4.33012702
10	70	1.221730476	0.939693	0.34202	2.747477419	1.221730476	2.747477419	1.71010072	4.6984631
11	80	1.396263402	0.984808	0.173648	5.67128182	1.396263402	5.67128182	0.86824089	4.92403877
	⋮	⋮	⋮	⋮	⋮	⋮	⋮	⋮	⋮
64	610	10.64650844	-0.93969	-0.34202	2.747477419	10.64650844	2.747477419	-1.71001007	-4.6984631
65	620	10.82104136	-0.98481	-0.17365	5.67128182	10.82104136	5.67128182	-0.86824089	-4.9240388
66	630	10.99557429	-1	-4.3E-16	2.33208E+15	10.99557429	2.33208E+15	-2.144E-15	-5
67	640	11.17010721	-0.98481	0.173648	-5.67128182	11.17010721	-5.67128182	0.86824089	-4.9240388
68	650	11.34464014	-0.93969	0.34202	-2.747477419	11.34464014	-2.747477419	1.71010072	-4.6984631
69	660	11.51917306	-0.86603	0.5	-1.732050808	11.51917306	-1.732050808	2.5	-4.330127
70	670	11.69370599	-0.76604	0.642788	-1.191753593	11.69370599	-1.191753593	3.21393805	-3.8302222
71	680	11.86823891	-0.64279	0.766044	-0.839099631	11.86823891	-0.839099631	3.83022222	-3.213938
72	690	12.04277184	-0.5	0.866025	-0.577350269	12.04277184	-0.577350269	4.33012702	-2.5
73	700	12.21730476	-0.34202	0.939693	-0.363970234	12.21730476	-0.363970234	4.6984631	-1.71001007
74	710	12.39183769	-0.17365	0.984808	-0.176326981	12.39183769	-0.176326981	4.92403877	-0.8682409
75	720	12.56637061	-4.9E-16	1	-4.90059E-16	12.56637061	-4.90059E-16	5	-2.45E-15

図2.3 三角関数の計算

例題1 tan のグラフ

図 2.3 の E 列には，$\tan\theta = \sin\theta/\cos\theta$ として，角度ごとの tan の変化を示している。角度 θ [°] と tan のグラフを描いたのが，図 2.4(a) である。分母の cos 値が 0 となる 90[°]，270[°]，450[°]，630[°] では，ゼロで割ることとなり，tan 値は無限大となって，おかしな tan のグラフとなっている。そこで，無限大となっている箇所を Delete で消してグラフを描き直すと，(b) となる。そうなることを確認するように。

| (a) | (b) |

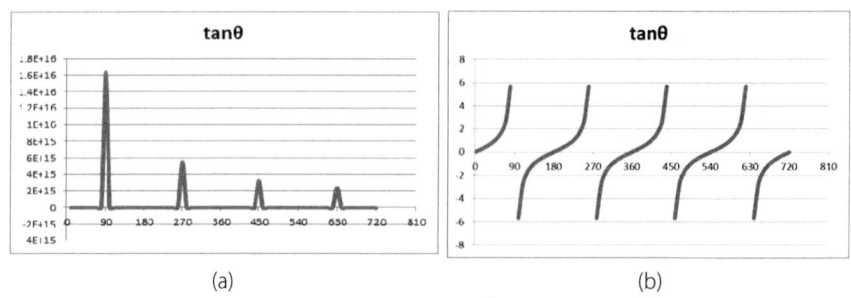

図 2.4 tan のグラフ

例題 2　円弧の長さ S は，$S = r \times \theta$（ただし，$\theta[\text{rad}]$）である。図 2.3 の F 列には，半径 $r = 1$ とした場合の角度ごとの円弧の長さが示されている。角度[°]ごとの円弧の長さのグラフを描くと，図 2.5 となり，角度と円弧の長さは比例することを確認するように。

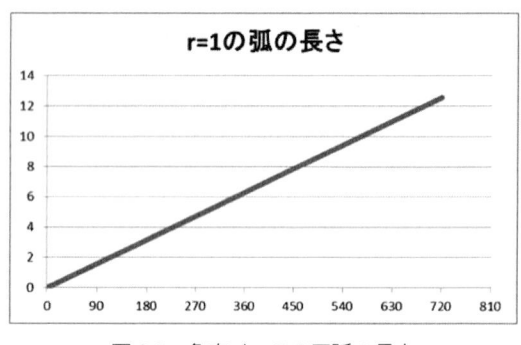

図 2.5　角度ベースの円弧の長さ

例題 3　円を表す三角関数

次に，半径 $r = 5$ として，$x = r \cdot \cos\theta$，$y = r \cdot \sin\theta$ を計算し，円上の座標を計算している。この x, y をプロットすると円となるかどうか描いてみよう。

$x = r \cdot \cos\theta$ を図 2.3 の H 列に，$y = r \cdot \sin\theta$ を I 列に計算している。この x, y を

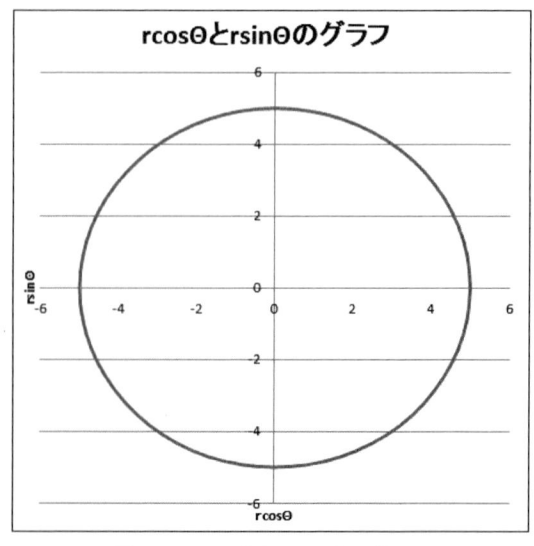

図 2.6　$r \cdot \cos\theta$ と $r \cdot \sin\theta$ のグラフ

プロットすると図2.6のように円となることを確認するように。

2.1.3 三角比

三角形は3辺からなり，そのうち2辺を取り出し，割り算して比を算出する。これらを三角比といい，sin，cos，tan と表す。その様子を図2.7（∠C = 90[°]の場合）の左側に示す。また，図の右側は3つの角の角度が同じ大きい三角形と小さい三角形で，それぞれ相当する辺同士の三角比が変わらないことを相似という。図2.7の三角比の公式は覚えよう。

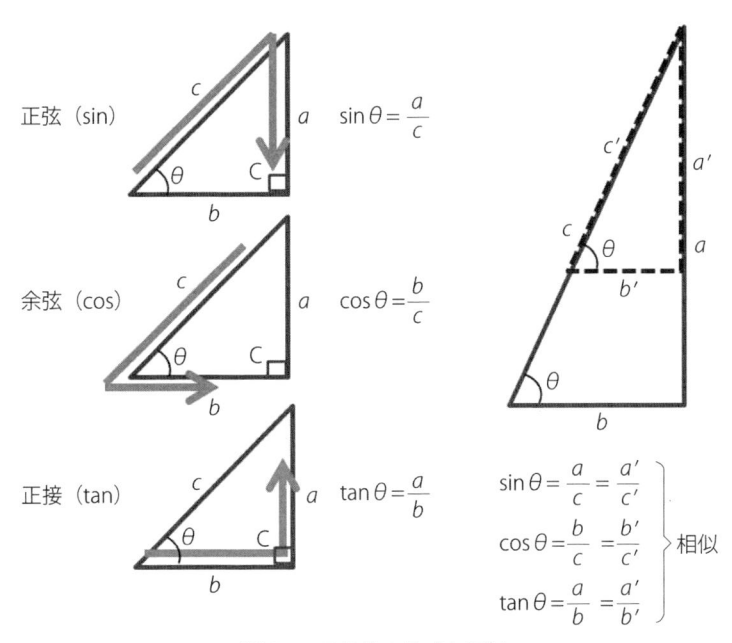

正弦（sin）　　$\sin\theta = \dfrac{a}{c}$

余弦（cos）　　$\cos\theta = \dfrac{b}{c}$

正接（tan）　　$\tan\theta = \dfrac{a}{b}$

$$\left.\begin{array}{l}\sin\theta = \dfrac{a}{c} = \dfrac{a'}{c'} \\ \cos\theta = \dfrac{b}{c} = \dfrac{b'}{c'} \\ \tan\theta = \dfrac{a}{b} = \dfrac{a'}{b'}\end{array}\right\}\text{相似}$$

図2.7　三角比の公式と相似

その他よく使う三角関数の公式を，図2.8に示す。エクセル画面の図2.9もあわせて参照してほしい。

❶　三角形の各辺の長さと，その辺と向かい合う角度の sin の比は等しい（正弦定理）。

❷ また，一辺の長さの2乗値は，他の2辺の2乗値の合計から，$2 \cdot b \cdot c$ と向かいの角 A の cos 値を乗ずればよい（図2.8中の①式の余弦定理）。

❸ 三角形の面積を求めるには，C = 90[°]とすれば，$a \cdot b/2$ でよい。しかし，3辺の長さがわかっている場合の任意の三角形の面積を求める場合は，ヘロンの公式が便利である。3辺の長さの合計の半分を s とおくと，三角形の面積は

$$面積 = \sqrt{s \cdot (s-a) \cdot (s-b) \cdot (s-c)}$$

でよい。C = 90[°]の直角三角形の場合の確認が図2.8にある。

❹ 同じく，ピタゴラスの定理も成立することがわかる。

正弦定理　　　$\dfrac{a}{\sin A} = \dfrac{b}{\sin B} = \dfrac{c}{\sin C}$

余弦定理　　　$a^2 = b^2 + c^2 - 2bc \cdot \cos A \cdots ①$

ヘロンの公式　$面積 = \sqrt{s \cdot (s-a)(s-b)(s-c)}$

　　　　　　　ただし，$s = \dfrac{a+b+c}{2}$

ピタゴラスの定理　$a^2 + b^2 = c^2$

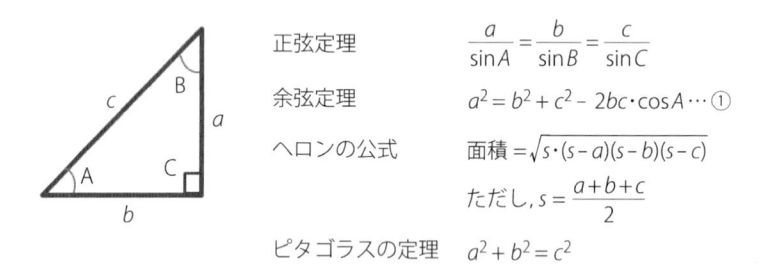

図2.8　三角形に関する公式

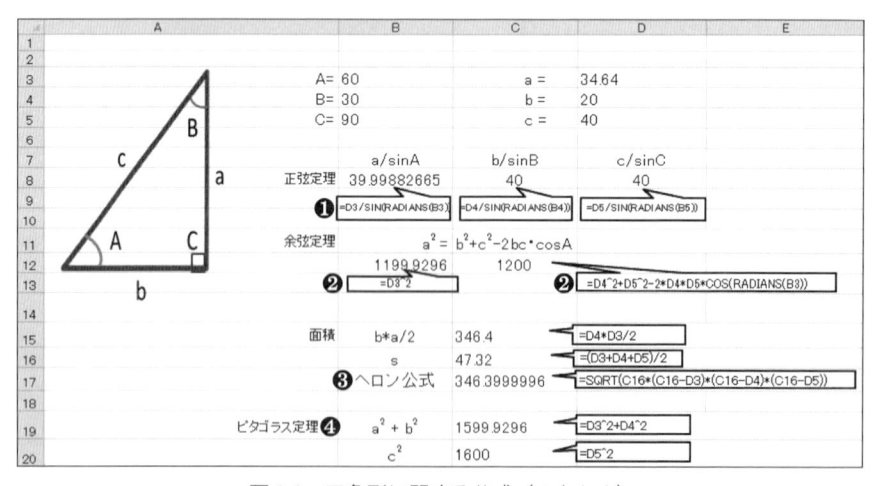

図2.9　三角形に関する公式（エクセル）

2.2 連立方程式

未知数が含まれている式を「方程式」といい，その未知数を求めることを「方程式を解く」という。1 つの未知数を明らかにする場合，その未知数を含む式が 1 つあれば解くことができる。未知数が 2 つ，3 つと増えていけば，その未知数を含む式が未知数の数だけ必要となり，これを手計算で解くことがたいへん難しくなる。未知数 3 で関係式 3 式の場合，「3 元連立方程式」という。ここでは，3 元以上の多元連立方程式を行列を用いて解く方法を 2 つ紹介する。行列式の計算にはエクセルを用いればよい。

2.2.1 逆行列を用いる方法

次の 3 元連立方程式を例に説明しよう。

$2x + 4y + 3z = 17$ ⋯ ②
$3x - 2y + 4z = 9$ ⋯⋯ ③
$4x + 5y - 6z = 16$ ⋯ ④

これを手計算で解くとすれば

② × 2 - ④で $\quad 3y + 12z = 18$ ⋯⋯⋯⋯⋯ ⑤
② × 3 - ③ × 2 で $\quad 16y + z = 33$ ⋯⋯⋯⋯⋯ ⑥
⑤ - ⑥ × 12 で $\quad -189y = -378 \to y = 2$ ⋯ ⑦
⑦を⑤に代入して $\quad 6 + 12z = 18 \to z = 1$ ⋯ ⑧
⑦，⑧を②に代入して $\quad 2x + 8 + 3 = 17 \to x = 3$

3 元連立方程式なので上のように解けたが，これ以上未知数が増えると，もはや手計算で解くのは容易でなくなる。そこで，行列式を用いて解く。②，③，④の x, y, z の係数を下のように行列で表す。

$$\text{係数行列 } \mathbf{A} = \begin{bmatrix} 2 & 4 & 3 \\ 3 & -2 & 4 \\ 4 & 5 & -6 \end{bmatrix} \cdots ⑨$$

また，次のように変数行列 $\mathbf{X}$ と右辺行列 $\mathbf{Y}$ とすれば

$$\text{変数行列 } \mathbf{X} = \begin{bmatrix} x \\ y \\ z \end{bmatrix} \cdots ⑩ \qquad \text{右辺行列 } \mathbf{Y} = \begin{bmatrix} 17 \\ 9 \\ 16 \end{bmatrix} \cdots ⑪$$

この連立方程式は $\mathbf{A} \cdot \mathbf{X} = \mathbf{Y}$ と表記され,解 $\mathbf{X}$ は以下のように,係数行列の逆行列を用いて求めることができる。

$$\mathbf{X} = \mathbf{A}^{-1} \cdot \mathbf{Y}$$

この逆行列の値の確定をエクセルでは容易に計算でき,あとはその逆行列 $\mathbf{A}^{-1}$ に右辺行列 $\mathbf{Y}$ を掛ければ答えが求まる。図 2.10 を参照してほしい。

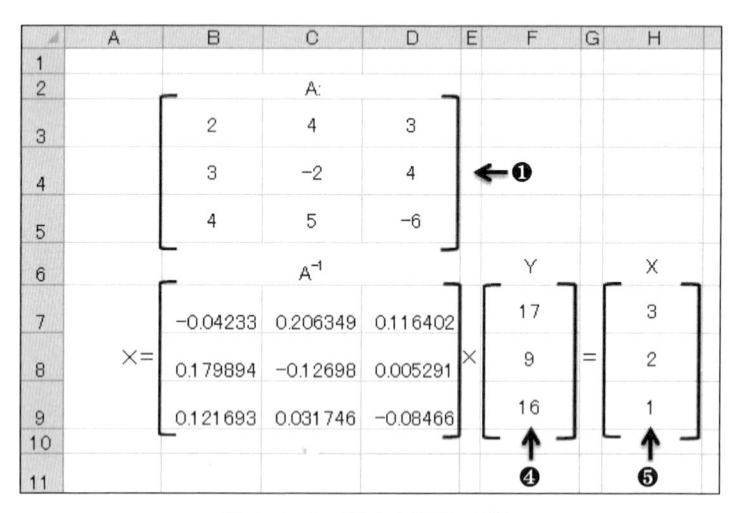

図 2.10　3 元連立方程式の解法

エクセルの場合,逆行列は関数 MINVERSE を使う。その用いる手順は

❶ まず,係数行列⑨式を,任意セル(たとえば B3:D5)に入力する。

❷ 逆行列を作りたい領域(たとえば B7:D9)をマウスでドラッグする。

❸ キーで =MINVERSE(B3:D5) と入力し,Shift + Ctrl を押しながら Enter し, {=MINVERSE(B3:D5)} と確定する。

❹ これで逆行列が計算できた。次にこの逆行列の右に,右辺行列 $\mathbf{Y}$ の値をセルに入力する。

❺ 逆行列 $\mathbf{A}^{-1}$ と右辺行列 $\mathbf{Y}$ を掛けた結果を入れる $\mathbf{X}$ の領域 H7:H9 をドラ

ッグし，=MMULT(と入力する．次に，逆行列範囲をドラッグ．その後に , を入力して，右辺行列をドラッグすると，=MMULT(B7:D9,F7:F9) となる．

❻ Shift + Ctrl を押しながら Enter すると，{=MMULT(B7:D9,F7:F9)} となり，確定する．これで行列 **X** の値を得ることができる．

2.2.2 クラメールの公式を用いる方法

2.2.1 で用いた次の3元連立方程式をクラメールの公式で解く．

$2x + 4y + 3z = 17$
$3x - 2y + 4z = 9$
$4x + 5y - 6z = 16$

まず，行列式に書き直すと下式のようになる．

$$\begin{bmatrix} 2 & 4 & 3 \\ 3 & -2 & 4 \\ 4 & 5 & -6 \end{bmatrix} \times \begin{bmatrix} x \\ y \\ z \end{bmatrix} = \begin{bmatrix} 17 \\ 9 \\ 16 \end{bmatrix}$$

ここで，係数行列を **Δ** とおき

$$\Delta = \begin{vmatrix} 2 & 4 & 3 \\ 3 & -2 & 4 \\ 4 & 5 & -6 \end{vmatrix} \cdots ⑫$$

次に，x は縦1列目を右辺行列の値に置き換え，y は縦2列目を右辺行列の値に置き換え，z は縦3列目を右辺行列の値に置き換えることで，答えは次のように計算すればよい．

$$x = \begin{vmatrix} 17 & 4 & 3 \\ 9 & -2 & 4 \\ 16 & 5 & -6 \end{vmatrix} / \Delta \cdots ⑬$$

$$y = \begin{vmatrix} 2 & 17 & 3 \\ 3 & 9 & 4 \\ 4 & 16 & -6 \end{vmatrix} / \Delta \cdots ⑭$$

$$z = \begin{vmatrix} 2 & 4 & 17 \\ 3 & -2 & 9 \\ 4 & 5 & 16 \end{vmatrix} / \Delta \cdots ⑮$$

これら行列式の混じった⑫, ⑬, ⑭, ⑮式の計算は，エクセルでは関数 MDETERM を用いて計算できる。図 2.11 を参照してほしい。

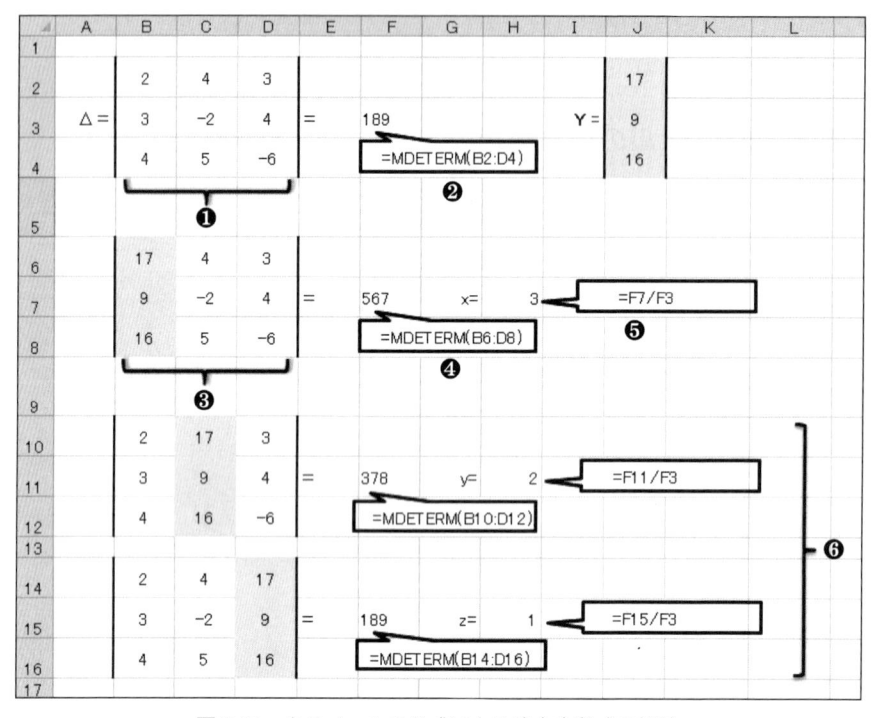

	A	B	C	D	E	F	G	H	I	J	K	L
1												
2			2	4	3					17		
3		Δ =	3	-2	4	=	189		Y =	9		
4			4	5	-6		=MDETERM(B2:D4)			16		
5												
6			17	4	3							
7			9	-2	4	=	567	x=	3	=F7/F3		
8			16	5	-6		=MDETERM(B6:D8)					
9												
10			2	17	3							
11			3	9	4	=	378	y=	2	=F11/F3		
12			4	16	-6		=MDETERM(B10:D12)					
13												
14			2	4	17							
15			3	-2	9	=	189	z=	1	=F15/F3		
16			4	5	16		=MDETERM(B14:D16)					
17												

図 2.11　クラメールの公式による連立方程式の解法

❶　3 行 3 列で係数行列⑫を入力する。

❷　F3 に =MDETERM(と入力し，行列値を計算したい領域 B2:D4 をドラッグし，) を入力して Enter する。これで Δ の値が計算できた。

❸　続いて下方に，B 列だけ右辺行列を入れ，他の C，D 列はそのままの行列を用意する。

❹　F7 に =MDETERM(と入力し，行列値を計算したい領域 B6:D8 をドラッグし，) を入力して Enter する。

❺　❹の結果を❷の Δ で割ることで x の値が判明する。

❻　同様にして y, z も確定する。

2.3 微分

数学で習う「微分」の公式，覚えただろうか。これらの公式は，実は「りんごが落ちる。重力がある」の数学・物理学者ニュートン（1642～1727）が提唱し，「微分」は「速力 v」を計算する過程で編み出されたと言われている。ここでは，「微分」を理解しよう。

「速さ」について書く。「新幹線こまちは時速 300 [km] で走る」というが，駅では止まるし，加速して 300 [km/h] になり，ずっと 300 [km/h] で走るわけではない。すなわち，このときの速さは「平均的な速さ V」であり「瞬間的な速さ v」ではない。v は以下のように時間 t による微分で計算する。

$$v = \frac{dx}{dt}$$

ここで，　dt：微小な時間
　　　　　dx：dt 間に変化した距離 x の変化量

この微分は，「dx を dt で割り算する」とも読め，これを「差分する」という。つまり，微分は図 2.12 で示すように微小時間 dt の x の傾きを求めることにほかならない。では例として，$x = 5t^2$ に従い，加速しながら動いている物体を考えてみる。

まず，数学の微分公式を用いて，x を時間 t で微分し，$t=1, 2, 3$ 秒目の速度 v を算出してみよう。

$$v = \frac{dx}{dt} = 10t$$

この式の t に 1, 2, 3 秒を代入して，v_1, v_2, v_3 を表 2.1 のように算出する。

次に，エクセルを用いて差分によって速度 v を演算してみる。図 2.13 を参照してほしい。

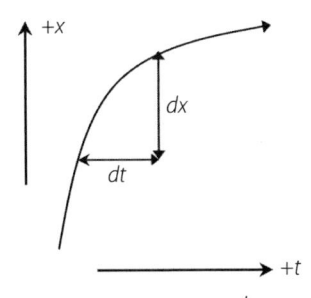

図 2.12　速度 $v = \dfrac{dx}{dt}$

表 2.1　微分による速度 v の算出

t [s]	v [m/s]
1	10
2	20
3	30

❶　1 秒目付近ということで，$t = 0.9$ [s]，$t = 1.1$ [s] での x の値を参照する。時間差 dt は，$dt = 1.1 - 0.9 = 0.2$ [s] となる。一方，その間に進んだ距離 dx は，

$dx = 6.05 - 4.05 = 2$ [m] となる。そうすると $t = 1$ 秒目付近の速度 v_1 は

$$v_1 = \frac{dx}{dt} = \frac{2}{0.2} = 10 \,[\mathrm{m/s}]$$

と計算でき，図 2.13 のエクセル上でも確認できる。

❷ 同様に 2 秒目付近 $t = 1.9$ [s]，$t = 2.1$ [s] を参照して，v_2 を求めてみよう。

$dt = 2.1 - 1.9 = 0.2$ [s]，$dx = 22.05 - 18.05 = 4$ [m] となり

$$v_2 = \frac{dx}{dt} = \frac{4}{0.2} = 20 \,[\mathrm{m/s}]$$

と計算でき，図 2.13 でもそうなっている。

❸ 3 秒目付近 $t = 2.9$ [s]，$t = 3.1$ [s] として，時間差は $dt = 0.2$ [s]，$dx = 48.05 - 42.05 = 6$ [m]

$$v_3 = \frac{dx}{dt} = \frac{6}{0.2} = 30 \,[\mathrm{m/s}]$$

	A	B	C	D	E	F	G	H	I	J
1		x=5t²								
2		時間:t[s]	x[m]							
3		0	0							
4		0.1	0.05							
5		0.2	0.2							
6		0.3	0.45							
7		0.4	0.8							
8		0.5	1.25							
9		0.6	1.8							
10		0.7	2.45							
11		0.8	3.2		t		x			
12		0.9	4.05		0.9		4.05		=5*E12^2	
13		1	5		1.1		6.05		=5*E13^2	
14		1.1	6.05	dt	0.2	dx	2		=G13-G12	
15		1.2	7.2							
16		1.3	8.45		v	=dx/dt	10		=G14/E14	
17		1.4	9.8							
18		1.5	11.25							
19		1.6	12.8							
20		1.7	14.45							
21		1.8	16.2		t		x			
22		1.9	18.05		1.9		18.05			
23		2	20		2.1		22.05			
24		2.1	22.05	dt	0.2	dx	4			
25		2.2	24.2							
26		2.3	26.45		v	=dx/dt	20			
27		2.4	28.8							
28		2.5	31.25							
29		2.6	33.8							
30		2.7	36.45							
31		2.8	39.2		t		x			
32		2.9	42.05		2.9		42.05			
33		3	45		3.1		48.05			
34		3.1	48.05	dt	0.2	dx	6			
35										
36					v	=dx/dt	30			

図 2.13　差分による速度 v の算出

以上をまとめると表 2.2 となり，表 2.1 の v とまったく同じとなる。

つまり，微分の公式はこのような差分計算の結果，生み出されたとも言える。

さらに，加速度 α は速度 v を時間 t で微分することで算出する。

表2.2　差分による速度 v の算出

t [s]	v [m/s]
1	10
2	20
3	30

$$\alpha = \frac{dv}{dt} = 10$$

これも同様に，$t = 0.9$ [s] のときの速度 $v_{0.9}$，$t = 1.1$ [s] のときの速度 $v_{1.1}$ を算出し，$t = 1$ [s] 付近の加速度 α_1 を差分で算出すると

$$dv = v_{0.9} - v_{1.1} = 11 - 9 = 2 \, [\text{m/s}]$$
$$dt = 1.1 - 0.9 = 0.2 \, [\text{s}]$$
$$\alpha_1 = \frac{dv}{dt} = \frac{2}{0.2} = 10 \, [\text{m/s}^2]$$

と微分公式どおりになる。2 秒付近の α_2，3 秒付近の α_3 も 10 [m/s²] と差分の計算と一致する。そのほか，回転角と角速度，角速度と角加速度も，それぞれ時間 t で微分することで算出できる。

2.4　積分

2.4.1　積分と商船学との関連の一例

まず積分と商船学との関連性について実例を紹介する。図 2.14 は舶用自動操舵装置（以下，オートパイロット）の演算部を表したものである。数学で学習した微分や積分の処理が，オートパイロットに活かされていることがわかる。

オートパイロットの基本的機能は，針路偏差 $\theta(t)$ をゼロにするために適切な演算を行って指令舵角 $\mu(t)$ を決定することである。図は最も基本的なオートパイロットの仕組みを表現したものであり，指令舵角 $\mu(t)$ を

$$\mu(t) = K_P \theta(t) + \frac{1}{T_I} \int_{t_1}^{t_2} \theta(t) dt + T_D \frac{d\theta(t)}{dt} \tag{2.1}$$

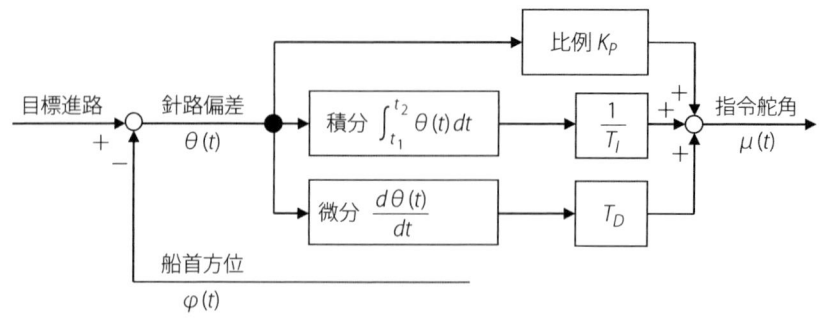

図 2.14　オートパイロットの演算部

のように，$\theta(t)$ を比例（P）・積分（I）・微分（D）して算出することから PID 型オートパイロットと呼ばれる。実際の演算に際しては，針路偏差の積分値

$$\int_{t_1}^{t_2} \theta(t)dt \tag{2.2}$$

を計算する必要がある。もし $\theta(t)$ の原始関数 $\Theta(t)$ が求められれば

$$\int_{t_1}^{t_2} \theta(t)dt = [\Theta(t)]_{t_1}^{t_2} = \Theta(t_2) - \Theta(t_1) \tag{2.3}$$

となるが，一般的に $\Theta(t)$ は解析的には求められない場合が多い。このような場合に有効な手法である数値積分の考え方について学ぶ。

2.4.2　面積の計算

まず，数値積分によって面積を計算する。ここでは例題として四分円の面積を求めてみる。図 2.15 は半径 10 の円を 4 分割した四分円である。半径 r の円の面積は πr^2 で計算できるので，四分円の面積 $S_{1/4}$ は

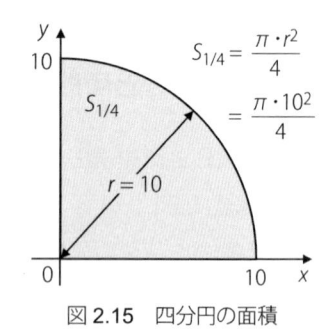

図 2.15　四分円の面積

$$S_{1/4} = \frac{1}{4} \cdot \pi r^2 = \frac{1}{4} \cdot \pi \cdot 10^2 = \frac{1}{4} \cdot 314.15\cdots = 78.5398\cdots \tag{2.4}$$

で計算できる。

次に，数値積分の手法によって面積を計算してみる。

図 2.16，2.17 は，数値積分を行う場合の考え方を示したものである。

円の方程式は
$$x^2 + y^2 = r^2 \quad (2.5)$$
であるから
$$y^2 = r^2 - x^2$$
$$y = \sqrt{r^2 - x^2} \quad (2.6)$$

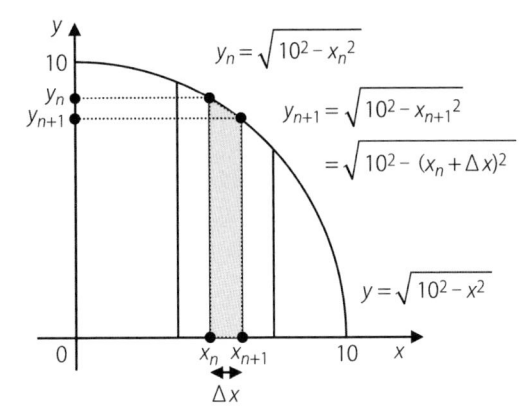

図 2.16 数値積分による面積計算

となる。したがって，図 2.16 に示すように

$$\begin{array}{ll} x = x_n & \text{のとき} \quad y_n = \sqrt{10^2 - x_n^2} \\ x = x_{n+1} = x_n + \Delta x & \text{のとき} \quad y_{n+1} = \sqrt{10^2 - (x_n + \Delta x)^2} \end{array} \quad (2.7)$$

である。このとき，x_n, y_n, y_{n+1}, x_{n+1} で囲まれる部分の面積 S_{n+1} を求めることを考える。図 2.17 のように Δx が小さいときは，この部分は台形とみなすことができるから，細長い長方形の高さは
$$h_{n+1} = \frac{y_n + y_{n+1}}{2} \quad (2.8)$$

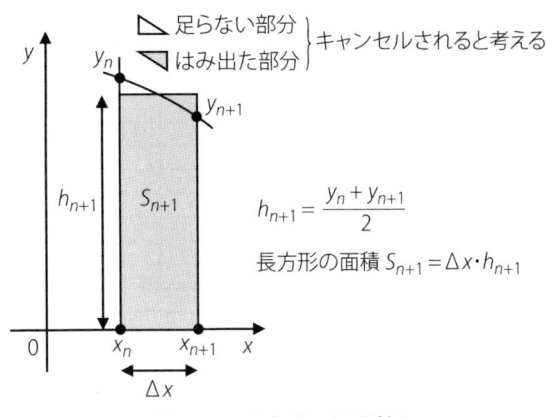

図 2.17 長方形による近似

で計算できるので，長方形の面積 S_{n+1} は

$$S_{n+1} = \text{底辺} \cdot \text{高さ} = \Delta x \cdot \frac{y_n + y_{n+1}}{2} \quad (2.9)$$

となる。

したがって四分円の面積 $S_{1/4}$ を計算する場合は

$$S_{1/4} = S_0 + S_1 + \cdots \tag{2.10}$$

のような演算を行って，$x = 10$ まで各長方形を足し合わせればよい。

例題 4　数値積分による四分円の面積計算

　図 2.15 に示すような，半径 10 の四分円の面積を数値積分によって求めよ。x の刻み幅 Δx は 0.5 とする。

〈エクセルによる計算例〉

　四分円の面積を数値積分で求める例題の解き方をエクセル・ワークシートに展開したものが図 2.18 である。エクセルの計算の手順を図 2.18 に基づき解説する。

	A	B	C	D	E	F	G
1							
2		半径		$r =$	10 ❶		
3		刻み幅		$\Delta x =$	0.5 ❶		
4							
5		番号	x	y	平均高さ	長方形面積	積算値
6		n	x	$y=SQRT(r^2-x^2)$	$h=(y(n)+y(n-1))/2$	$S(n)=\Delta x \cdot h$	$S(0)+S(1)\cdots$
7		0 ❷	0 ❷	10.0000 ❷	---	---	0.0000 ❷
8		1 ❸	0.5 ❸	9.9875 ❸	9.9937 ❸	4.9969 ❸	4.9969 ❸
9		2	1	9.9499	9.9687	4.9843	9.9812
10		3	1.5	9.8869	9.9184	4.9592	14.9404
11		4	2	9.7980	9.8424	4.9212	19.8616
12		5	2.5	9.6825	9.7402	4.8701	24.7317
13		6	3	9.5394	9.6109	4.8055	29.5372
14		7	3.5	9.3675	9.4534	4.7267	34.2639
15		8	4	9.1652	9.2663	4.6332	38.8971
16		9	4.5	8.9303	9.0477	4.5239	43.4209
17		10	5	8.6603	8.7953	4.3976	47.8185
18		11	5.5	8.3516	8.5060	4.2530	52.0715
19		12	6	8.0000	8.1758	4.0879	56.1594
20		13	6.5	7.5993	7.7997	3.8998	60.0593
21		14	7	7.1414	7.3704	3.6852	63.7445
22		15	7.5	6.6144	6.8779	3.4390	67.1834
23		16	8	6.0000	6.3072	3.1536	70.3370
24		17	8.5	5.2678	5.6339	2.8170	73.1540
25		18	9	4.3589	4.8134	2.4067	75.5606
26		19	9.5	3.1225	3.7407	1.8703	77.4310
27		20	10	0.0000	1.5612	0.7806	78.2116 ❺
28							

図 2.18　エクセルで四分円の面積を計算する例題の解法

① 半径 r，刻み幅 Δx を設定する。

❶ 半径 r {10} を E2 に，刻み幅 Δx {0.5} を E3 に代入する。

② 各変数の初期値を設定する。

❷ 番号 n, x, 積算値の初期値 {0} を B7 , C7 と G7 に代入し，y の初期値として D7 に =$E$2 を設定する。

③ 式 (2.9) にしたがって長方形の面積を求め，式 (2.9) のように長方形を順次，足し合わせることによって面積を求める。

❸ 番号 n, x, y について，下表のとおり，対応するセルに関数を設定・計算する。

変数	セル	関数
番号 n	B8	=B7+1
x	C8	=C7+$E$3
y	D8	=SQRT(($E$2)^2-(C8)^2)
平均高さ	E8	=(D7+D8)/2
長方形面積	F8	=$E$3*E8
積算値	G8	=G7+F8

❹ 8 行（番号 n が 1）の番号 n から積算値までの B8:G8 （❸で関数設定した）を選択し，x が 10 となるまでオートフィルすれば，例題を解いたことになる。

❺ 27 行（番号 n が 20）の積算値 78.2116··· がすべての長方形を積算したもので，式 (2.10) に相当する。

④ 演算結果

27 行（番号 n が 20）の積算値 78.2116··· が半径 10 の四分円の面積であり，式 (2.10) の計算結果である。数値積分で得られた値と解析的な値である式 (2.4) の結果 78.5398··· とを比較すれば約 99.6％ となっており，実用上の問題はないと考えられる。さらに精度を上げたければ，他の数値計算手法を用いるか，簡便な方法としては Δx を単純に小さくすればよい。

2.4.3 体積の計算

次に数値積分によって体積を計算する.例題として半球の体積を求めてみる.

図 2.19 は半径 10 の球を 2 分割した半球である.半径 r の球の体積は $(4/3)\pi r^3$ で計算できるので,半球の体積 $V_{1/2}$ は

$$V_{1/2} = \frac{1}{2} \cdot \frac{4}{3}\pi r^3$$
$$= \frac{1}{2} \cdot \frac{4}{3}\pi \cdot 10^3$$
$$= \frac{1}{2} \cdot \frac{4}{3} \cdot 3141.59\cdots = 2094.3951\cdots \tag{2.11}$$

と計算できる.

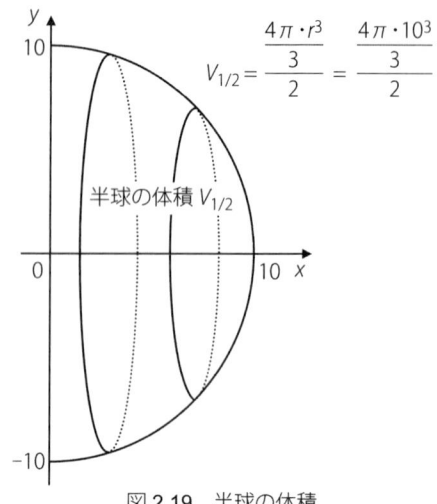

図 2.19 半球の体積

$$V_{1/2} = \frac{\frac{4\pi \cdot r^3}{3}}{2} = \frac{\frac{4\pi \cdot 10^3}{3}}{2}$$

続いて数値積分によって半球の体積を計算してみる.図 2.20 は,円の面積の公式 πr^2 を使って「高さ(厚さ)Δx の円柱の体積」を足し合わせることによって体積を求める場合の考え方を示したものである.2.4.2 項の面積計算の場合の式 (2.8) と同様に考えれば,高さ Δx の円柱の半径 h_{n+1} は,図 2.20 に示すように

$$h_{n+1} = \frac{y_n + y_{n+1}}{2} \tag{2.12}$$

となり,円柱の断面積 S_{n+1} は

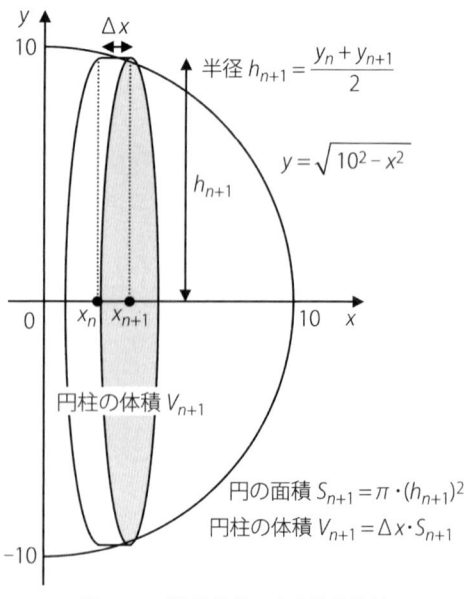

図 2.20 数値積分による体積計算

半径 $h_{n+1} = \frac{y_n + y_{n+1}}{2}$

$y = \sqrt{10^2 - x^2}$

円の面積 $S_{n+1} = \pi \cdot (h_{n+1})^2$
円柱の体積 $V_{n+1} = \Delta x \cdot S_{n+1}$

$$S_{n+1} = \pi h_{n+1}{}^2 \tag{2.13}$$

となるので，高さ Δx の円柱の体積 V_{n+1} は

$$V_{n+1} = 高さ（厚さ）\cdot 断面積 = \Delta x \cdot S_{n+1} = \Delta x \cdot \pi \left(\frac{y_n + y_{n+1}}{2}\right)^2 \tag{2.14}$$

で求められる。したがって半球の体積 $V_{1/2}$ を計算する場合は

$$V_{1/2} = V_0 + V_1 + \cdots \tag{2.15}$$

のような演算を行って，$x = 10$ まで各円柱を足し合わせればよい。

例題 5 数値積分による半球の体積計算

図 2.19 に示すような，半径 10 の半球の体積を数値積分によって求めよ。x の刻み幅 Δx は 0.5 とする。

〈エクセルによる計算例〉

半球の体積を数値積分で求める例題の解き方をエクセル・ワークシートに展開したものが図 2.21 である。エクセルの計算の手順を図 2.21 に基づき解説する。

	A	B	C	D	E	F	G	H
1								
2			半径	$r =$	10 ❶			
3			刻み幅	$\Delta x =$	0.5 ❶			
4								
5		番号	x	y	平均高さ	円の面積	円柱の体積	積算値
6		n	x	$y=SQRT(r^2-x^2)$	$h=(y(n)+y(n-1))/2$	$S(n)=\pi \cdot h^2$	$V(n)=\Delta x \cdot S(n)$	$V(0)+V(1)\cdots$
7		0	0 ❷	10.0000 ❷	---	---	---	0.0000 ❷
8		1 ❸	0.5 ❸	9.9875 ❸	9.9937 ❸	313.7664 ❸	156.8832 ❸	156.8832 ❸
9		2	1	9.9499	9.9687	312.1947	156.0973	312.9806
10		3	1.5	9.8869	9.9184	309.0511	154.5255	467.5061
11		4	2	9.7980	9.8424	304.3356	152.1678	619.6739
12		5	2.5	9.6825	9.7402	298.0481	149.0241	768.6979
13		6	3	9.5394	9.6109	290.1885	145.0943	913.7922
14		7	3.5	9.3675	9.4534	280.7566	140.3783	1054.1705
15		8	4	9.1652	9.2663	269.7521	134.8761	1189.0466
16		9	4.5	8.9303	9.0477	257.1746	128.5873	1317.6339
17		10	5	8.6603	8.7953	243.0235	121.5117	1439.1456
18		11	5.5	8.3516	8.5060	227.2980	113.6490	1552.7946
19		12	6	8.0000	8.1758	209.9969	104.9984	1657.7930
20		13	6.5	7.5993	7.7997	191.1184	95.5592	1753.3522
21		14	7	7.1414	7.3704	170.6594	85.3297	1838.6819
22		15	7.5	6.6144	6.8779	148.6148	74.3074	1912.9893
23		16	8	6.0000	6.3072	124.9746	62.4873	1975.4766
24		17	8.5	5.2678	5.6339	99.7172	49.8586	2025.3352
25		18	9	4.3589	4.8134	72.7859	36.3929	2061.7281
26		19	9.5	3.1225	3.7407	43.9598	21.9799	2083.7080
27		20	10	0.0000	1.5612	7.6576	3.8288	2087.5368 ❺

図 2.21 エクセルで半球の体積を計算する例題の解法

107

① 半径 r，刻み幅 Δx を設定する。

❶ 半径 r {10} を E2 に，刻み幅 Δx {0.5} を E3 に代入する。

② 各変数の初期値を設定する。

❷ 番号 n, x, 積算値の初期値 {0} を B7 , C7 と H7 に代入し，y の初期値として D7 に =$E2 を設定する。

③ 式(2.12)にしたがって円の面積を求めたのち，式(2.13)にしたがって円柱の体積を求める。最後に式(2.15)のように円柱を順次，足し合わせることによって体積を求める。

❸ 番号 n, x, y について，下表のとおり，対応するセルに関数を設定・計算する。

変数	セル	関数
番号 n	B8	=B7+1
x	C8	=C7+$E$3
y	D8	=SQRT(($E$2)^2-(C8)^2)
平均高さ	E8	=(D7+D8)/2
円の面積	F8	=PI()*E8^2
円柱の体積	G8	=$E$3*F8
積算値	H8	=H7+G8

❹ 8 行（番号 n が 1）の番号 n から積算値までの B8:H8 （❸で関数設定した）を選択し，x が 10 となるまでオートフィルすれば，例題を解いたことになる。

❺ 27 行（番号 n が 20）の積算値 2087.5368・・・がすべての円柱を積算したもので，式(2.15)に相当する。

④ 演算結果

27 行（番号 n が 20）の積算値 2087.5368・・・が半径 10 の半球の体積であり，式(2.15)の計算結果である。例題 4 の場合と同様に，数値積分で得られた値と解析的な値である式(2.11)の結果 2094.3951・・・とを比較すれば，同様に約

99.6%である。

数値積分の基本的な考え方は，解析的に求めるのではなく，小さな部品を足し合わせることで面積や体積を求めることである。実験などで得られたデータの積分値を求める必要が生じた場合，本節で紹介した手法を有効活用することを期待する。

2.5 統計処理

統計学は，抽出されたサンプルデータからその母集団の性質を探る分野である。本節では，最大値，最小値，平均，そしてデータのばらつきを表す分散や標準偏差について述べる。

いま，1 クラス 10 人のクラスが A，B という 2 クラスあり，ある科目のテスト成績が表 2.3 のような結果だったとする。

この 2 つのクラス成績概況をどのような数値を基にして説明できるかを考えてみる。

表2.3 2つのクラスの成績

番号	Aクラス	Bクラス
1	40	10
2	20	50
3	80	45
4	50	55
5	90	57
6	70	53
7	10	60
8	60	55
9	30	65
10	100	100

2.5.1 最大値，最小値，平均

最大値は，データのなかで最も値が大きい数値，逆に最小値は，データのなかで最も値が小さい数値のことである。

またAクラスの平均は

$$A クラスの平均 = \frac{40 + 20 + \cdots + 100}{10} \tag{2.16}$$

で求められ，その単位はデータの単位と同じであるので，この場合は [点] である。

標本調査から得られる標本平均は

$$\bar{x} = \frac{サンプルデータの合計}{サンプルデータの個数}$$

$$= \frac{1}{N}(x_1 + x_2 + \cdots + x_N) = \frac{1}{N}\sum_{i=1}^{N} x_i \tag{2.17}$$

$\bar{x}$: 標本平均

x_i: i 番目のデータ

N: サンプルデータの個数

で計算できる。

2.5.2 分散

エクセルによる統計処理は後述するが，実際に 2 つのクラスの最大値，最小値，平均を計算すると，A，B クラスとも最大値 100 点，最小値 10 点，平均 55 点となる。では，この 2 つのクラスの成績概況は同じと言えるであろうか。そこで，次に標本調査の指標となる分散，標準偏差について述べる。

分散はデータのばらつきを表す指標であり，たとえばクラス内の成績について分散が大きいということは，高低いろいろな学力の学生が混在していると言える。

標本調査から得られる標本分散は

$$V_P = \frac{1}{N}\left\{(x_1 - \bar{x})^2 + (x_2 - \bar{x})^2 + \cdots + (x_N - \bar{x})^2\right\}$$

$$= \frac{1}{N}\sum_{i=1}^{N}\left\{(x_i - \bar{x})^2\right\} \tag{2.18}$$

V_P: 標本分散

x_i: i 番目のデータ

$\bar{x}$: 標本平均

N: サンプルデータの個数

で計算できる。

この分散は，標本調査から得られる分散であり，統計学では，この値を分散として使用せずに，母集団の分散として不偏分散と呼ばれる値を分散の推定値

として使用するのが一般的である。

不偏分散は

$$\begin{aligned} V_S &= \frac{1}{N-1}\left\{(x_1-\overline{x})^2+(x_2-\overline{x})^2+\cdots+(x_N-\overline{x})^2\right\} \\ &= \frac{1}{N-1}\sum_{i=1}^{N}\left\{(x_i-\overline{x})^2\right\} \end{aligned} \quad (2.19)$$

V_S：不偏分散
x_i：i 番目のデータ
$\overline{x}$：標本平均
N：サンプルデータの個数

で計算できることが知られており，式(2.19)のように，分母が「サンプルデータの個数 - 1」になる。

2.5.3 標準偏差

前項で述べたように，分散はデータのばらつきを表す指標であるが，式(2.19)のように 2 乗計算があるため，その単位はサンプルデータの単位の 2 乗となってしまう。また，その値自体も一般的に大きくなってしまい直感的にわかりづらい。そこで，データのばらつきを表す指標として標準偏差も用いられる。標準偏差 = $\sqrt{分散}$ なので，式(2.18)，式(2.19)から

$$S_P = \sqrt{V_P(標本分散)} \quad (2.20)$$

と

$$S_S = \sqrt{V_S(不偏分散)} \quad (2.21)$$

の 2 種類がある。

2.5.4 正規分布

先に述べた統計処理は，母集団の分布が正規分布と呼ばれる分布になることを前提としている。正規分布とは，度数分布グラフが

$$f(x) = \frac{1}{\sqrt{2\pi\sigma^2}} e^{\frac{(x-m)^2}{2\sigma^2}}$$

m：平均
σ：標準偏差

(2.22)

で示される分布であり，そのグラフを図 2.22 に示す。正規分布では，データは平均を中心に左右対称であり，度数は平均付近で大きい。また，図からわかるように

平均±（1 ×標準偏差の範囲）…約 68.3％のデータが含まれる

平均±（2 ×標準偏差の範囲）…約 95.4％のデータが含まれる

平均±（3 ×標準偏差の範囲）…約 99.7％のデータが含まれる

という特徴がある。したがって平均と標準偏差からデータの分布を把握することができる。

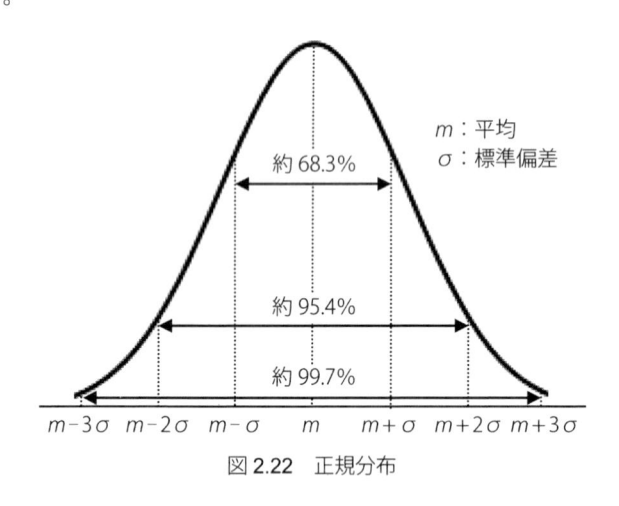

図 2.22　正規分布

以下では，エクセルによって統計量を算出する。

例題 6　最大値，最小値，平均，分散，標準偏差を求める例題

　表 2.3 に示すような 2 つのクラスの成績について，最高点，最低点，平均点，不偏分散，標準偏差（S_S）を求めよ。

〈エクセルによる計算例〉

① Aクラスの最高点を求める。

❶ 右図のようにデータを入力する。

❷ Aクラスの最高点の計算結果が入る C15 をアクティブセルにする。

❸ [数式]を選択し，[関数の挿入]を選択して[関数の分類]-[統計]を選択する。

	A	B	C	D
1				
2		番号	Aクラス	Bクラス
3		n	A	B
4		1	40	10
5		2	20	50
6		3	80	45
7		4	50	55
8		5	90	57
9		6	70	53
10		7	10	60
11		8	60	55
12		9	30	65
13		10	100	100
14				
15		最高点		
16		最低点		
17		平均点		
18		分散		
19		標準偏差		

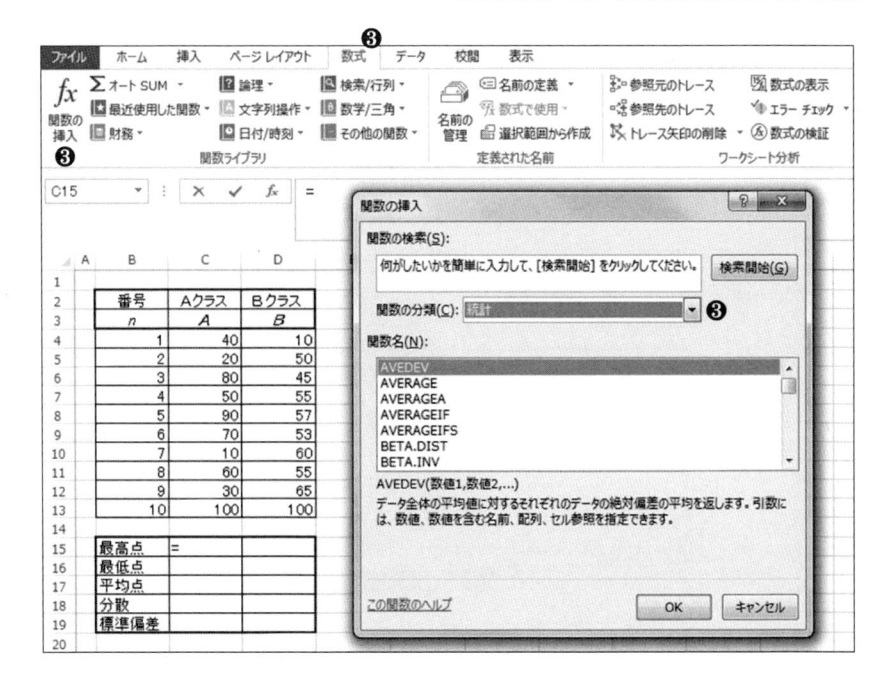

❹ 関数名 MAX を選び，OK をクリックする。

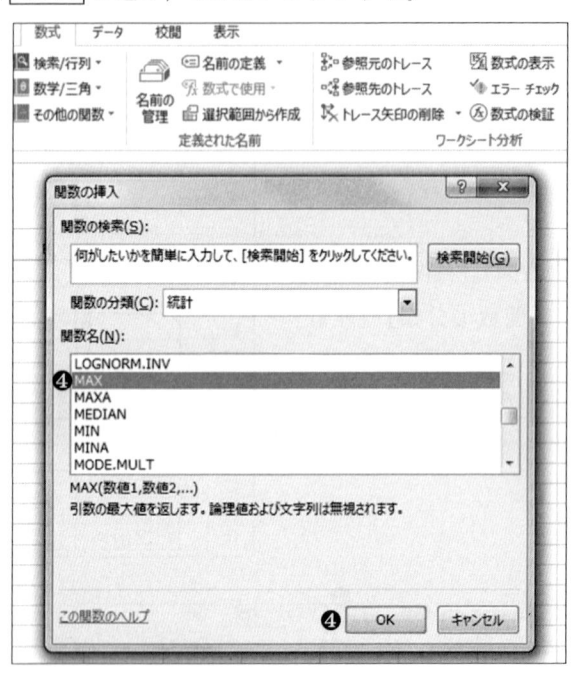

❺ データの範囲を再設定するため，[数値1]をクリックする。

❻ データの範囲として C4 から C13 を選択する。

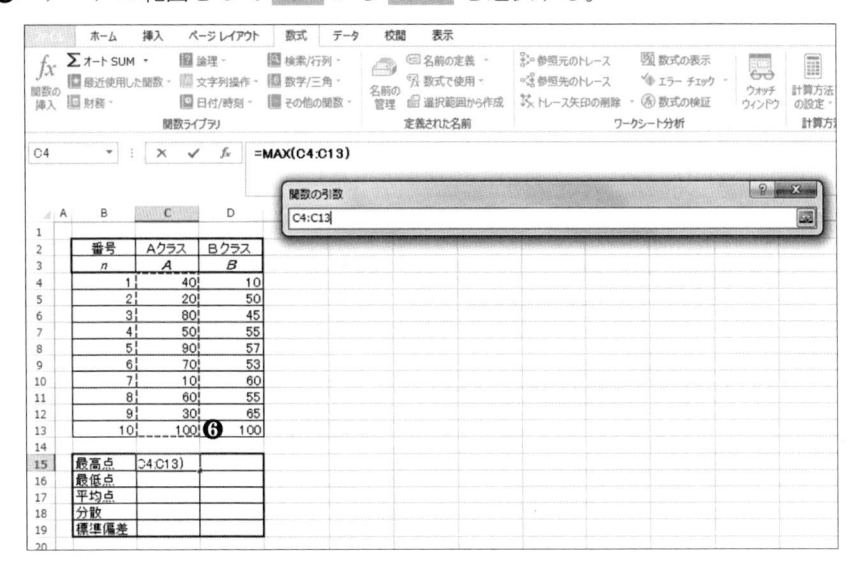

❼ OK をクリックする。

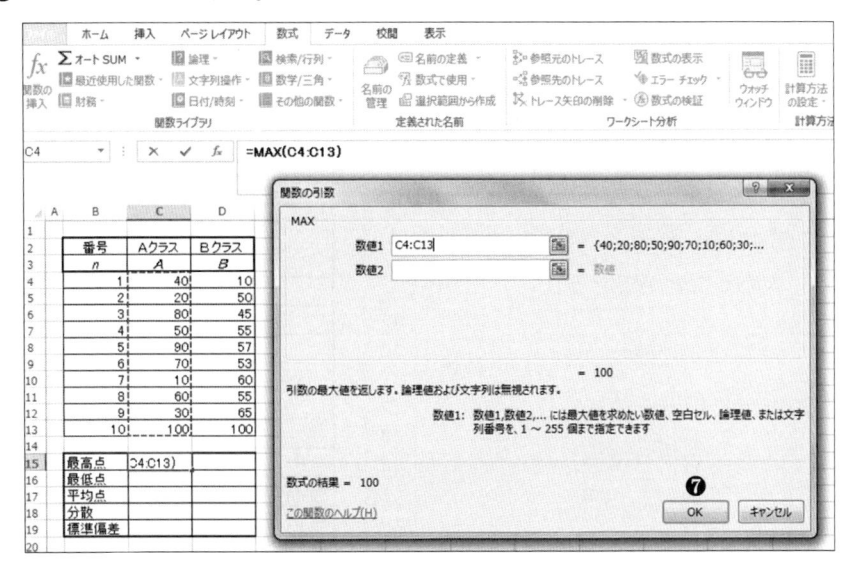

❽ 最大値が求められる。

② 最低点,平均点,不偏分散,標準偏差（S_S）についても同様に計算する。上記❹で選択した関数名 MAX が異なるだけで,❹〜❽の手順と選択範囲は同じである。使用する関数一覧を下表に示しておく。

最大値	MAX
最小値	MIN
平均	AVERAGE
分散（不偏分散）	VAR.S
標準偏差	STDEV.S

❾ A クラスの統計量の算出が終了したら，A クラスの計算結果 C15:C19 を選択し，D 列の B クラスまでオートフィルすれば，B クラスの統計量も求めることができる。

③ 2つのクラスの得点分布について散布図を描く（§1.3.5 散布図グラフ）。

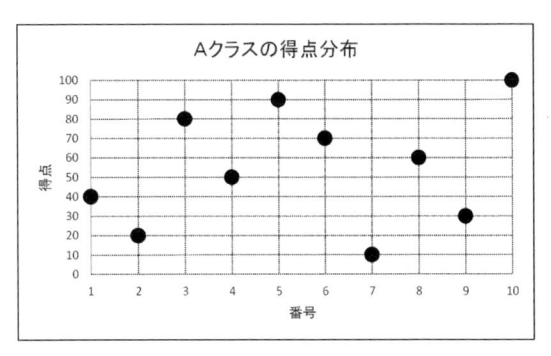

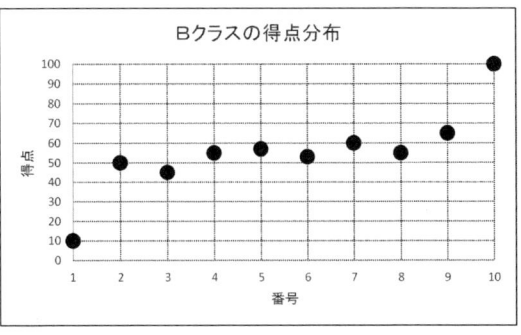

2つのクラスの得点分布を示すと右図のようになり，Aクラスのほうがデータのばらつきが大きいことがわかる。

たとえば実験などで得られた一部のサンプルデータを使用してデータの性質を明らかにする場合，最大値，最小値，平均だけでなく，本節で紹介したデータのばらつきを示す分散や標準偏差も活用することで定量的な解析，検討を実施することを期待する。

2.6 最小2乗法と近似曲線

最小2乗法とは，変量 (x, y) について n 個の測定データ (x_i, y_i) $(i = 1, 2, \cdots, n)$ が得られたとき，測定データの x と y との関係を最もよく表現する関数 $y = f(x)$ を見つけ出す方法である。この方法は，実験などによって得られた測定データを処理する方法としてよく用いられる。

2.6.1 最小2乗法の概念

たとえば，図 2.23 に示すような測定データが得られたとする。測定データを順番に折れ線で結んだとしても x と y との関係を表現することはできない。

人間が定規を使って直線を引く場合には，引こうとする直線と各測定データとがバランスよく近づくように引くのが普通である。このバランスのよい直線を工学的に決定するのが最小2乗法である。

具体的に，実験などで得られた測定データ $(x_1, y_1), (x_2, y_2), \cdots, (x_n, y_n)$ を直線

$$y = f(x) = ax + b \tag{2.23}$$

で近似したい場合，どのようにすれば係数 a, b を求められるかを検討する。

図2.24に示すように，観測値 y_i と式(2.23)を使って得られる近似値 $f(x_i) = ax_i + b$ との差を e_i とすれば

$$e_i = y_i - (ax_i + b) \tag{2.24}$$

で求められ，これは残差と呼ばれる。またその残差の2乗和を E とすれば

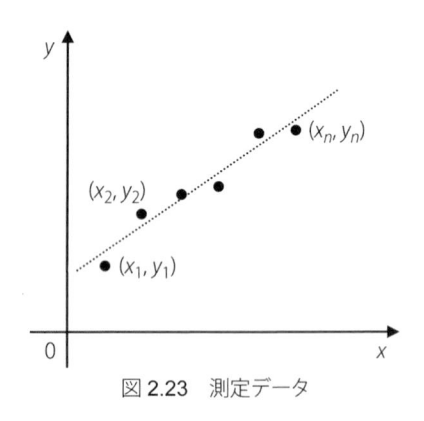

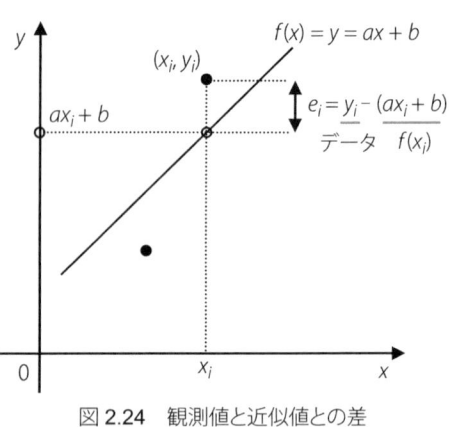

図2.23　測定データ

図2.24　観測値と近似値との差

$$E = \sum_{i=1}^{n} \{y_i - (ax_i + b)\}^2 = \sum_{i=1}^{n} \{y_i - ax_i - b\}^2 \tag{2.25}$$

となる。式(2.25)の残差の2乗和 E が最小となるように a, b を決定する方法を最小2乗法（LSM：least square method）と呼ぶ。

2.6.2　最小2乗法の海事関係への適用事例

ここでは，航海中の船舶がどのような舵角で操舵していたかを解析する場合を考えてみる。このとき時々刻々得られる舵角データ［°］が何らかのセンサを使って電圧信号［V］で得られるとする。

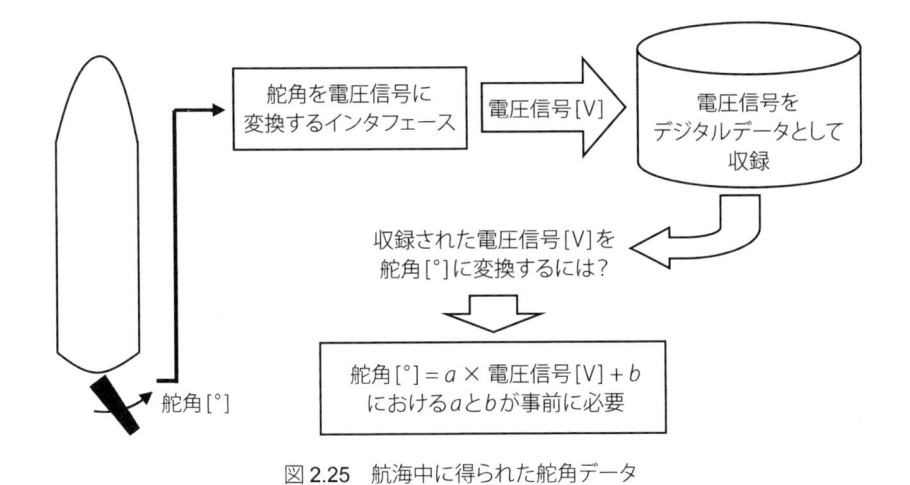

図 2.25 航海中に得られた舵角データ

この場合，2.6.1 項で述べた内容に従えば $x=$ 電圧信号 [V]，$y=$ 舵角 [°] となり，1 次直線で近似する場合

$$\text{舵角 [°]} = a \times \text{電圧信号 [V]} + b \tag{2.26}$$

と表現できる。

航海中は電圧信号しか得られず，航海終了後にその電圧信号から舵角に変換するので，航海前にあらかじめ a, b を求めるための基礎実験を実施しておく必要がある。つまりセンサからの電圧信号 [V] と舵角指示器から得られる舵角 [°] のデータセットを何組か測定し，最小 2 乗法により a, b を決定しておく必要があるが，これはスケールファクタ（scale factor）の決定と呼ばれ，実験では重要な作業の 1 つである。表 2.4 に基礎実験結果を示す。

以下では，エクセルを使って具体的に a, b を求めることとする。

表 2.4 基礎実験の結果

電圧 [V]	舵角 [°]
−6.5	−30
−5.42	−25
−4.42	−20
−3.44	−15
−2.27	−10
−1.23	−5
−0.25	0
0.8	5
1.94	10
2.95	15
4.03	20
5.12	25
6.13	30

例題7 最小2乗法の例題

表2.4に示すような電圧信号と舵角の測定データを直線 $y = ax + b$ で近似する場合，最小2乗法を適用して係数 a, b を求めよ。

〈エクセルによる計算例〉

❶ 右図のようにデータを入力する。

❷ データの範囲として C4 から D16 を選択する。

❸ [挿入]タブ-[グラフ]-[散布図]を選択する。

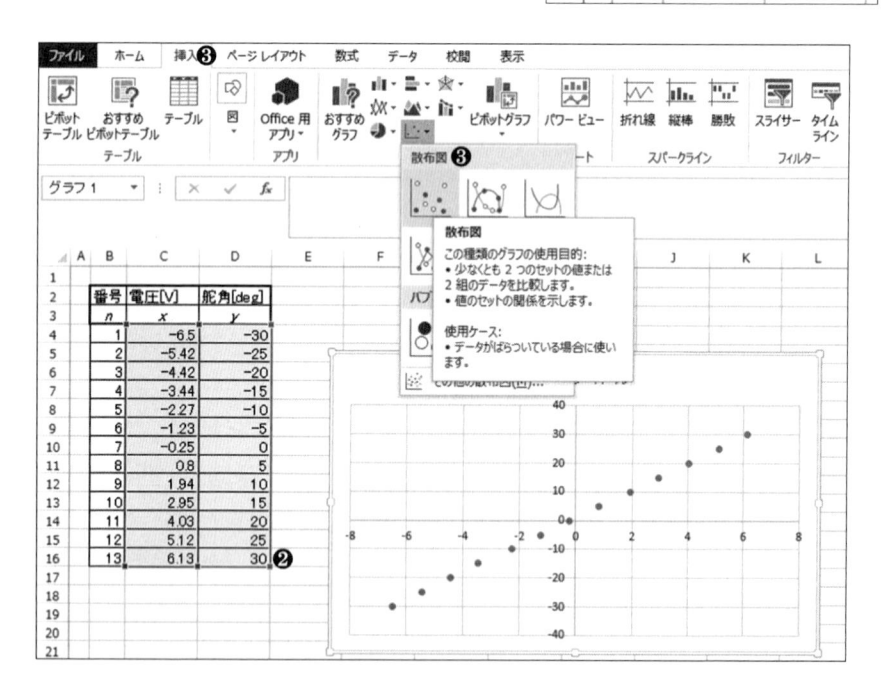

番号	電圧[V]	舵角[deg]
n	x	y
1	-6.5	-30
2	-5.42	-25
3	-4.42	-20
4	-3.44	-15
5	-2.27	-10
6	-1.23	-5
7	-0.25	0
8	0.8	5
9	1.94	10
10	2.95	15
11	4.03	20
12	5.12	25
13	6.13	30

❹ プロットされたいずれかの点にマウスを合わせて右クリックし，[近似曲線の追加]を選択する。

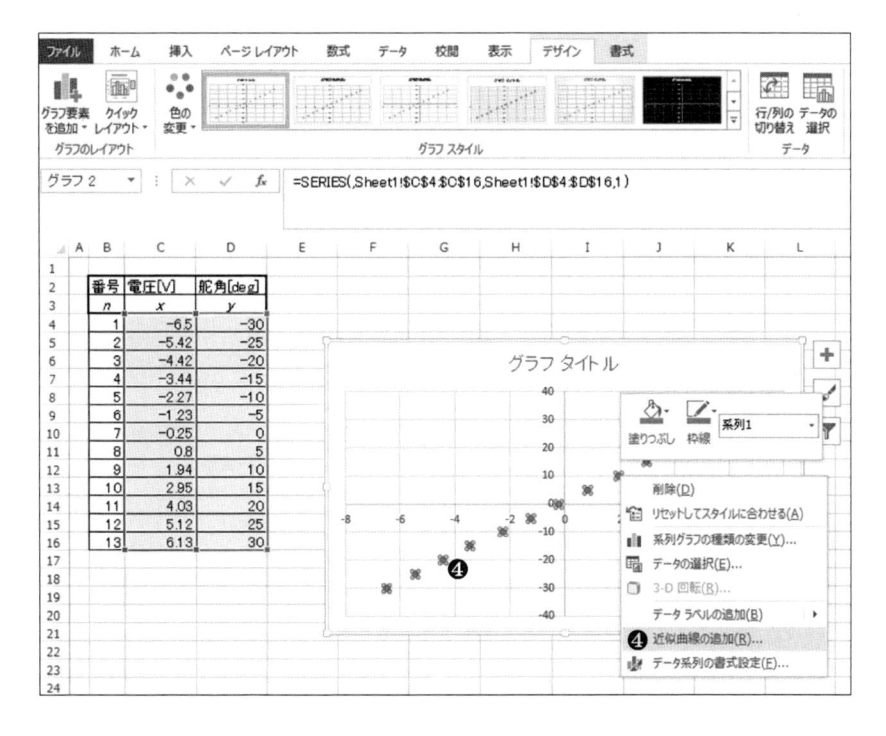

CHAPTER 2　エクセルで理解する数学

番号	電圧[V]	舵角[deg]
n	x	y
1	-6.5	-30
2	-5.42	-25
3	-4.42	-20
4	-3.44	-15
5	-2.27	-10
6	-1.23	-5
7	-0.25	0
8	0.8	5
9	1.94	10
10	2.95	15
11	4.03	20
12	5.12	25
13	6.13	30

❺　近似曲線の書式設定で，［線形近似］を選択し，［グラフに数式を表示する］にチェックを入れる。

121

❻ プロットエリア内で右クリックし，［プロットエリアの書式設定］を選ぶ。

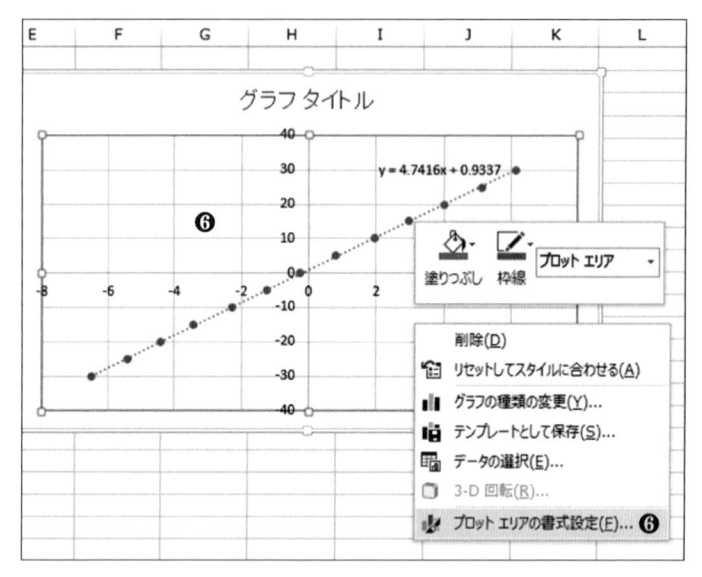

❼ プロットエリアの書式設定を選択して，色などの設定を行う。

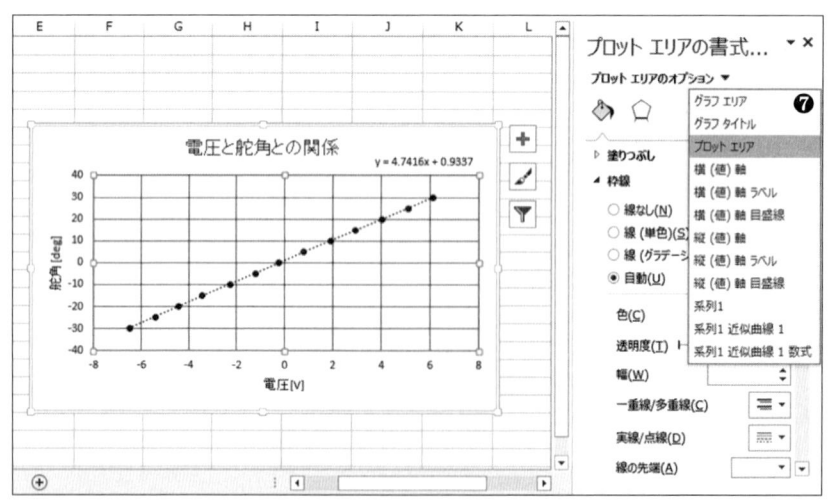

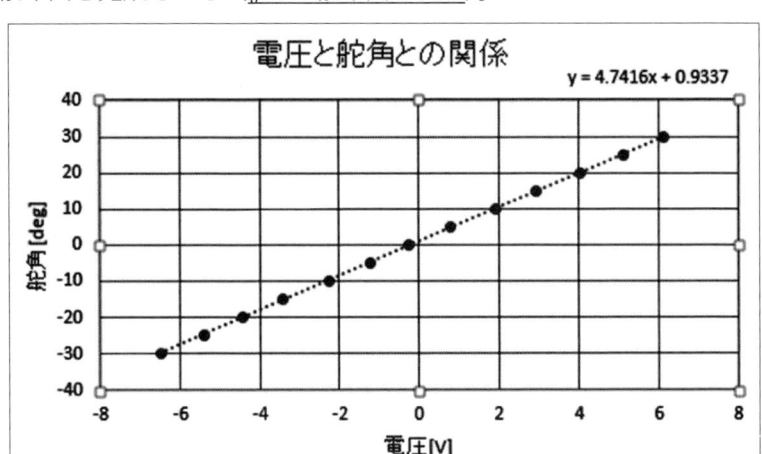

❽ 散布図を完成させる（§1.3.5 散布図グラフ）。

❾ $y = 4.7416x + 0.9337$ なので $a = 4.7416$, $b = 0.9337$ と決定し

舵角 [°] = 4.7416 × 電圧信号 [V] + 0.9337

の関係が得られた。

　実験などを行って，いくつかのデータセット (x_i, y_i) $(i = 1, 2, \cdots, n)$ が得られた場合，測定データの x と y との関係を最もよく表現する関数 $y = f(x)$ を見つけ出す作業は頻繁に発生するはずである。このような場合，本節で紹介した，エクセルに組み込まれた計算機能を使えば，対話形式で簡単に関数を求めることができる。実験データの処理に際して，このような手法を有効に活用することを期待する。

2.7　練習問題

2.7.1　三角関数の練習問題

問1　図 2.26 となるように，以下の手順で完成させよ。

❶ 角度 0 [°] から 720 [°] まで 10 [°] おきのデータを A 列に並べよ。

❷ B 列では [rad] に直す。 C 列には sin, D 列には cos, E 列には tan

を計算せよ。

❸ G 列には tanθ=sinθ/cosθ を計算させ，図のようなエクセルシートを完成させよ。

	A	B	C	D	E	F	G	H	I
1	θ[°]	θ[rad]	sinθ	cosθ	tanθ	r=1の弧の長さ	tanθ=sinθ/cosθ	r(=5)*cosθ	r(=5)*sinθ
2	0	0	0	1	0	0	0	5	0
3		=RADIANS(A2)	=SIN(B2)	=COS(B2)	=TAN(B2)	=1*B2	=C2/D2	=5*D2	=5*C2
4	10	0.174532925	0.173648	0.984808	0.176326981	0.174532925	0.176326981	4.92403877	0.86824089
5	20	0.34906585	0.34202	0.939693	0.363970234	0.34906585	0.363970234	4.6984631	1.71010072
6	30	0.523598776	0.5	0.866025	0.577350269	0.523598776	0.577350269	4.33012702	2.5
7	40	0.698131701	0.642788	0.766044	0.839099631	0.698131701	0.839099631	3.83022222	3.21393805
8	50	0.872664626	0.766044	0.642788	1.191753593	0.872664626	1.191753593	3.21393805	3.83022222
9	60	1.047197551	0.866025	0.5	1.732050808	1.047197551	1.732050808	2.5	4.33012702
10	70	1.221730476	0.939693	0.34202	2.747477419	1.221730476	2.747477419	1.71010072	4.6984631
11	80	1.396263402	0.984808	0.173648	5.671281821	1.396263402	5.67128182	0.86824089	4.92403877
	:	:	:	:	:	:	:	:	:
64	610	10.64650844	-0.93969	-0.34202	2.747477419	10.64650844	2.747477419	-1.7101007	-4.6984631
65	620	10.82104136	-0.98481	-0.17365	5.67128182	10.82104136	5.67128182	-0.8682409	-4.9240388
66	630	10.99557429	-1	-4.3E-16	2.33208E+15	10.99557429	2.33208E+15	-2.144E-15	-5
67	640	11.17010721	-0.98481	0.173648	-5.67128182	11.17010721	-5.67128182	0.86824089	-4.9240388
68	650	11.34464014	-0.93969	0.34202	-2.747477419	11.34464014	-2.747477419	1.71010072	-4.6984631
69	660	11.51917306	-0.86603	0.5	-1.732050808	11.51917306	-1.732050808	2.5	-4.3301 27
70	670	11.69370599	-0.76604	0.642788	-1.191753593	11.69370599	-1.191753593	3.21393805	-3.8302222
71	680	11.86823891	-0.64279	0.766044	-0.839099631	11.86823891	-0.839099631	3.83022222	-3.213938
72	690	12.04277184	-0.5	0.866025	-0.577350269	12.04277184	-0.577350269	4.33012702	-2.5
73	700	12.21730476	-0.34202	0.939693	-0.363970234	12.21730476	-0.363970234	4.6984631	-1.71010 07
74	710	12.39183769	-0.17365	0.984808	-0.176326981	12.39183769	-0.176326981	4.92403877	-0.8682409
75	720	12.56637061	-4.9E-16	1	-4.90059E-16	12.56637061	-4.90059E-16	5	-2.45E-15

図 2.26　三角関数の計算

問 2　図 2.27 のように，乱数を発生させ， A ， B 列に角度を発生させよ。ま

	A	B	C	D	E
1	A[°]	B[°]	sin(A+B)	sinA・cosB+cosA・sinB	
2	93	68	0.325568154	0.325568154	
3	=INT(RAND()*100)	=INT(RAND()*100)	=SIN(RADIANS(A2+B2))	=SIN(RADIANS(A2))*COS(RADIANS(B2))+COS(RADIANS(A2))*SIN(RADIANS(B2))	
4	20	34	0.809016994	0.809016994	
5	77	44	0.857167301	0.857167301	
6	70	96	0.241921896	0.241921896	
7	28	25	0.79863551	0.79863551	
8	97	75	0.139173101	0.139173101	
9	44	74	0.882947593	0.882947593	
10	26	87	0.920504853	0.920504853	
11	24	73	0.992546152	0.992546152	
12	69	1	0.939692621	0.939692621	
13	8	4	0.207911691	0.207911691	
14	39	4	0.68199836	0.68199836	
15	7	24	0.515038075	0.515038075	
16	41	88	0.777145961	0.777145961	
17	55	96	0.48480962	0.48480962	
18	72	17	0.999847695	0.999847695	
19	4	96	0.984807753	0.984807753	
20	14	84	0.990268069	0.990268069	
21	24	46	0.939692621	0.939692621	
22	91	78	0.190808995	0.190808995	

図 2.27　sin の和の公式の証明

た，C 列には $A+B$ の sin を計算させよ．また，D 列には sin の和の公式を
エクセルシートに組み込み，計算結果を示せ．さらに，sin の和の公式が正し
いことを示せ．

【参考】乱数発生は =INT(RAND*100) を用いよ．

問3 図 2.28 のように，乱数で与えた任意な角度（A 列）の sin 値をエクセ
ルシート（B 列）に計算せよ．次に C 〜 G 列にあるように Taylor 展開さ
れた各項を計算し，H 列に C 〜 G 列の合計を計算せよ．そうして B 列
の値と H 列の値がほぼ一致することを確認し，エクセルが Taylor 展開を用
いて sin の計算をしていることを確認せよ．

【ヒント】$\sin x = x - \dfrac{x^3}{3!} + \dfrac{x^5}{5!} - \dfrac{x^7}{7!} \cdots, -\infty < x < \infty$ となっている．

【参考】図 2.28 の D3 セルのエクセル関数 FACT(3) は 3! を表す．

	A	B	C	D	E	F	G	H
1	x[°]	sin(x)	x	-x^3/3!	x^5/5!	-x^7/7!	x^9/9!	合計
2	49	0.75470958	0.85521133	-0.10424833	0.003812291	-6.6387E-05	6.7437E-07	0.754709585
3	=INT(RAND()*100)	=SIN(RADIANS(A2))	=RADIANS(A2)	=-D2^3/FACT(3)	=D2^5/FACT(5)	=-D2^7/FACT(7)	=D2^9/FACT(9)	=SUM(C2:H2)
4	71	0.945518576	1.23918377	-0.31714356	0.024349909	-0.00089027	1.89871E-05	0.945518838
5	13	0.224951054	0.2268928	-0.00194675	5.01098E-06	-6.1421E-09	4.39161E-12	0.224951054
6	9	0.156434465	0.15707963	-0.00064596	7.96926E-07	-4.6818E-10	1.60441E-13	0.156434465
7	35	0.573576436	0.61086524	-0.03799137	0.000708836	-6.2978E-06	3.26397E-08	0.573576436
8	7	0.121869343	0.1221 7305	-0.00030393	2.26828E-07	-8.0612E-11	1.67115E-14	0.121869343
9	99	0.987688341	1.72787596	-0.85977821	0.128345771	-0.00912341	0.000378312	0.987698415
10	56	0.829037573	0.97738438	-0.15561266	0.007432685	-0.0001 6905	2.24298E-06	0.829037592
11	67	0.920504853	1.1693706	-0.26650494	0.018221 31	-0.00059325	1.1267E-05	0.920504992
12	41	0.656059029	0.71558499	-0.06107063	0.001563597	-1.9063E-05	1.35578E-07	0.65605903
13	91	0.999847695	1.58824962	-0.66773637	0.08421948	-0.00505826	0.000177217	0.999851694
14	38	0.615661475	0.66322512	-0.04862187	0.001069359	-1.1199E-05	6.84204E-08	0.615661475
15	97	0.992546152	1.69296937	-0.80871604	0.115894883	-0.00790685	0.000314832	0.992554206
16	66	0.913545458	1.15191731	-0.2547491	0.016901501	-0.00053397	9.84076E-06	0.913545575
17	91	0.999847695	1.58824962	-0.66773637	0.08421948	-0.00505826	0.000177217	0.999851694
18	94	0.99756405	1.6406095	-0.73597729	0.099047806	-0.00634755	0.000237292	0.997569758
19	11	0.190808995	0.19198622	-0.00117939	2.17355E-06	-1.9075E-09	9.76489E-13	0.190808995
20	31	0.515038075	0.54105207	-0.02639769	0.000386379	-2.693E-06	1.09494E-08	0.515038075
21	64	0.898794046	1.11701072	-0.23228479	0.01 4491237	-0.0004305	7.46024E-06	0.89879413
22	53	0.79863551	0.9250245	-0.13191934	0.005643973	-0.00011499	1.36652E-06	0.798635521

図 2.28 関数 sin と Taylor 展開の sin 値

2.7.2 連立方程式の練習問題

問1 6名のメンバー（高田，古川，窪，谷口，高倉，野崎）がA～Fの品物を，表 2.5 に示す個数購入し，代金をそれぞれ支払った．A～F の単価はいくらか．

表2.5　購入個数と代金

名前	A	B	C	D	E	F	代金（円）
高田	20	10	0	0	10	20	2100
古川	60	50	40	30	20	5	9050
窪	10	20	30	10	20	10	3600
谷口	1	2	3	1	2	3	380
高倉	0	20	30	30	20	0	3500
野崎	20	20	10	20	20	20	3800

【ヒント】この問題は，以下の連立方程式を解くことで解が得られる．

$$\text{係数行列 } \mathbf{A} = \begin{bmatrix} 20 & 10 & 0 & 0 & 10 & 20 \\ 60 & 50 & 40 & 30 & 20 & 5 \\ 10 & 20 & 30 & 10 & 20 & 10 \\ 1 & 2 & 3 & 1 & 2 & 3 \\ 0 & 20 & 30 & 30 & 20 & 0 \\ 20 & 20 & 10 & 20 & 20 & 20 \end{bmatrix}, \quad \text{変数行列} = \begin{bmatrix} A \\ B \\ C \\ D \\ E \\ F \end{bmatrix}, \quad \text{右辺行列} = \begin{bmatrix} 2100 \\ 9050 \\ 3600 \\ 380 \\ 3500 \\ 3800 \end{bmatrix}$$

これらの一連の解答を数学的に記述すると

$$\begin{bmatrix} A \\ B \\ C \\ D \\ E \\ F \end{bmatrix} = \begin{bmatrix} 0.8 & 1.10\text{E-}17 & -0.25 & -0.5 & 0.5 & -0.6 \\ -1.8 & 0.0333 & 0.575 & 0.916667 & -1.16667 & 1.36667 \\ 0.6 & 8.18\text{E-}18 & -0.2 & -4.26\text{E-}16 & 0.4 & -0.5 \\ 0.4 & 1.69\text{E-}18 & -0.2 & -3.94\text{E-}16 & 0.3 & -0.3 \\ 0.3 & -0.0333 & 0.025 & -0.9167 & 0.16667 & -0.16667 \\ -9.99\text{E-}17 & 6.93\text{E-}19 & -0.05 & 0.5 & -6.24\text{E-}17 & 7.63\text{E-}17 \end{bmatrix} \begin{bmatrix} 2100 \\ 9050 \\ 3600 \\ 380 \\ 3500 \\ 3800 \end{bmatrix} = \begin{bmatrix} 60 \\ 50 \\ 40 \\ 30 \\ 20 \\ 10 \end{bmatrix}$$

となる．エクセルで確認すること．

問2 次の4元連立方程式を，クラメールの法則を用いてエクセルで解け．

$$a + b + c + d = -5 \quad \cdots\cdots\cdots \text{①}$$
$$-a + b - c + d = -7 \quad \cdots\cdots\cdots \text{②}$$
$$8a + 4b + 2c + d = -31 \quad \cdots\cdots \text{③}$$
$$-8a + 4b - 2c + d = -35 \quad \cdots \text{④}$$

2.7.3 傾きを求める（微分の意味の差分）練習問題

問 距離 x が時間 t によって $x = 7t^3$ で変化する場合，微分による $t = 1, 2, 3$ 秒目の速度 v と，差分による $t = 1, 2, 3$ 秒目付近の速度 v を比べよ。微妙に差が出るのはなぜか，どうすれば双方が合致するのか，考察せよ。

2.7.4 積分の練習問題

問 図に示すような底面の半径が 5，高さが 10 の円錐の体積を数値積分によって求めよ。x の刻み幅 Δx は 0.5 とする。

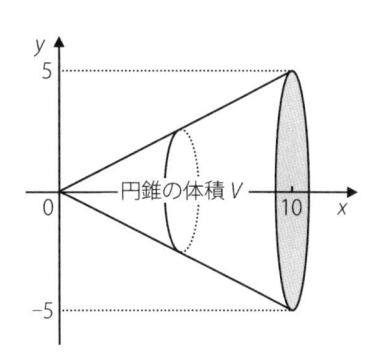

2.7.5 統計処理の練習問題

問 表に示すような 2 つのクラスの成績について，最高点，最低点，平均点，不偏分散，標準偏差（S_S）を求めよ。

番号	Aクラス	Bクラス
1	70	55
2	50	90
3	55	80
4	60	20
5	90	40
6	65	75
7	20	80
8	70	65
9	55	60
10	65	35

2.7.6　最小2乗法の練習問題

問　表に示すような電圧信号 x と舵角 y の測定データを直線 $y = ax + b$ で近似する場合，最小2乗法を適用して係数 a，b を求めよ。

電圧 [V]	舵角 [°]
-3.9	-30
-3.6	-25
-2.8	-20
-2.1	-15
-1.5	-10
-0.8	-5
-0.3	0
0.1	5
0.6	10
1.2	15
2.1	20
2.8	25
3.3	30

CHAPTER 3

エクセルで理解する物理

　前章までに，エクセルを利用する技術を習得し，その技術を活用して数学の問題に挑戦してきた。その挑戦を通じて，数学への理解を深め，定理や公式を応用し計算する技術を身につけつつあるところだろう。

　本章では，その数学の知識を応用して，物理の問題に挑戦し，物理への理解を深める。物理の知識は，商船学科の専門分野である航海学や機関学の基礎をなす，船乗りに不可欠なものである。物理の法則を理解することで，船体の運動やエンジンの状態を的確に予測し正確に制御する技術の基礎が身につく。

　各節で取り組む物理の分野は，以下のとおりである。

3.1　力と運動
3.2　仕事とエネルギー
3.3　電気回路
3.4　熱と温度

　本章で紹介する例題は，物理現象を再現する模擬実験，いわゆるシミュレーションである。さまざまな条件における物理現象について，コンピュータ上でシミュレーションを繰り返し試すことによって，物理の法則と現象の関係を，深く理解できる構成となっている。ぜひ，納得できるまで何度でも，自分でシミュレーションに取り組んでみてほしい。

3.1　力と運動

　物体を動かしたり止めたり，あるいは動く向きを変えたりするには，力が必要である。船は，エンジンとプロペラが生む力，タグボートから受ける力，波

から受ける力などによって，さまざまな運動を行う。この節では，力と運動の関係を表す基本的な方程式について学ぶ。

3.1.1 距離と速度

物体の運動の速さ，すなわち速度の大きさとは，単位時間あたりに移動する距離のことである。

図 3.1 のように，時刻 t_1 [s] から時刻 t_2 [s] までの間に，物体が位置 x_1 [m] から位置 x_2 [m] まで進むなら，その平均の速度の大きさ V [m/s] は，式 (3.1) のように移動距離 $x_2 - x_1$ [m] を経過時間 $t_2 - t_1$ [s] で割ることによって求められる。また，速度が一定であれば，その速度の大きさに経過時間を掛けることにより，その間の移動距離が求められる。

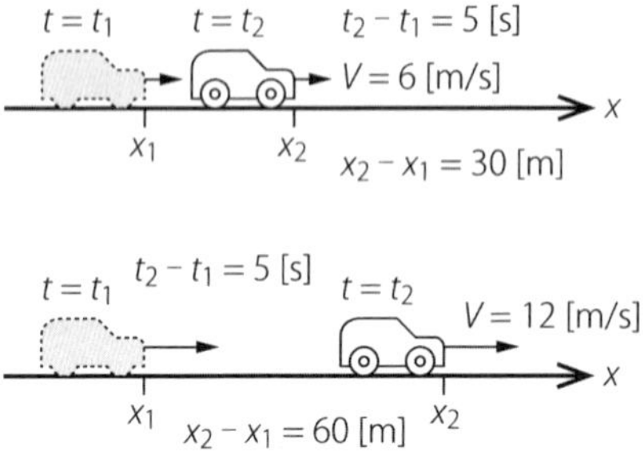

図 3.1　速度と距離

$$V = \frac{x_2 - x_1}{t_2 - t_1}, \quad x_2 - x_1 = V(t_2 - t_1) \tag{3.1}$$

瞬間の速度の大きさ v [m/s] は，式 (3.2) のように距離 x を時間 t で微分することによって求められる (§2.3 微分)。また微分と積分の関係に従い，瞬間の速度の大きさ v を時間 t で積分することにより，時刻 t_1 [s] から時刻 t_2 [s] までの移動距離 $x_2 - x_1$ [m] が求められる。

$$v = \frac{dx}{dt}, \quad x_2 - x_1 = \int_{t_1}^{t_2} v\, dt \tag{3.2}$$

積分は，グラフ上の面積を求める計算に相当する (§2.4 積分)。図 3.2 のように，時間 t [s] を横軸，速度の大きさ v [m/s] を縦軸として，速度の時間変化のグラフを描くと，時刻 t_1 [s] から時刻 t_2 [s] までの面積が，その間の移動距離 $x_2 - x_1$ [m] に

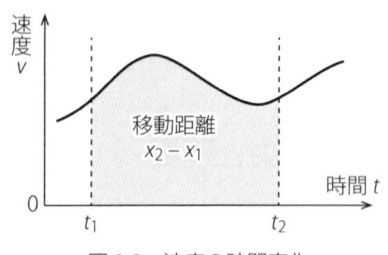

図 3.2　速度の時間変化

相当する。

例題1 船の速度と距離の関係

船が港を速度 10 [km/h] で出航し，その速度で 9 [min] 間航行した。そこから 1 [min] 間かけて速度を 30 [km/h] まで増やし，その速度でさらに 35 [min] 間航行した。そこから 1 [min] 間かけて速度をまた 10 [km/h] まで減らし，その速度でさらに 14 [min] 間航行した。この合計 60 [min] 間の航海における，速度の時間変化のグラフと，距離の時間変化のグラフを，エクセルで描いてみよう。

〈エクセルによる計算およびグラフ作成例〉

図 3.3 のように，エクセルで 1 [min] 間隔の時刻について，それぞれの瞬間における速度を表にしよう。また §2.4 積分で試した数値積分の手法を使って，距離の変化を計算してみよう。

	A	B	C	D	E	F	G	H
1	時間 [min]	時間t [s]	Δt [s]	速度 [km/h]	速度v [m/s]	Δx [m]	距離x [m]	距離 [km]
2	❶0	❷0		❹10	2.7778	❺❻0	❼0	❽0
3	1	60	❸60	10	2.7778	167	166.7	0.167
4	2	120	60	10	2.7778	167	333.3	0.333
5	3	180	60	10	2.7778	167	500	0.5
6	4	240	60	10	2.7778	167	666.7	0.667
7	5	300	60	10	2.7778	167	833.3	0.833
8	6	360	60	10	2.7778	167	1000	1
9	7	420	60	10	2.7778	167	1167	1.167
10	8	480	60	10	2.7778	167	1333	1.333
11	9	540	60	10	2.7778	167	1500	1.5
12	10	600	60	30	8.3333	333	1833	1.833

図 3.3 船の速度と距離の計算

❶ A2 から A62 に，時間を [min] の単位で，1 [min] 間隔で 60 [min] まで設定する。

❷ B2 に =A2*60 を設定し，時間を [s] の単位に換算する。B3 から下のセルも，§1.1.3 オートフィル機能によって同様に設定する。

❸ C3 に =B3-B2 を設定し，時間の間隔を求める。C4 から下のセルも，オートフィルで同様に設定する。

❹ D2 から下に，それぞれの瞬間における速度の大きさを [km/h] の単位で設定する。今回の例題の場合なら，D2 から D11 までは {10} を，D12 から D47 までは {30} を，D48 から D62 までは {10} を設定すればよい。

❺ E2 に =D2*1000/60/60 を設定し，速度を [m/s] の単位に変換する。E3 から下もオートフィルで同様に設定する。

❻ F3 に =(E2+E3)/2*C3 を設定し，時刻 A2 から A3 までの短時間に船が進んだ距離を，[m] の単位で求める。F4 から下も，オートフィルで同様に設定する。

❼ G2 に {0} を設定する。また G3 に =G2+F3 を設定し，G4 から下もオートフィルで同様に設定すると，出航からの累積の航行距離が求まる。

❽ H2 に =G2/1000 を設定し，H3 から下もオートフィルで同様に設定する。これにより，航行距離が [km] の単位に換算される。

❾ A 列目と D 列目を選択し，§1.3.5 散布図グラフを描く。適当な形式を選ぶと，図 3.4 のように，速度の時間変化のグラフが描かれる。

❿ A 列目と H 列目を選択し，散布図を描く。適当な形式を選ぶと，図 3.5 のように，距離の時間変化のグラフが描かれる。

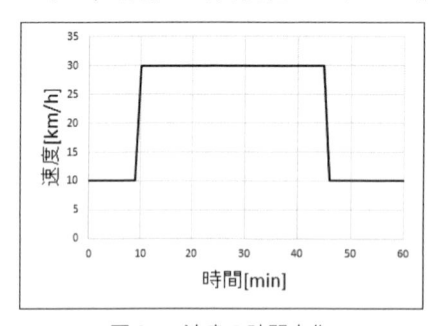

図 3.4 速度の時間変化　　　図 3.5 距離の時間変化

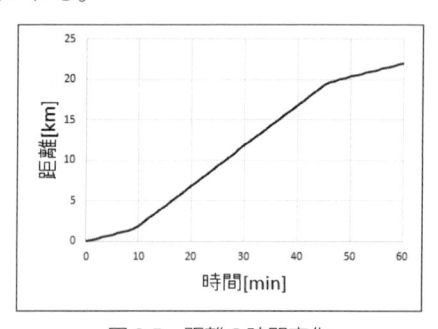

距離の時間変化のグラフの傾きは，速度に相当する。図 3.5 を見ると，速度が遅いときには傾きが小さく，速度が速いときには傾きが大きくなっている。

D2 から下のセルの，速度の時間変化のパターンをさまざまに変えてみよう。たとえば，最初は速度 0 [km/h]，1 [min] 後には速度 1 [km/h]，2 [min] 後には速度 2 [km/h] とゆっくり増速し続け，60 [min] 後に速度 60 [km/h] となるようなパターンの場合には，距離の時間変化のグラフはどのような形となるだろうか。

3.1.2　加速度と力

　加速度とは，単位時間当たりの速度の変化量のことである。物体が直線上で増速しているときには，加速度の大きさは正の値となり，減速しているときには，加速度の大きさは負の値となる。

　瞬間の加速度の大きさ a [m/s²] は，式(3.3)のように速度の大きさ v [m/s] を時間 t [s] で微分することによって求められる。また，速度の大きさ v を時間 t で積分すれば，時刻 t_1 [s] から時刻 t_2 [s] までの間の速度の増分 $v_2 - v_1$ [m/s] が求められる。

$$a = \frac{dv}{dt}, \quad v_2 - v_1 = \int_{t_1}^{t_2} a\, dt \tag{3.3}$$

　つまり，速度の時間変化のグラフ（図 3.2 や図 3.4）における傾きが，加速度に相当する。また，加速度の時間変化のグラフを描けば，面積が速度の増分に相当する。距離と速度および加速度の関係をまとめると，表 3.1 のようになる。

表 3.1　距離と速度と加速度の関係

距離	x [m]		$= \int v\, dt$
時間 t [s] で微分 ↓		↑時間 t [s] で積分	
速度の大きさ	v [m/s]	$= \dfrac{dx}{dt}$	$= \int a\, dt$
時間 t [s] で微分 ↓		↑時間 t [s] で積分	
加速度の大きさ	a [m/s²]	$= \dfrac{dv}{dt}$	

　物体に力を加えると，止まっている物体は動き出し，動いている物体はその速度を変えたり，止まったりする。速度が変化することは，すなわち加速度が

生じることである。

　一般に，自由な物体に力を加えると加速度が生じる。進行方向への力（正の力）を与えると，正の加速度が生じ，物体は増速する。進行方向とは逆の向きへの力（負の力）を与えると，負の加速度が生じ，物体は減速する。

　図 3.6 のように，摩擦力の無視できる水平面上の台車を手で押した場合を考える。静止していた台車を手の力で押すと，台車は力を加えた方向に動き出す。一定の力で押し続けると，台車は一定の加速度で，しだいに速度を増していく。押す力を 2 倍にすると加速度も 2 倍となる。一方で台車の質量が 2 倍であれば加速度は 1/2 倍となる。加速度はつねに力に比例し，質量に反比例している。

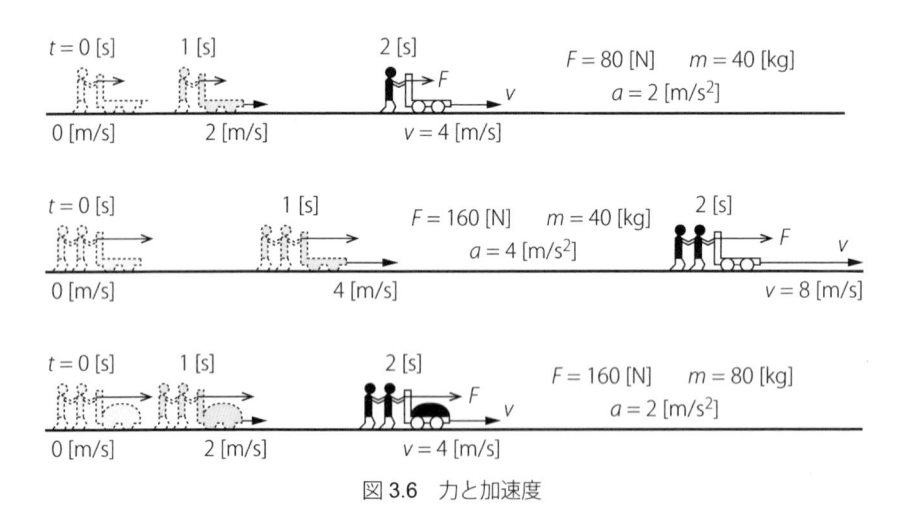

図 3.6　力と加速度

一般に，加速度 a [m/s^2] と力 F [N] および質量 m [kg] の間には，式 (3.4) の関係が成り立つ。この関係式を，ニュートンの運動方程式という。また力の単位 [N] はニュートンと読み，[kg・m/s^2] と同等の単位である。

$$a = \frac{F}{m}, \quad F = ma \tag{3.4}$$

例題2　船の推進力と加速度の関係

　停泊している質量 60000 [t] の船が出航しようとしている。図 3.7 のように，

CHAPTER 3 エクセルで理解する物理

プロペラの回転により進行方向に 3000 [kN] の推進力を船に加え続けた場合，船の速度と進む距離はどのように変化するだろうか．船が動き始めてからの 300 [s] 間における，速度の時間変化のグラフと，距離の時間変化のグラフを，エクセルで描いてみよう．ただし，船に作用する力は，プロペラによる推進力だけであるとし，その他の力は無視できるものとする．

図 3.7　船の加速

〈エクセルによる計算およびグラフ作成例〉

図 3.8 のように，エクセルで運動方程式を解いて加速度を求め，1 [s] 間隔の時刻について，速度と距離を数値積分の手法（§2.4 積分）で計算してみよう．

図 3.8　船の加速度の計算

❶ A2 に質量を [t] の単位で，B2 に力の大きさを [kN] の単位で設定する．

❷ A4 に =A2*1000 を設定し，質量を [kg] の単位に換算する．B4 に =B2*1000 を設定し，力の大きさを [N] の単位に換算する．

❸ A7 から下に，時間を [s] の単位で {0} から {300} まで，1 [s] 間隔で設定する．

❹ B7 に =$B$4/$A$4 を設定する．これにより，ニュートンの運動方程式

に基づいて，加速度が $[m/s^2]$ の単位で計算される。 B8 から下も §1.1.3 オートフィル機能によって同様に設定する。

❺ C7 に {0} を設定する。 C8 には =C7+(B7+B8)/2*(A8-A7) を設定し， C9 から下もオートフィルで同様に設定する。これにより，数値積分の手法で，各瞬間の速度の大きさが $[m/s]$ の単位で計算される。

❻ D7 に {0} を設定する。 D8 には =D7+(C7+C8)/2*(A8-A7) を設定し， D9 から下もオートフィルで同様に設定する。これにより，数値積分の手法で，船が動き始めてからの累計の航行距離が $[m]$ の単位で計算される。

❼ A7 から下と C7 から下を選択し，§1.3.5 散布図グラフを描く。適当な形式を選ぶと，図 3.9 のように，速度の時間変化のグラフが描かれる。

❽ A7 から下と D7 から下を選択し，散布図を描く。適当な形式を選ぶと，図 3.10 のように，距離の時間変化のグラフが描かれる。

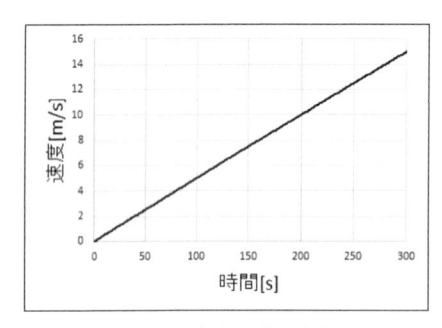

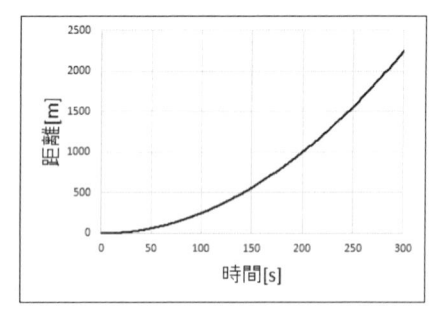

図 3.9 速度の時間変化　　　　図 3.10 距離の時間変化

　船のプロペラを回転させ一定の力を加え続けることにより一定の加速度が与えられ，時間に比例して速度が大きくなっていくことがわかる。それにともなって，航行距離の時間変化のグラフの傾きが大きくなっていくことがわかる。
　質量や力の大きさを，いろいろ変えてみよう。航行中の船の速度を変化させる場合についても考えてみよう。初速を与え，力を負の値とすることにより，航行中の船が停止するまでの速度と距離の時間変化を求めることもできる。
　この節で紹介した，船の運動に関するシミュレーションを活用し，速度と距

離の関係について，また力と運動の関係について，理解を深めてもらいたい．

3.2 仕事とエネルギー

船を動かすには，燃料というエネルギー源を消費する必要がある．さて，ある船が，東アジアから北米西海岸まで，機械製品を運ばなければならないとする．急いで10日間で運ぶ場合と，ゆっくり2週間かけて運ぶ場合とで，必要な燃料の量に差はあるだろうか．この節では，エネルギーの計算方法について学ぶ．

3.2.1 仕事

滑らかな水平面上の台車は，手から力を加え続けなくても，慣性によって一定の速度で運動し続ける．しかし図3.11のように，粗い面の上の荷物を手で動かすときには，摩擦による抵抗力（$-F$）が荷物に働くため，手からも力（F）を加え続けなければ，荷物を運動させ続けることができない．

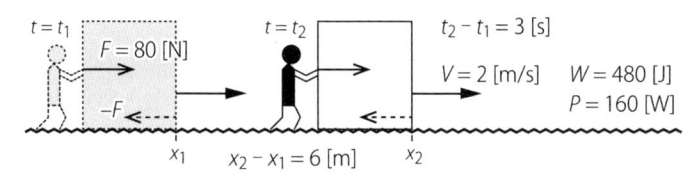

図3.11　抵抗力を受ける物体を移動させる仕事

力を加えられることによって物体が移動しているとき，その力は物体に対して，仕事をしているという．図3.11のように，物体に一定の力 F[N]を加え続けることで，その力の向きに物体が位置 x_1[m] から位置 x_2[m] まで移動したとき，式(3.5)のように力と移動距離 $x_2 - x_1$[m] との積が，この力が物体にした仕事の量 W[J] となる．力の大きさが一定でない場合は，瞬間の力を距離で積分した値が仕事の量となる．仕事の単位 [J] はジュールと読む．

$$W = F(x_2 - x_1) \tag{3.5}$$

物体が力を加えられることなく，慣性で動く間の移動距離は，仕事の計算に

入らない。また，動かない壁を押すだけの場合など，力を加えている物体が移動しない場合には，その力は仕事をしたことにならない。進行方向への力（正の力）を加えている場合には，仕事も正の値となる。進行方向とは逆の向きへの力（負の力）を加えている場合には，仕事も負の値となる。

さて，同じ仕事でも，要した時間の長さが異なる場合，時間が短いほうが能率がよいと言える。仕事の能率のことを，仕事率という。エンジンなどの機械による仕事率は，出力とも呼ばれる。

仕事率は，単位時間あたりの仕事の量である。図 3.11 のように，時刻 t_1 [s] から時刻 t_2 [s] にかけて仕事が行われたとき，平均の仕事率 P [W] は式(3.6)のように，仕事 W [J] を経過時間 $t_2 - t_1$ [s] で割ることによって求まる。また，仕事率が一定であれば，その仕事率の大きさに経過時間を掛ければ，その間の仕事の量が求められる。瞬間の仕事率は仕事を時間で微分した値であり，瞬間の仕事率を時間で積分した値は仕事となる。仕事率の単位 [W] はワットと読む。仕事や仕事率に関係する諸量の単位を，表 3.2 にまとめる。

$$P = \frac{W}{t_2 - t_1}, \quad W = P(t_2 - t_1) \tag{3.6}$$

表 3.2　仕事に関する諸量の基本単位

質量	[kg]	力	$[N] = [J/m] = [kg \cdot m/s^2]$
距離	[m]	仕事，エネルギー	$[J] = [N \cdot m] = [W \cdot s] = [kg \cdot m^2/s^2]$
時間	[s]	仕事率，出力	$[W] = [J/s] = [kg \cdot m^2/s^3]$

ある物体が一定の力 F [N] を加えられ続けることで，一定の速度 V [m/s] で移動するとき，仕事率 P [W] は式(3.7)のとおり，力と速度の積となる。力や速度が一定でない場合も同様に，瞬間の仕事率は力と速度の積となる。

$$P = \frac{F(x_2 - x_1)}{t_2 - t_1} = FV \tag{3.7}$$

例題 3　船の仕事の計算

図 3.12 のように，水からの抵抗力を受けながら，一定の速度で航行してい

る船について考える。その抵抗力の大きさ $F[N]$ は速度 $v[m/s]$ の 2 乗に比例し，$F = Kv^2$ と表され，係数 K は 25000 [kg/m] であったとする。船の速度は，エンジンの出力（仕事率）によってどのように変わる

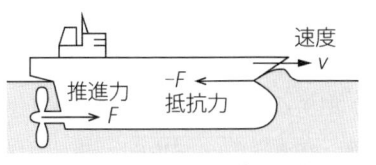

図 3.12　抵抗力を受ける船

か。また，この船が距離 12000 [km] の航海に要する仕事の量は，速度によってどのように変わるか。エクセルでグラフを描いてみよう。

〈エクセルによる計算およびグラフ作成例〉

図 3.13 のように，エクセルで 1 [km/h] から 50 [km/h] までの速度について，それぞれの速度を維持するために必要な推進力（抵抗力に釣り合う進行方向の力）の大きさを計算し，力と速度の積から仕事率を求めよう。また力と距離の積から仕事の量を求めよう。

	A	B	C	D	E	F	G	H	I
1			係数K[kg/m]			距離[km]	距離[m]		
2			❶ 25000			❶ 12000	12000000		
3									
4		速度		力	仕事率		仕事		時間	
5		[km/h]	[m/s]	❸ [N]	❹ [W]	[kW]	❻ [J]	[GJ]	❽ [s]	[day]
6	❷ 1	0.2778	1929.01	535.837	0.536	2.3E+10	23.1481	43200000	500
7	2	0.5556	7716.05	4286.69	4.287	9.3E+10	92.5926	21600000	250
8	3	0.8333	17361.1	14467.6	14.47	2.1E+11	208.333	14400000	166.67
9	4	1.1111	30864.2	34293.6	34.29	3.7E+11	370.37	10800000	125
10	5	1.3889	48225.3	66979.6	66.98	5.8E+11	578.704	8640000	100
11	6	1.6667	69444.4	115741	115.7	8.3E+11	833.333	7200000	83.333
12	7	1.9444	94521.6	183792	183.8	1.1E+12	1134.26	6171429	71.429
13	8	2.2222	123457	274348	274.3	1.5E+12	1481.48	5400000	62.5

図 3.13　船の仕事と仕事率の計算

❶ C2 に係数 K [kg/m] を設定する。また F2 に距離を [km] の単位で設定する。さらに G2 には =F2*1000 を設定して，距離を [m] の単位に換算する。

❷ A6 から下に，速度を [km/h] の単位で {1} から {50} まで，1 [km/h] 間隔で設定する。B6 には =A6*1000/60/60 を設定し，またその下も §1.1.3 オートフィル機能によって同様に設定することで，速度を [m/s] の単位に換算

する。

❸ C6 に =$C$2*B6*B6 を設定し，またその下もオートフィルで同様に設定すると，推進力の大きさ（＝抵抗力の大きさ）が[N]の単位で計算される。

❹ D6 に =C6*B6 を設定する。これにより仕事率が，力×速度の計算によって，[W]の単位で求められる。E6 には =D6/1000 を設定して，仕事率を[kW]の単位に換算する。これらの下もオートフィルで同様に設定する。

❺ E6 から下を[系列Xの値]とし，A6 から下を[系列Yの値]として§1.3.5 散布図グラフを描くと，図 3.14 のように，仕事率と速度の関係のグラフが得られる。

❻ F6 に =C6*$G$2 を設定する。これにより仕事の量が，力×距離の計算によって，[J]の単位で求められる。G6 には =F6/10^9 を設定して，仕事を[GJ]（ギガジュール，1[GJ] = 10^9[J]）の単位に換算する。これらの下のセルもオートフィルで同様に設定する。

❼ A6 から下と G6 から下を選択して散布図を描くと，図 3.15 のように，速度と仕事の量の関係のグラフが得られる。

❽ H2 に =$G$2/B6 を設定する。これにより所要時間が，距離÷速度の計算によって，[s]の単位で求められる。I6 には =H6/60/60/24 を設定して，所要時間を[day]の単位に換算する。これらの下もオートフィルで同様に設定する。

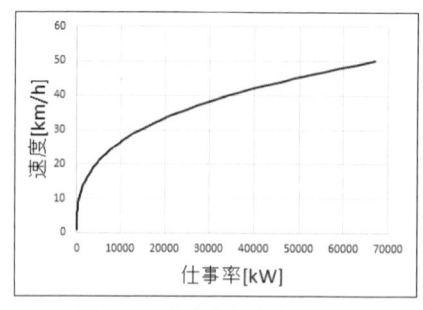

図 3.14　仕事率と速度の関係

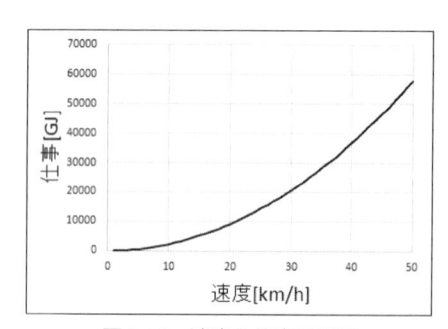

図 3.15　速度と仕事の関係

図 3.14 のグラフより，エンジンの出力（仕事率）を調節することで船の速度を増減できることがわかる．図 3.15 のグラフより，同じ距離の航海でも，速度によって仕事の量が異なってくることがわかる．

速度の 2 乗に比例する抵抗力を水から受ける船においては，距離 12000 [km] を速度 50 [km/h] で 10 [day] 間かけて航海する場合に比べて，速度 36 [km/h] で約 14 [day] 間かけて航海する場合のほうが，仕事の量がおよそ半分に減ることがわかる．仕事の量が半分であれば，必要な燃料の量も半分となる．

3.2.2 エネルギー

物体が持っている，仕事をする能力のことを，エネルギーという．船の燃料は化学エネルギーを持っており，船のエンジンはこのエネルギーを仕事に変換し，プロペラを回し，船を動かしている．エネルギーの種類には他に，運動エネルギーや位置エネルギー，電気エネルギーなどがある．

エネルギーの量は，その能力が行える仕事の量によって表される．したがって，エネルギーの単位には仕事の単位と同じ [J]（ジュール）が用いられる．

物体が仕事をすれば，持っていたエネルギーは減る．エンジンが燃料のエネルギーを仕事に変換するとき，燃料は化学エネルギーを持たない排気に変化する．エンジンの仕事の量が大きいほど，多くの燃料が必要となる．エンジンの仕事率が大きいほど，燃料は急激に減っていく．

さて，航行中の船が障害物に衝突すると，障害物を動かしたり，船体を変形させたりといった，仕事が発生する．すなわち運動している物体には，仕事をする能力つまりエネルギーが備わっていることがわかる．

運動する物体の持つエネルギーを，運動エネルギーという．運動エネルギーの大きさ K [J] は式 (3.8) のとおり，物体の質量 m [kg] が重いほど大きく，また物体の速度 v [m/s] が速いほど大きい．

$$K = \frac{1}{2}mv^2 \tag{3.8}$$

物体に仕事をすることで，物体が持つエネルギーを増減させることもできる．

船を加速させるエンジンの仕事は，船の運動エネルギーを増やす。船の制動時にプロペラを逆回転させるエンジンの仕事は，船に対して負の仕事であり，船の運動エネルギーを減らす。エネルギーの変化量は仕事の量に等しい。

例題4　船の制動と運動エネルギー

質量 60000 [t] の船が速度 40 [km/h] で航行中，前方に障害物を発見した。すぐにプロペラを全力で逆回転させることによって，進行方向とは逆の向きに 3000 [kN] の制動力を船に加え続けた（図 3.16）。この制動を開始してからの 300 [s] 間における，運動エネルギーの時間変化のグラフをエクセルで描いてみよう。また，それぞれの時刻までにプロペラがする仕事の量のグラフも描き，比較してみよう。なお，船に作用する力は，プロペラによる制動力だけであるとし，その他の力は無視する。

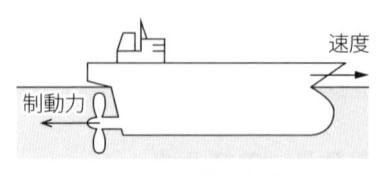

図 3.16　船の制動

〈エクセルによる計算およびグラフ作成例〉

これは §3.1.2 加速度と力 の例題 2 に似ているが，正の値である初速があり，進行方向とは逆の向きの力（負の力）が加わっている。まずエクセルを使って 1 [s] 間隔の時刻について，速度と距離を計算しよう。図 3.17 のように，それぞれの時刻について，質量と速度から運動エネルギーを計算し，また力と距離から仕事の量を計算しよう。

	A	B	C	D	E	F	G	H
1	質量[t]	力[kN]	初速[km/h]					
2	❶60000	❶-3000	❶40					
3	質量[kg]	力[N]	初速[m/s]					
4	60000000	-3000000	11.11111					
5	時間	加速度	速度	距離	運動エネルギー		仕事	
6	[s]	[m/s2]	❸[m/s]	[m]	❹[J]	[MJ]	[J]	[MJ]
7	❷0	-0.05	11.11111	0	3.7E+09	3703.7	❺0	0
8	1	-0.05	11.06111	11.08611	3.7E+09	3670.45	-3E+07	-33.258
9	2	-0.05	11.01111	22.12222	3.6E+09	3637.34	-7E+07	-66.267
10	3	-0.05	10.96111	33.10833	3.6E+09	3604.38	-1E+08	-99.325
11	4	-0.05	10.91111	44.04444	3.6E+09	3571.57	-1E+08	-132.13
12	5	-0.05	10.86111	54.93056	3.5E+09	3538.91	-2E+08	-164.79
13	6	-0.05	10.81111	65.76667	3.5E+09	3506.4	-2E+08	-197.3

図 3.17　船の運動エネルギーの計算

CHAPTER 3 エクセルで理解する物理

❶ A2 に質量を [t] の単位で，B2 に力の大きさを [kN] の単位で，C2 に初速の大きさを [km/h] の単位で設定する．また，A4 に =A2*1000 ，B4 に =B2*1000 ，C4 に =C2*1000/60/60 を設定し，単位をそれぞれ [kg]，[N]，[m/s] に換算する．

❷ A7 から下に，時間を [s] の単位で {0} から {300} まで，1 [s] 間隔で設定する．また例題 2 と同様に，B7 から下のセルで，ニュートンの運動方程式を使って加速度を計算する．

❸ C7 に =$C$4 を設定する．D7 に {0} を設定する．例題 2 と同様に，数値積分の手法（§2.4 積分）で，C8 から下で速度を，D8 から下で距離を計算する．

❹ E7 に =0.5*$A$4*C7^2 を設定する．これにより，質量と速度から，その瞬間における運動エネルギーが [J] の単位で計算される．また F7 に =E7/10^6 を設定し，運動エネルギーを [MJ]（メガジュール，1 [MJ] = 10^6 [J]）の単位に換算する．これらの下も §1.1.3 オートフィル機能によって同様に設定する．

❺ G7 に =$B$4*D7 を設定する．これにより，力と距離の積から，その瞬間までの仕事の量が [J] の単位で計算される．また H7 に =G7/10^6 を設定し，仕事を [MJ] の単位に換算する．これらの下もオートフィルで同様に設定する．

❻ A7 から下と F7 から下を選択して §1.3.5 散布図グラフを描くと，運動エネルギーの時間変化のグラフ（図 3.18）が得られる．A7 から下と H7 から下を選択して散布図を描くと，累積の仕事の時間変化のグラフ（図 3.19）が得られる．

制動時にプロペラを逆回転させる負の仕事（図 3.19）が，同じ量だけ運動エネルギー（図 3.18）を減少させることが確認できる．運動エネルギーがゼロまで減少し船が停止する時刻は，制動開始から 222 [s] 後である．

もし制動開始時に障害物までの距離が 400 [m] 程度しかなかった場合は，約 40 [s] 後に衝突してしまい，衝突の瞬間において船の運動エネルギーは，まだ

143

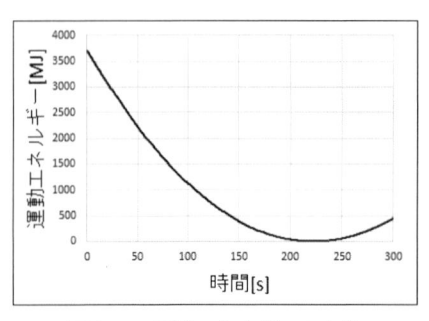

図 3.18　運動エネルギーの変化　　　　図 3.19　仕事の変化

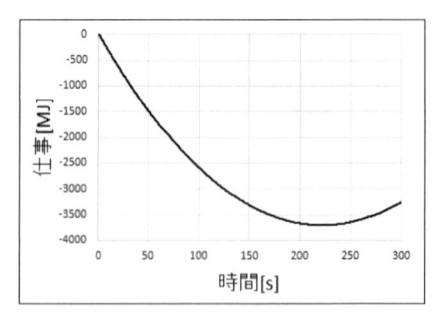

約 2500 [MJ] も残っていることがわかる。そのエネルギーの一部が，船体の変形や破壊という仕事に費やされることになる。

この節では，力と距離と仕事の関係について，また仕事とエネルギーの関係について，理解を深めることができたであろう。

3.3　電気回路

船のなかには，発電機や電動機など多くの電気機器があり，それぞれ重要な役割を担って働いている。それらの仕組みや使い方を理解するためには，電気という目に見えない存在が回路のなかを流れる様子を，思い描けるようになる必要がある。この節では，電気の流れる回路の振る舞いについて学ぶ。

3.3.1　オームの法則

電線のように電気をよく通す物体は導体と呼ばれる。導体に，起電力を持つ電源をつないで閉回路を作ると，導体に電流が流れるが，その電流の大きさ I [A] は式 (3.9) のとおり，導体にかかる電圧の大きさ V [V] に比例する。また導体の両端に現れる電圧降下の大きさ V [V] は，流れている電流の大きさ I [A] に比例する。これをオームの法則という。

$$I = \frac{V}{R}, \quad V = RI \tag{3.9}$$

ここで現れる比例係数 R は，電流の流れにくさの度合いを表す。その度合いは抵抗と呼ばれており，その基本単位は [Ω]（オーム）である。

導体の抵抗の大きさは，材質や形状によってさまざまである。銅は鉄よりも，鉄は炭素よりも電気を通しやすい。また同じ材質でも，長い導体ほど電気が流れにくく，太い導体ほど電気が流れやすい（図 3.20）。複数の導体を直列につなぎ合わせていくと，電気が流れにくくなる。直列接続された導体の合成抵抗の大きさは，各導体の抵抗の大きさの和に等しくなる。

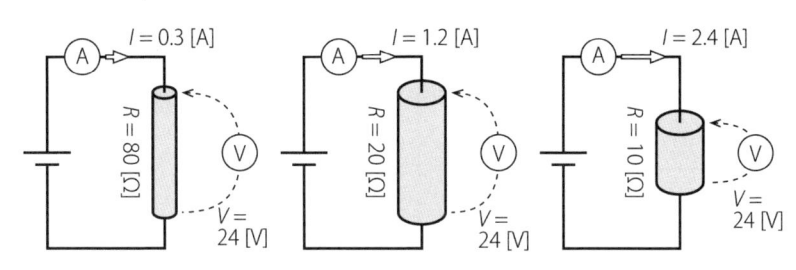

図 3.20　電流と電圧と抵抗の関係

例題5　電圧降下の計算

起電力 24 [V] の電池と，抵抗 10 [Ω] の電球とを，それぞれ 1 [Ω] の抵抗を持つ 2 本の電線で直列につなぎ，図 3.21 のような閉回路を作った。電球にかかっている電圧の大きさを求めてみよう。また，電球を抵抗 30 [Ω] のものに交換したとき，あるいは電線の長さを伸ばして抵抗をそれぞれ 5 [Ω] としたとき，電球にかかる電圧はどのように変わるか調べてみよう。

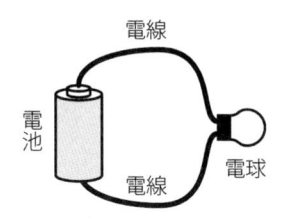

図 3.21　電球点灯回路

〈エクセルによる計算およびグラフ作成例〉

この装置の回路図を描くと，図 3.22 のように，1 つの電源と 3 つの抵抗によって表されることになる。3 つの抵抗は直列につながっているから，回路全体の合成抵抗は 3 つの抵抗の和である。

回路に流れる電流の大きさは，回路全体にかかる電圧（＝電源の起電力）と

合成抵抗から求められる。各部にかかる電圧の大きさは，各部の抵抗と電流から求められる。エクセルを使って計算してみよう。

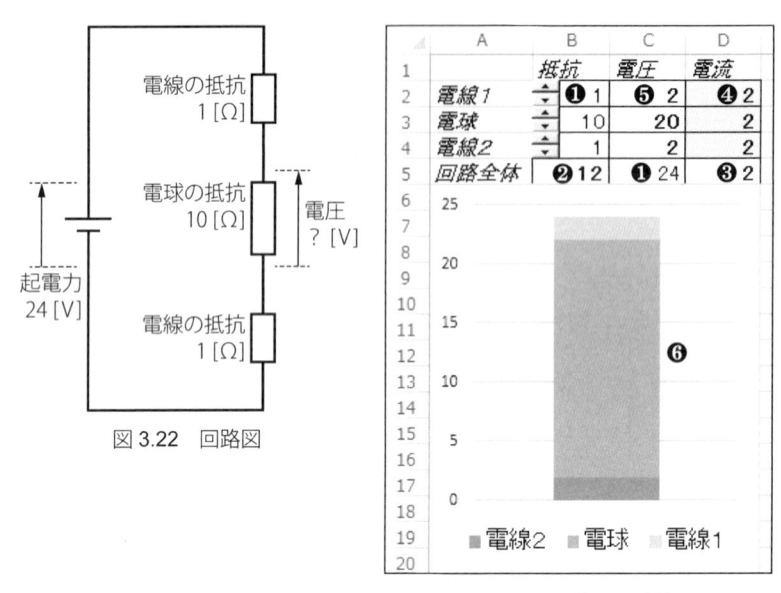

図 3.22 回路図

図 3.23 電圧降下の計算画面

❶ 図 3.23 のように，B2 から B4 までに，各部の抵抗値を設定する。また電源の電圧を，C5 に設定する。抵抗値は，§1.6.4 スピンボタンで変更できるようにしておくとよい。

❷ B5 に =SUM(B2:B4) を設定し，直列回路の合成抵抗を計算する。

❸ D5 に =C5/B5 を設定し，直列回路全体に流れる電流をオームの法則によって計算する。

❹ 直列回路の各部に流れる電流は同じであるから，D2 に =$D$5 を設定する。D3 と D4 も，§1.1.3 オートフィル機能によって同様に設定する。

❺ C2 に =D2*B2 を設定する。C3 と C4 もオートフィルで同様に設定する。これによって各部にかかる電圧がオームの法則に基づいて求められる。

❻ C2 から C4 までの計算結果を，積み上げ縦棒グラフに描いてみる（§1.3.3 グラフの作成および §1.3.4 グラフの編集）。

電球にかかっている電圧は 20 [V] と求められた。これは電源の起電力 24 [V] に比べて小さな値である。電球の抵抗値 10 [Ω] を 30 [Ω] まで増やしてみよう。また，電線の抵抗値 1 [Ω] を 5 [Ω] まで増やしてみよう。電球にかかる電圧は，どのように変わるだろうか。

電球が，抵抗の小さい電球（消費電力の大きい電球）であれば，回路に流れる電流が増え，電線での電圧降下が顕著となる。また電線が，抵抗の大きい電線（細く長い電線）であるときも，電線での電圧降下は顕著となる。

この例題のような直列回路の場合，各抵抗の電圧降下の和はつねに，電源の起電力に等しくなっている（図 3.24）。電線での電圧降下が大きいほど，電球にかかる電圧は小さくなる。

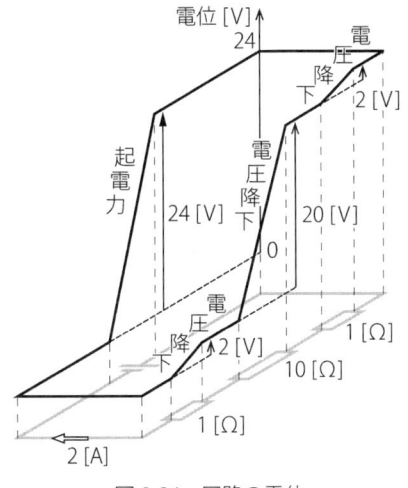

図 3.24　回路の電位

3.3.2　キルヒホッフの法則

起電力を持つ電源や抵抗を持つ導体を含む，網目状の電気回路は，複数の分岐点を持ち，複数の閉回路が重なり合った状態となっている。しかし，どんなに複雑な電気回路であっても，それぞれの分岐点や閉回路において，以下の 2 つの，キルヒホッフの法則が成り立っている。

まずキルヒホッフの第 1 法則により，どの分岐点においても，流れ込む電流の和はゼロとなっている。ただし，流れ込む電流の大きさを正の値，流れ出る電流の大きさを負の値として計算する。

またキルヒホッフの第 2 法則により，どの閉回路においても，起電力の和は電圧降下の和に等しい。ただし，閉回路を特定の方向にたどって一周するものと見なし，それと同じ方向に電流を流そうとする起電力や，同じ方向の電流に

よる電圧降下を，正の値として計算し，逆の方向に電流を流そうとする起電力や，逆の方向の電流による電圧降下を，負の値として計算する．

例題6 ホイートストンブリッジの計算

図 3.25 のような回路を，ホイートストンブリッジという．電源の起電力が $E = 24$ [V] であり，5 つの抵抗の大きさがそれぞれ $R_1 = 30$ [Ω]，$R_2 = 60$ [Ω]，$R_3 = 50$ [Ω]，$R_4 = 90$ [Ω]，$R_G = 5$ [Ω] であるとき，R_G の部分を流れる電流の向きと大きさを求めてみよう．また，R_4 を 100 [Ω] あるいは 110 [Ω] と変えたとき，R_G の部分を流れる電流の向きと大きさがどのように変わるか調べてみよう．

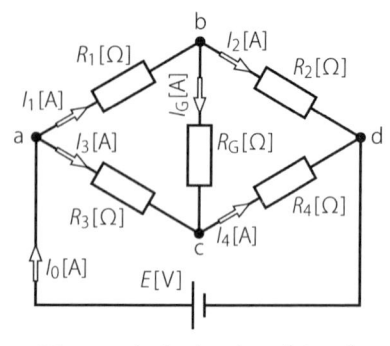

図 3.25　ホイートストンブリッジ

回路の各部を流れる電流を，図 3.25 のように，6 つの未知変数 $I_0, I_1, I_2, I_3, I_4, I_G$ で表すことにする．これらの値が正であるとき，その電流の方向は図の矢印のとおりである．つまり，たとえば I_G が負であれば，R_G の部分では矢印とは逆に，点 c から点 b に向かって電流が流れていることになる．

これらの未知変数が満たすべき方程式を考えてみよう．キルヒホッフの第 1 法則が，すべての分岐点において成り立っているはずである．また，キルヒホッフの第 2 法則が，すべての閉回路において成り立っているはずである．このうち 3 つの分岐点と 3 つの閉回路について，合計 6 つの方程式を連立すれば，6 つの未知変数を求めることができそうである．

まず，分岐点 a において，キルヒホッフの第 1 法則を考えてみよう．流れ込む電流 I_0 [A] から，流れ出る電流 I_1 [A] および I_3 [A] を差し引けば，ゼロとなっているはずであるから，式(3.10)が成立する．

$$I_0 - I_1 - I_3 = 0 \tag{3.10}$$

同様にして，分岐点 b では式(3.11)が，分岐点 c では式(3.12)が成立する．

$$I_1 - I_2 - I_G = 0 \tag{3.11}$$

$$I_3 - I_4 + I_G = 0 \tag{3.12}$$

つぎに，閉回路 a → b → c → a において，キルヒホッフの第 2 法則を考えてみよう．この閉回路には起電力を持つ部分が含まれないから，電圧降下の和がゼロとなっているはずである．この閉回路を順方向に流れる電流 I_1 および I_G による電圧降下の大きさは，オームの法則により，それぞれ $R_1 I_1$ [V] および $R_G I_G$ [V] となる．またこの閉回路を逆方向に流れる電流 I_3 による電圧降下の大きさは $R_3 I_3$ [V] となる．したがって，式(3.13)が成立する．

$$R_1 I_1 - R_3 I_3 + R_G I_G = 0 \tag{3.13}$$

同様に，閉回路 b → d → c → b では式(3.14)が成立する．

$$R_2 I_2 - R_4 I_4 - R_G I_G = 0 \tag{3.14}$$

また，電源 → a → c → d → 電源 とたどる閉回路において，キルヒホッフの第 2 法則を考えてみよう．この閉回路に含まれる電源の，順方向に電流を流そうと働く起電力の大きさは E [V] である．これが閉回路における電圧降下の和と釣り合っているはずであるから，式(3.15)が成立する．

$$R_3 I_3 + R_4 I_4 = E \tag{3.15}$$

以上 6 つの式を連立方程式とし，行列形式で表せば，式(3.16)が成立する．

$$\begin{bmatrix} 1 & -1 & 0 & -1 & 0 & 0 \\ 0 & 1 & -1 & 0 & 0 & -1 \\ 0 & 0 & 0 & 1 & -1 & 1 \\ 0 & R_1 & 0 & -R_3 & 0 & R_G \\ 0 & 0 & R_2 & 0 & -R_4 & -R_G \\ 0 & 0 & 0 & R_3 & R_4 & 0 \end{bmatrix} \begin{bmatrix} I_0 \\ I_1 \\ I_2 \\ I_3 \\ I_4 \\ I_G \end{bmatrix} = \begin{bmatrix} 0 \\ 0 \\ 0 \\ 0 \\ 0 \\ E \end{bmatrix} \tag{3.16}$$

それではエクセルを使って，この式(3.16)を解こう．<u>§2.2 連立方程式</u>のように，まず左辺の係数行列の逆行列を計算し，その結果に右辺の定数項ベクトルを掛けることで，6 つの未知変数 I_0, I_1, I_2, I_3, I_4, I_G が求められるだろう．

〈エクセルによる計算例〉

❶ 図 3.26 のように，B2 から F2 までに，各部の抵抗値を設定する．また電源の電圧を，J2 に設定する．R_4 の値 E2 は <u>§1.6.4 スピンボタン</u>で変更できるようにしておくとよい．

	A	B	C	D	E	F	G	H	I	J
1		抵抗1	抵抗2	抵抗3	抵抗4	抵抗G				電源
2	設定値	30	60	50	90	5	❶			❶ 24
3										
4	キルヒホッフの法則									
5	❷1	−1	0	−1	0	0		電流0		0 ❸
6	0	1	−1	0	0	−1		電流1		0
7	0	0	0	1	−1	1		電流2		0
8	0	30	0	−50	0	5	×	電流3	=	0
9	0	0	60	0	−90	−5		電流4		0
10	0	0	0	50	90	0		電流G		24
11										
12	逆行列									計算結果
13	❹1	0.6583	0.6563	0.0114	0.011	0.0183		電流0	=	0.4383 ❺
14	0	0.4333	0.375	0.0189	0.0072	0.0114		電流1	=	0.2733
15	0	−0.217	−0.188	0.0072	0.0131	0.011		電流2	=	0.2633
16	0	0.225	0.2813	−0.008	0.0038	0.0069		電流3	=	0.165
17	0	−0.125	−0.156	0.0042	−0.002	0.0073		電流4	=	0.175
18	0	−0.35	0.5625	0.0117	−0.006	0.0004		電流G	=	0.01

図 3.26　ホイートストンブリッジの計算画面

表 3.3　係数行列の設定

	A 列目	B 列目	C 列目	D 列目	E 列目	F 列目
5 行目	{1}	{−1}	{0}	{−1}	{0}	{0}
6 行目	{0}	{1}	{−1}	{0}	{0}	{−1}
7 行目	{0}	{0}	{0}	{1}	{−1}	{1}
8 行目	{0}	=B2	{0}	=-1*D2	{0}	=F2
9 行目	{0}	{0}	=C2	{0}	=-1*E2	=-1*F2
10 行目	{0}	{0}	{0}	=D2	=E2	{0}

❷ A5 から F10 までに，係数行列を設定する。表 3.3 のように，抵抗値を設定したセルを必要に応じて参照する。

❸ J5 から J10 までに，定数項ベクトルを設定する。このうち J10 には =J2 を設定し，それ以外のセルには定数 {0} を設定する。

❹ A13:F18 を選択し，数式バーに配列数式 =MINVERSE(A5:F10) を入力し，Shift + Ctrl を押しながら Enter することで，係数行列の逆行列を計算する（§2.2 連立方程式）。

❺ J13:J18 を選択し，数式バーに配列数式 =MMULT(A13:F18,J5:J10) を入力し，Shift+Ctrl を押しながら Enter することで，係数行列の逆行列と定数項ベクトルの積を計算する。これによって，各部に流れる電流が求められる。

R_G の部分では電流が点 b から点 c に向かって流れること，その大きさは 0.01 [A] であることが求められた。

R_4 の抵抗値 90 [Ω] を少しずつ増やし，100 [Ω] や 110 [Ω] に変えてみよう。R_G の部分を流れる電流の向きや大きさは，どのように変わるだろうか。また，R_1 から R_3 までの抵抗値も，大きくしたり小さくしたり，いろいろと変えてみよう。

この例題のようなホイートストンブリッジにおいては，R_1 と R_2 の比率が，R_3 と R_4 の比率に等しいとき，点 b と点 c の電位がつり合い，R_G の部分に電流が流れなくなる。

本節で紹介したシミュレーション手法を，さまざまな電気回路において応用し，電気に関する法則と現象の関係を，深く理解することを期待する。

3.4 熱と温度

船を動かすエンジンは，燃料のエネルギーを熱に変換し，熱を仕事に変換し，スクリューに与える機械である。熱と仕事の変換には，気体の性質が利用されている。エンジンの仕組みや使い方を理解するためには，熱という目に見えない作用がどのように働くのか，エンジンのなかの気体の状態がどのように変わるのか，把握しておきたい。この節では，熱と温度の関係や，気体の状態に関する基本的な法則について学ぼう。

3.4.1 熱と温度

温度の高い物体と，温度の低い物体を接触させると，前者の温度は下がっていき，後者の温度は上がっていく。温度が釣り合って一定となったとき，その状態を熱平衡状態といい，その釣り合った温度を平衡温度という。

接触を介して物体の温度を変化させる働きのことを，熱という。熱は仕事と同様，エネルギーによって生み出される働きである。温度の高い物体は，内部に熱エネルギーを蓄えていると考えられる。

熱の量の基本単位は，仕事やエネルギーと同様，[J]（ジュール）である。接触によって物体の温度が上昇したとき，その上昇幅に比例するだけの量の熱を，その物体は受けている。その比例係数は熱容量（単位は [J/K]）と呼ばれる。

また，熱容量の大きさは物体の質量に比例する。その比例係数は比熱（単位は [J/g·K]）と呼ばれる。比熱は物体の材質によってさまざまな値である。

すなわち，比熱 c [J/g·K] の物質による質量 m [g] の物体の熱容量 C [J/K] は，$C = mc$ となる。また，その物体の温度が熱によって T_0 [K] から T [K] まで変化した場合，物体が受けた熱の量 Q [J] は式(3.17)のとおりである。物体の温度が下降した場合，Q [J] は負の値となるが，これはその物体が別の物体に熱を与えたことを意味している。なお温度を [°C] の単位で表しても，同様の式が成り立つ。

$$Q = C(T - T_0) = mc(T - T_0) \tag{3.17}$$

熱容量 C_1 [J/K] で温度 T_{01} [°C] の物体と，熱容量 C_2 [J/K] で温度 T_{02} [°C] の物体を接触させ，2 つの物体の温度が同じ平衡温度 T [°C] となるまで待ったとする（図 3.27）。2 つの物体が得た熱の量はそれぞれ，$Q_1 = C_1(T - T_{01})$，$Q_2 = C_2(T - T_{02})$ と表される。

2 つの物体のうち，熱を与えたほうの Q_1 は負であり，熱を受けたほうの Q_2 は正であり，それらの和はゼロとなっているはずである（エネルギーの保存則）。すなわち $Q_1 + Q_2 = 0$ であり，式(3.18)が成立する。

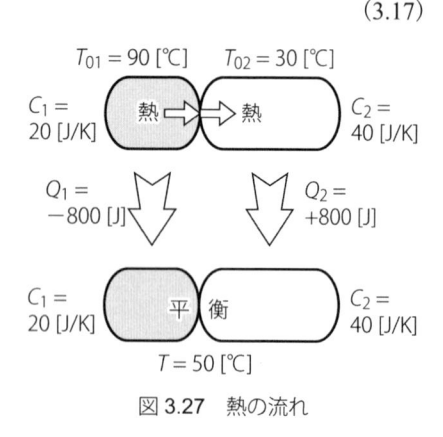

$$C_1(T - T_{01}) + C_2(T - T_{02}) = 0 \tag{3.18}$$

図 3.27　熱の流れ

この式を変形すれば，平衡温度 T を求める式(3.19)が得られる。

$$T = \frac{C_1 T_{01} + C_2 T_{02}}{C_1 + C_2} \tag{3.19}$$

例題 7　平衡温度の計算

図 3.28 のように，質量 1 [kg] の金属容器があり，その温度は 80 [°C] であった。温度 60 [°C] の液体を，この容器にまず質量 10 [g] だけ注ぎ込んだ。十分な時間が経ったとき，金属容器と液体の平衡温度はどれくらいになるか，求めてみよう。ただし，金属容器の材質は鉄（比熱 0.435 [J/g・K]）であり，液体は水（比熱 4.22 [J/g・K]）であり，その金属容器と液体の間だけで熱が作用するものとする。

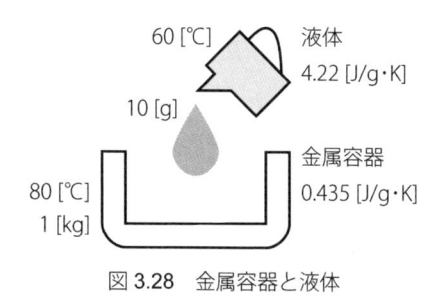

また，注ぎ込む液体の量を少しずつ増やしていくと，平衡温度はどのように変化するか，エクセルを使ってグラフに描いてみよう。さらに，金属容器の最初の温度が 10 [°C] であった場合についても調べてみよう。

図 3.28　金属容器と液体

〈エクセルによる計算およびグラフ作成例〉

❶ 図 3.29 のように，A3 から下と B3 から下に，金属容器の質量と比熱を設定する。また，E3 から下と F3 から下に，液体の質量と比熱を設定する。液体の質量は，300 [g] まで 10 [g] 刻みで変化させよう。

❷ C3 に =A3*B3 を設定し，金属容器の熱容量を計算する。また G3 に =E3*F3 を設定し，液体の熱容量を計算する。それらの下も，§1.1.3 オートフィル機能によって同様に設定する。

❸ D3 から下に，金属容器の最初の温度を設定する。H3 から下に，液体の最初の温度を設定する。

❹ I3 に =(C3*D3+G3*H3)/(C3+G3) を設定し，平衡温度を求める。その下もオートフィルで同様に設定する。

❺ J3 に =C3*(I3-D3) を設定し，金属容器が得た熱の量を計算する。また，

K3 に =G3*(I3-H3) を設定し，液体が得た熱の量を計算する。これらの下もオートフィルで同様に設定する。これらの熱の和がゼロとなっていることを確かめよう。

❻ E3 から下と I3 から下を選択し，散布図を描く（§1.3.5 散布図グラフ）。適当な形式を選ぶと，図 3.30 のようなグラフが描かれる。

❼ D3 から下の，金属容器の最初の温度の設定値を変えてみる。10 [°C] とすると，図 3.31 のようなグラフが描かれる。

	A	B	C	D	E	F	G	H	I	J	K
1		金属容器				液体			平衡温度	金属容器が得た熱	液体が得た熱
2	質量	比熱	熱容量	初期温度	質量	比熱	熱容量	初期温度			
3	1000	0.435	❷435	❸80	10	4.22	❷42.2	❸60	❹78.23	−769.4 ❺	769.4
4	1000	0.435	435	80	20	4.22	84.4	60	76.75	−1413.7	1413.7
5	1000	0.435	435	80	30	4.22	126.6	60	75.49	−1961.2	1961.2
6	1000	0.435	435	80	40	4.22	168.8	60	74.41	−2432.2	2432.2
7	1000	0.435	435	80	50	4.22	211	60	73.47	−2841.6	2841.6
8	1000	0.435	435	80	60	4.22	253.2	60	72.64	−3200.9	3200.9
9	1000	0.435	435	80	70	4.22	295.4	60	71.91	−3518.6	3518.6
10	1000	0.435	435	80	80	4.22	337.6	60	71.26	−3801.6	3801.6
11	1000	0.435	435	80	90	4.22	379.8	60	70.68	−4055.3	4055.3
12	1000	0.435	435	80	100	4.22	422	60	70.15	−4284.0	4284.0

図 3.29　温度平衡の計算画面

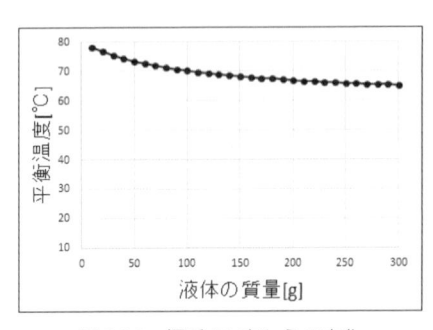

図 3.30　摂氏 80 度からの変化

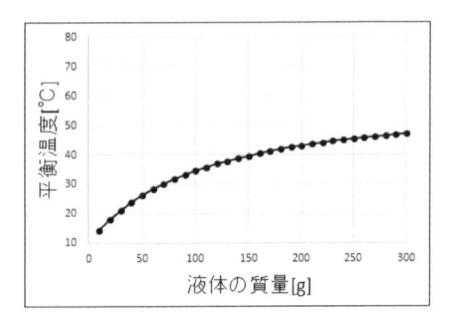

図 3.31　摂氏 10 度からの変化

金属容器の材質が比熱 0.880 [J/g・K] のアルミニウムであった場合や，液体が比熱 1.80 [J/g・K] の潤滑油であった場合は，どうなるだろうか。

比熱の大きな物質は，温まりにくく，冷めにくい。これは一方で，他の物体を温めたり冷ましたりする目的で使いやすいことも意味している。

3.4.2 気体の状態方程式

　空気や水蒸気などの気体は，多くの小さな分子が，さまざまな方向に飛び回る状態となっているものである。気体の温度とは，その飛び回る分子の運動エネルギーの平均値に比例する量である。

　気体を容器のなかに閉じ込めると，多くの分子が頻繁に容器の壁に当たり，容器を押し広げようと働き続ける。気体の圧力とは，その壁を押す働きの大きさである。

　図 3.32 のように，分子の数が同じであれば，容器の体積が小さいほど，分子が混み合い，それらが容器の壁に当たる頻度も増し，圧力は高くなる。これをボイルの法則という。また，気体の温度が高いほど，

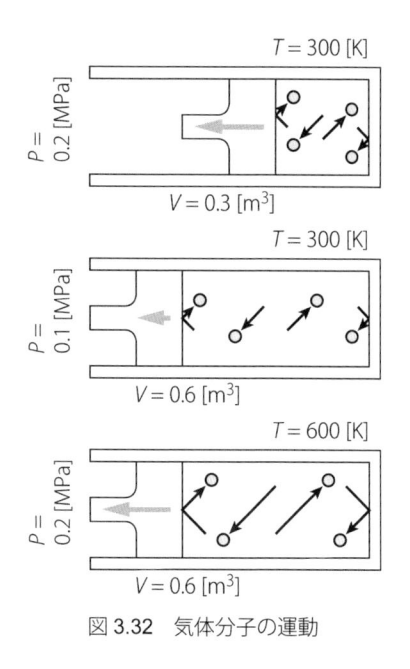

図 3.32　気体分子の運動

すなわち分子が速く飛び回るほど，それらが容器の壁に当たる頻度と勢いも増し，圧力は高くなる。これをシャルルの法則という。これら 2 つの法則を合わせて，ボイル=シャルルの法則という。

　これらの法則によれば，理想的な気体の圧力 P [Pa]，体積 V [m³]，分子数 n [mol]，温度 T [K] の間には，式 (3.20) が成り立っていることになる。この式を，理想気体の状態方程式という。

$$PV = nRT \tag{3.20}$$

　この式 (3.20) に現れる係数 R は定数であり，気体定数と呼ばれている。気体定数の大きさは，およそ 8.31 [J/mol·K] である。

　気体の圧力と体積，分子数，および温度のうち，3 つの値が与えられれば，残りの 1 つの値も状態方程式によって一意に決定する。理想気体の状態方程式を変形すれば，$P = nRT/V$，$V = nRT/P$，$n = PV/RT$，$T = PV/nR$ が得られるから

である。

例題 8　理想気体の状態方程式のグラフ化

分子数 1 [kmol] の理想的な気体について考える。体積が 0〜1 [m^3] の範囲で，圧力が 0〜10 [MPa]（1 [MPa] = 10^6 [Pa]）の範囲で，それぞれ独立して変化したとする。それぞれの状態において，気体の温度はどのような値となっているだろうか。さまざまな形式のグラフを，エクセルを使って描いてみよう。

〈エクセルによる計算およびグラフ作成例〉

❶ 図 3.33 のように， 2 行目の B2 から右のセルに，体積の値を設定する。単位を [m^3] として 0 から 1 まで，刻み幅は 0.025 程度としよう。

❷ A 列目の A4 から下のセルに，圧力の値を設定する。単位を [MPa] として 0 から 10 まで，刻み幅は 0.25 程度としよう。この数値を 10^6 倍すれば，基本単位 [Pa] で表した圧力値となる。

❸ B4 に， =($A4*10^6)*B$2/1000/8.31 を設定する。これによって，圧力が A4 × 10^6 [Pa]，体積が B2 [m^3] のときの，分子数 1000 [mol] の気体の温度が，[K] の単位で得られる。 B4 から下のセルも §1.1.3 オートフィル機能によって同様に設定し，それらから右のセルもオートフィルで同様に設定する。

	A	B	C	D	E	F	G	H	I
1						体積			
2		❶ 0	0.025	0.05	0.075	0.1	0.125	0.15	0.17
3	圧力					温度			
4	❷ 0	❸ 0	0	0	0	0	0	0	
5	0.25	0	0.752	1.504	2.256	3.008	3.761	4.513	5.26
6	0.5	0	1.504	3.008	4.513	6.017	7.521	9.025	10.5
7	0.75	0	2.256	4.513	6.769	9.025	11.28	13.54	15.7
8	1	0	3.008	6.017	9.025	12.03	15.04	18.05	21.0
9	1.25	0	3.761	7.521	11.28	15.04	18.8	22.56	26.3
10	1.5	0	4.513	9.025	13.54	18.05	22.56	27.08	31.5
11	1.75	0	5.265	10.53	15.79	21.06	26.32	31.59	36.8

図 3.33　理想気体の状態方程式の計算画面

❹ 2 行目と，4 行目から下の行をすべて選択し，[**挿入**]タブの[**グラフ**]で，すべてのグラフを表示させたなかから[**等高線**]の[**ワイヤーフレーム 3-D 等高線**]を選ぶ．すると立体的なグラフが表示される．

❺ 等高線の刻み幅を変えたいときには，高さ方向の軸を右クリックし，コンテキストメニューから[**軸の書式設定**]ダイアログボックスを表示して，目盛間隔を変更する．たとえば目盛間隔を 100 と設定してみよう．

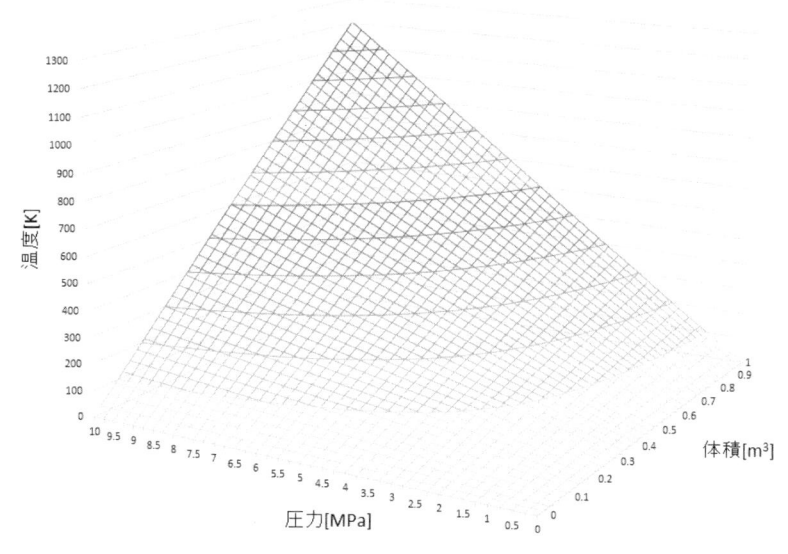

❻ 立体的なグラフをさまざまな方向から眺めたいときには，グラフエリアを右クリックし，表示されるコンテキストメニューから[**3-D 回転**]を選び，表示される[**グラフエリアの書式設定**]ウィンドウで X 軸や Y 軸の回転角を変更する．たとえば，X 軸の回転角を 300 度，Y 軸の回転角を 15 度と設定してみよう．すると図 3.34 のようなグラフが表示される．

図 3.34　理想気体の状態方程式の立体的なグラフ

❼ あるいは，[**グラフエリアの書式設定**]ウィンドウの[**3-D 回転**]において，X 軸の回転角を 0 度，Y 軸の回転角を 90 度，透視投影の画角を最小の 0.1 度と設定することで，図 3.35 のような，平面的な等温線図を描くこともで

きる。

　気体をシリンダのなかに閉じ込め，温度を一定に保ちながらゆっくりピストンで圧縮していくと，気体の圧力は高まっていく。その変化の過程は，図 3.34 のグラフの斜面の上の，高さが一定の道に沿って，右奥から左手前へ進むようなものである。このような過程を等温過程という。

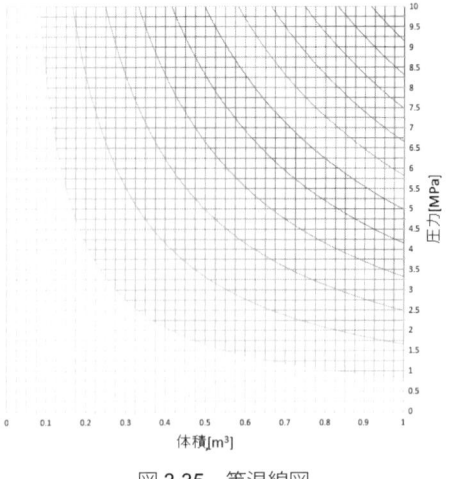

図 3.35　等温線図

　気体を急激に圧縮していく場合，あるいは熱を通さないシリンダやピストンを使って圧縮していく場合は，圧力だけでなく温度も高まっていく。その変化の過程は，図 3.34 のグラフの斜面の上を，右下から左上へ横切りながら駆け登るようなものである。もちろん，等温過程の道には沿わない。このような過程を断熱過程，あるいは等エントロピ過程という。

　本節で描いてみたグラフを参考にして，熱の作用や気体の状態に関する法則と現象の関係を，深く理解することを期待する。

3.5　練習問題

　本章で学んだ物理の知識と，CHAPTER 1〜3 で身につけたエクセルの技術を活用して，以下の練習問題に取り組め。

3.5.1　力と運動に関する練習問題

　停泊していた船が推進力を得て，動き始めた。この船の運動についてエクセルを用いて計算し，以下の小問①〜⑤に取り組め。

① 船が動き始めてから 30 [s] 間は，加速度を 0.2 [m/s²] に保って増速した。その 30 [s] 間における速度と距離の時間変化をエクセルで計算し，それぞれグラフに描け。

時刻	加速度	速度
0 [s] ～ 30 [s]	0.2 [m/s²]	増速
30 [s] ～ 210 [s]	0 [m/s²]	一定
210 [s] ～	−0.1 [m/s²]	減速

② 船が動き始めてから 30 [s] 後の時刻における，速度と航行距離を求めよ。
③ 船が動き始めてから 30 [s] 後から 210 [s] 後までの 180 [s] 間は，速度を一定に保った。動き始めてから 210 [s] 間における速度と距離の時間変化を，それぞれグラフに描け。
④ 船が動き始めてから 210 [s] 後の時刻以降，加速度を −0.1 [m/s²] に保って減速した。動き始めてからの速度と距離の時間変化をエクセルで計算し，停止する時刻と，その時刻までの航行距離を求めよ。
⑤ 船が動き始めてから停止するまでの，速度と距離の時間変化をグラフに描け。

3.5.2　仕事とエネルギーに関する練習問題

停泊していた質量 15 [t] の船に，まず 5 [min] 間，100 [N] の推進力を与えて増速した。その後 10 [min] 間は，300 [N] の推進力を与えて増速した。ここで制動に転じ，

時刻	推進力	速度
0 [min] ～ 5 [min]	100 [N]	増速
5 [min] ～ 15 [min]	300 [N]	増速
15 [min] ～	−200 [N]	減速

船が停止するまで −200 [N] の推進力を与えて減速した。この船の運動についてエクセルを用いて計算し，以下の小問①～⑥に取り組め。
ただし，船に作用する力は，推進力だけであるとし，その他の力は無視する。
① 船が動き始めてから 30 [min] 間の，加速度の時間変化をグラフに描け。
② 船が動き始めてから停止するまでの，速度と距離の時間変化をエクセルで計算し，船が停止する時刻と，その時刻までの航行距離を求めよ。
③ 船が動き始めてから停止するまでの，速度と距離の時間変化をグラフに描け。
④ 船が動き始めてから停止するまでの，仕事率の時間変化をグラフに描け。
⑤ 船に与えられた仕事の大きさは，仕事率 [W] を時間 [s] で積分することによって求めることができる。船が動き始めてから停止するまでの，仕事の

時間変化をグラフに描け。
⑥ 船が動き始めてから停止するまでの，運動エネルギーの時間変化をグラフに描け。

3.5.3 電気回路に関する練習問題

電池 1 と電池 2 を用いて，電球 A を点灯させながら，直流電動機 B および直流電動機 C を回転させるために，次の図のような回路を作った。

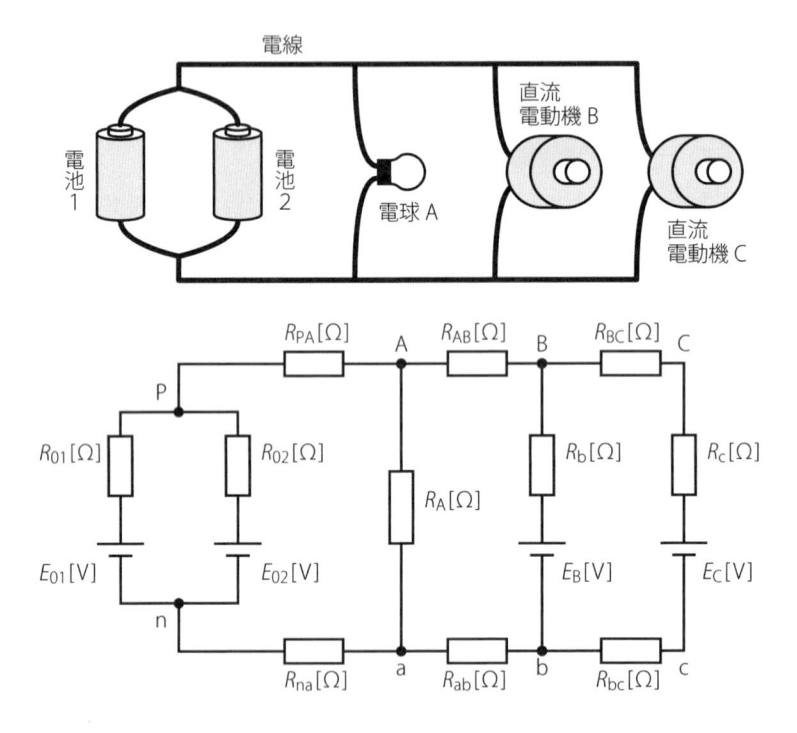

ただし，電池の起電力はそれぞれ $E_{01} = 48\,[\mathrm{V}]$，$E_{02} = 48\,[\mathrm{V}]$ であったとする。電池の内部抵抗をそれぞれ $R_{01} = 0.2\,[\Omega]$，$R_{02} = 0.2\,[\Omega]$ とする。電線の抵抗をそれぞれ $R_{\mathrm{PA}} = 5\,[\Omega]$，$R_{\mathrm{AB}} = 0.5\,[\Omega]$，$R_{\mathrm{BC}} = 0.5\,[\Omega]$，$R_{\mathrm{na}} = 5\,[\Omega]$，$R_{\mathrm{ab}} = 0.5\,[\Omega]$，$R_{\mathrm{bc}} = 0.5\,[\Omega]$ とする。また電球の抵抗は $R_{\mathrm{A}} = 20\,[\Omega]$ であったとする。

なお，直流電動機の内部では，回転の速さに比例した逆起電力が生じる。そ

の大きさはそれぞれ $E_B = 10\,[\text{V}]$, $E_C = 10\,[\text{V}]$ であったとする．また直流電動機の巻線抵抗をそれぞれ $R_b = 5\,[\Omega]$, $R_c = 5\,[\Omega]$ とする．

この回路に流れる電流についてエクセルを用いて計算し，以下の小問①〜⑧に答えよ．

① 電池 1（E_{01} および R_{01}）と電池 2（E_{02} および R_{02}）に流れる電流の向きと大きさを求めよ．

② 直流電動機 B（E_B および R_B）と直流電動機 C（E_C および R_C）に流れる電流の向きと大きさを求めよ．

③ 電球 A（R_A）にかかる電圧の大きさを求めよ．

④ 直流電動機 C の回転が外部の力によって妨げられ，その回転速度が遅くなり，比例して逆起電力が低下し，$E_C = 5\,[\text{V}]$ になったとする．直流電動機 C（E_C および R_C）に流れる電流の向きと大きさを求めよ．

⑤ $E_C = 5\,[\text{V}]$ のとき，電球 A（R_A）にかかる電圧の大きさを求めよ．

⑥ 回路を接続した直後は，直流電動機の回転がまだ始まっていないため，どちらの逆起電力もゼロ（すなわち $E_B = 0\,[\text{V}]$ かつ $E_C = 0\,[\text{V}]$）である．直流電動機 B（E_B および R_B）と直流電動機 C（E_C および R_C）に流れる電流の向きと大きさを求めよ．

⑦ $E_B = 0\,[\text{V}]$ かつ $E_C = 0\,[\text{V}]$ のとき，電球 A（R_A）にかかる電圧の大きさを求めよ．

⑧ 電池 2 が劣化し，その起電力が低下し，$E_{02} = 47\,[\text{V}]$ になったとする．電池 1（E_{01} および R_{01}）と電池 2（E_{02} および R_{02}）に流れる電流の向きと大きさを求めよ．なお直流電動機は正常に回転中であり，$E_B = 10\,[\text{V}]$, $E_C = 10\,[\text{V}]$ とする．

3.5.4 熱と温度に関する練習問題

質量 20 [kg] の鉄製ドラム缶に，質量 100 [kg] の熱水が入っており，それらの温度は 60 [℃] である．そのなかに，温度 10 [℃] の冷水を加えるとする．十分な時間が経った後の平衡温度についてエクセルを用いて計算し，以下の小

問①および②に取り組め。

ただし，鉄の比熱は 0.435 [J/g・K]，水の比熱は 4.22 [J/g・K] であり，ドラム缶と水の間だけで熱が作用するものとする。

① 加える冷水の量によって，平衡温度はどのように変化するか。加える水の質量 0〜100 [kg] の範囲で，グラフを描け。

② 最初から入っている温度 60 [℃] の熱水のうち，ある質量の熱水を捨て，それと同じ質量だけ，温度 10 [℃] の冷水を入れるとする。入れ替える水の量によって，平衡温度はどのように変化するか。入れ替える水の質量 0〜100 [kg] の範囲で，グラフを描け。

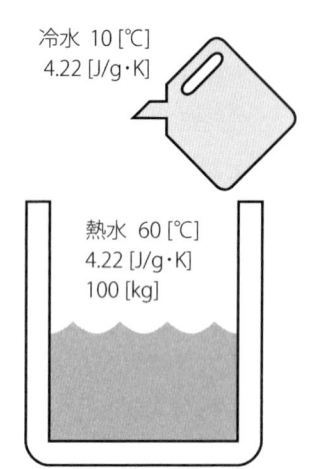

冷水 10 [℃]
4.22 [J/g・K]

熱水 60 [℃]
4.22 [J/g・K]
100 [kg]

ドラム缶 60 [℃]
0.435 [J/g・K]　20 [kg]

CHAPTER 4

エクセルで解く商船学の問題

　前章まで，エクセルについての基礎的な知識と技術を学び，エクセルで試しながら数学や物理をより深く理解することを試みてきた。

　本章では，身に付けたエクセルを活用・応用する技術と，理解した数学と物理の知識に基づいて，商船学科の専門科目である航海学と機関学に関連した課題と問題に取り組む。

　各節で取り組み，例題として解説する専門分野は以下のとおりである。

4.1　横傾斜（ヒール）と縦傾斜（トリム）
4.2　航法の計算
4.3　誘導電動機のトルク特性の理解
4.4　内燃系，熱系現象の理解
4.5　梁の曲げ応力と船体縦強度
4.6　物理現象の数学モデル（1階線形微分方程式）

　本章で紹介する例題はエクセルを活用・応用することで容易に解くことができ，専門の知識と技術の理解を促進するものであり，「エクセルで試し，理解する航海学と機関学」を実践する構成となっている。

　解説のひとつひとつを丁寧に学べば，エクセルについても専門科目についても確実に理解が深まり，学力も向上するものと考える。

　また，本章で実践するエクセルを活用・応用する技術は専門科目の課題や卒業研究などの局面ですぐに役立つものばかりである。将来の学習や仕事における有用なツールとなるので，確実に身に付けることを勧める。

　エクセルについても，専門科目についても，真摯に取り組み，一歩一歩，着

実に学習することを期待する。

4.1 横傾斜（ヒール）と縦傾斜（トリム）

　船舶の貨物を移動したり，積み込んだりすると，船体に横傾斜（ヒール, Heel）や縦傾斜（トリム，Trim）が発生する。船体の横傾斜や縦傾斜を直すには，どの貨物をどの程度移動したり，積み込んだり，降ろしたりするのか，求めなければならない。このような船舶の静的な釣り合い関係の計算を造船学では船舶算法と呼び，商船学では載貨計算と呼んでいる。

　本節ではエクセルを利用・活用して船舶算法，とくに横傾斜と縦傾斜の計算について理解することを目指す。

　横傾斜や縦傾斜の計算を表計算機能で展開することは公式を深く理解することになり，グラフ機能を用いて図解することは現象をわかりやすく把握することになる。

　横傾斜と縦傾斜の公式などを解説するとともに，横傾斜と縦傾斜の計算を演算・グラフ表示する有用なエクセル・ワークシートの作成を試みる。

4.1.1 横傾斜（ヒール）

　図 4.1 に示すように，船内貨物を横移動した場合，船体が横傾斜（ヒール）する。この船体の横傾斜角度を求めてみる。

　船内貨物 w[t] を含む船体重量 W[t] の船が水線 WL で浮かんでいることは，重心 G からの下向きの力である重量 W と浮心 B からの上向きの力である浮力 B_Y ($=-W$) とが鉛直方向で釣り合っていることを意味する。

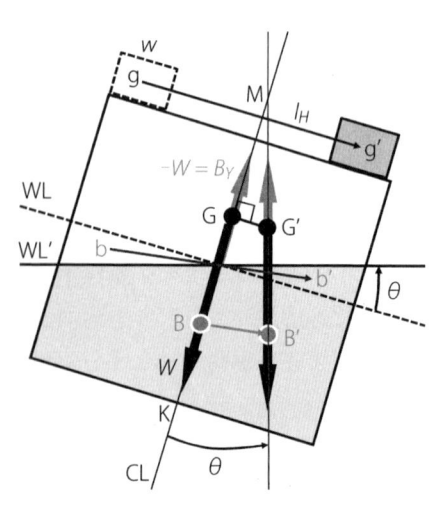

図4.1　貨物の横移動による横傾斜

船内貨物 w を距離 l_H [m] 横移動した場合，船体重心 G が G′ に横移動し，傾斜角 θ [°] の船体横傾斜を発生し，傾斜した新たな水線 WL′ で浮かぶ．浮心 B も B′ に移動し，移動後の重心 G′ からの重量 W と移動後の浮心 B′ からの浮力 B_Y ($=-W$) とが，図 4.1 に示すように，新たな鉛直方向の釣り合い関係を形成する．

船体の重心移動量 GG' [m] は式(4.1)で得られるとともに，図 4.1 に示すように，メタセンタ高さ（重心 G からメタセンタ M までの高さ）GM [m] と横傾斜角 θ からも式(4.2)として得られる．

$$GG' = \frac{w \cdot l_H}{W} \tag{4.1}$$

$$GG' = GM \cdot \tan\theta \tag{4.2}$$

式(4.1)と(4.2)から，横傾斜角 θ は次式(4.3)として求められる．

$$\theta = \tan^{-1}\left(\frac{w \cdot l_H}{W \cdot GM}\right) \tag{4.3}$$

以上が船内貨物の横移動による横傾斜を解くための公式である．

例題1 船内貨物の横移動による横傾斜

長さ 100 [m]，幅 16 [m]，深さ 9 [m]，排水量（船体重量）10000 [t] の船が喫水 6 [m] で浮かび，メタセンタはセンターライン上のキールから 6.5 [m] の高さにある．この船体の重心がセンターライン上のキールから 5 [m] の高さにあるとき，重量 200 [t] の甲板上貨物を右に 9 [m] 横移動した場合の船体の横傾斜角度 [°] を求めよ．

〈エクセルによらない計算例〉

横傾斜の公式に基づき，例題1を解く方法を解説する．

① 問題内容を整理する

　船内貨物の横移動による横傾斜に関する公式を適用するために，問題内容を以下のように整理する．

- 船体

重量 $W = 10000$ [t]，重心 G の座標 $(CLG, KG) = (0, 5)$ [m]
キールからメタセンタまでの高さ $KM = 6.5$ [m]
重心からメタセンタまでの高さ $GM = KM - KG = 1.5$ [m]

- 横移動船内貨物

    重量 $w = 200$ [t]，移動距離 $l_H = +9$ [m]（正は右移動）

② 横傾斜角 θ を求める

式(4.3)を適用して，船体の横傾斜角 $\theta[°]$ を求める。

$$\theta = \tan^{-1}\left(\frac{w \cdot l_H}{W \cdot GM}\right) = \tan^{-1}\left(\frac{200 \cdot 9}{10000 \cdot 1.5}\right) = 6.843\,[°]$$

船体横傾斜角 θ は 6.843 [°]（正は右傾斜）となる。

〈エクセルによる計算例〉

前述のエクセルによらない計算例をエクセル・ワークシートに展開したものが図 4.2 である。エクセルの表計算機能による計算手順を図 4.2 に基づき，前述の計算例に沿って解説する。

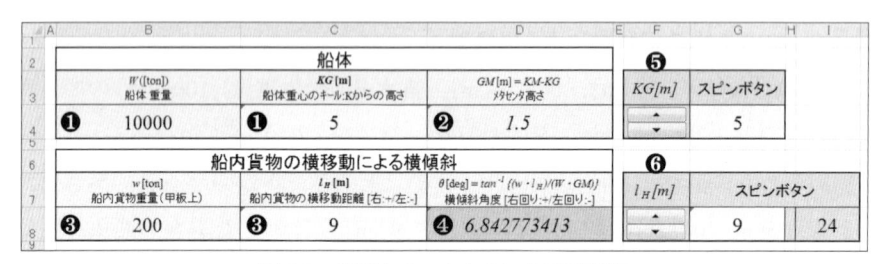

図 4.2 例題 1 のエクセルによる計算例

① 問題内容をワークシート上で整理する

❶ 船体の重量 {10000} を B4 に，重心のキール高さ {5} を C4 に入力する。

❷ D4 に =6.5-C4 を設定・計算し，メタセンタ高さ $GM = 1.5$ [m] が得られる。

❸ 船内貨物の重量 {200} を B8 に，横移動距離 {9} を C8 に入力する。

② 横傾斜角 θ を求める

❹ 式(4.3)に基づき，D8 に =DEGREES(ATAN((B8*C8)/(B4*D4))) を設定・計算すると，船体横傾斜角度 θ = 6.843 [°] が得られる。

以上のとおりエクセル・ワークシート上で計算することにより，船内貨物の横移動による横傾斜角を得ることができた。例題1の入力項である船内貨物の重量や横移動距離，船体の重量や重心高さなどの設定値を変更すれば，対応した横傾斜角度を求めることができる。

③ スピンボタンで簡単シミュレーション

前述の手入力による設定値変更に代えて，スピンボタンを利用した設定値変更について解説する。

例題1の入力項である船体の重心高さ KG と船内貨物横移動距離 l_H の設定値をスピンボタンにより変更することを試みる。

§1.6.4 スピンボタンで解説された操作を適用し，船内貨物横移動距離 l_H と船体の重心高さ KG を対象としたスピンボタンを設定する手順を以下に示す。

❺ 船体の重心高さ KG のスピンボタンによる入力設定

図4.2に示すように重心高さ KG のスピンボタンを配し，スピンボタンの[コントロール書式]の[最小値]に{2}，[最大値]に{6}，[変化の増分]に{1}を入力し，[リンクするセル]として G4 を設定し，エクセル計算の船体重心高さ KG の入力項である C4 に =G4 を設定する。

❻ 船内貨物横移動距離 l_H のスピンボタンによる入力設定

図4.2に示すように船内貨物横移動距離 l_H のスピンボタンを配し，スピンボタンの[コントロール書式]の[最小値]に{0}，[最大値]に{30}，[変化の増分]に{6}を入力し，[リンクするセル]として I8 を設定する。G8 に =I8-15，エクセル計算の船内貨物横移動距離 l_H の入力項である C8 に =G8 を設定する。

以上より，スピンボタンを操作することで船体重心高さ KG と船内貨物横移動距離 l_H の設定値を変更し，対応した横傾斜角度が計算・表示される簡単なシミュレーションが実行できるようになった。

〈エクセルによるグラフ作成例〉

　例題1のエクセルによる計算結果を同じワークシート上で図解したものが図4.3 である。船内貨物，船体重心と浮心の移動状況，旧と新の水線，メタセンタ，船体断面形状をセンターライン CL とキール K を原点とした散布図でグラフ表示したものであり，船内貨物の横移動による横傾斜の原理や現象を直感的に理解できるものとなっている。以下に，エクセルによるグラフ作成手順を図4.3 に基づき解説する。

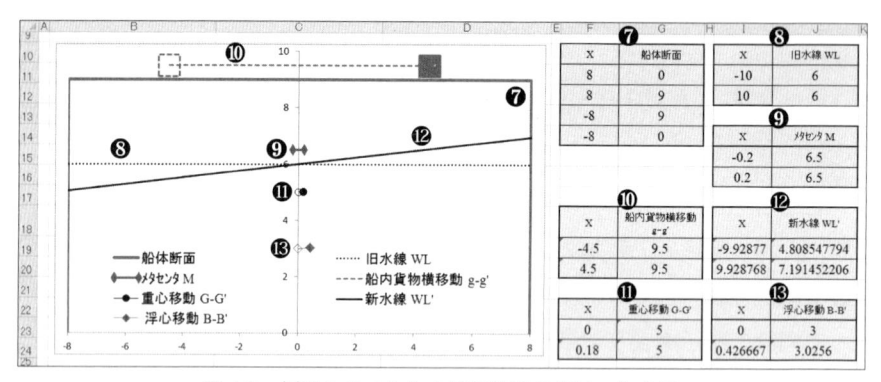

図4.3　例題1のエクセル演算結果のグラフ作成例

① 　船体断面，メタセンタ M と旧水線 WL を描く

　❼　船体断面を描く

　　船体断面座標データを作成し，船体断面をグラフ表示する。

　　船体断面データ系列 $(X1, Y1) \sim (X4, Y4)$ の座標値を次表のとおり F11:G14 に，系列名 {船体断面} を G10 に入力する。

船体断面データ系列	座標値　入力データ	入力セル
$(X1, Y1)$	({8}, {0})	(F11 , G11)
$(X2, Y2)$	({8}, {9})	(F12 , G12)
$(X3, Y3)$	({-8}, {9})	(F13 , G13)
$(X4, Y4)$	({-8}, {0})	(F14 , G14)

船体断面データ系列について，§1.3.5 散布図グラフ(1)で解説された操作を適用し，船体断面データ系列を散布図グラフで折れ線表示する。

❽ 旧水線 WL を描く

旧水線 WL の座標データを作成し，旧水線 WL をグラフ表示する。

旧水線データ系列 (WXP, WYP)，(WXS, WYS) の座標値を次表のとおり I11:J12 に，系列名 {旧水線 WL} を J10 に入力する。

旧水線データ系列	座標値 入力データ	入力セル
(WXP, WYP)	({-10}, {6})	(I11 , J11)
(WXS, WYS)	({10}, {6})	(I12 , J12)

旧水線データ系列について，§1.3.5 散布図グラフ(1)❺❻で解説された操作を応用し，旧水線データ系列の直線をグラフに追加表示する。

❾ メタセンタ M を描く

メタセンタ位置の座標データを作成し，メタセンタ位置をグラフ表示する。

メタセンタデータ系列 (MXP, KM)，(MXS, KM) の座標値を次表のとおり I15:J16 に，系列名 {メタセンタ M} を J14 に入力する。

メタセンタデータ系列	座標値 入力データ	入力セル
(MXP, KM)	({-0.2}, {6.5})	(I15 , J15)
(MXS, KM)	({0.2}, {6.5})	(I16 , J16)

❽と同様に，グラフにメタセンタデータ系列を追加表示する。

② 船内貨物の横移動 g-g′ と船体重心移動 G-G′ を描く

❿ 船内貨物の横移動 g-g′ を描く

船内貨物横移動の移動元と移動先の座標データを作成し，船内貨物の横移動 g-g′ をグラフ表示する。

船内貨物横移動データ系列 g (CLg, Kg)，g′ (CLg', Kg') の座標値を次表のとおり F19:G20 に，系列名 {船内貨物横移動 g-g′} を G18 に入力する。

船内貨物横移動 データ系列	座標値 入力データと関数	入力セル
$g\,(CLg,\,Kg)$	(=-C8/2 , {9.5})	(F19 , G19)
$g'\,(CLg',\,Kg')$	(=C8/2 , {9.5})	(F20 , G20)

❽と同様に，船内貨物横移動データ系列の直線をグラフに追加表示する。

船内貨物横移動データ系列について，§1.3.5 散布図グラフ(2)❷〜❹で解説された操作を適用し，グラフ上の船内貨物横移動データ系列を■マークで表示する。

船内貨物横移動データ系列のデータ要素の移動元 g について，§1.3.5 散布図グラフ(2)❷〜❹で解説された操作を応用し，船内貨物横移動データ系列のデータ要素の移動元 g を□マークで表示する。

⓫ 船体重心移動 G-G′ を描く

旧と新の船体重心の座標データを作成し，船体重心移動 G-G′ をグラフ表示する。

船体重心横移動データ系列 G($CLG,\,KG$)，G′($CLG',\,KG'$) の座標値を次表のとおり F23:G24 に，系列名 {重心移動 G-G′} を G22 に入力する。

船内重心横移動 データ系列	座標値 入力データと関数	入力セル
$G\,(CLG,\,KG)$	({0} , =C4)	(F23 , G23)
$G'\,(CLG',\,KG')$	(=(B8*C8)/B4 , =C4)	(F24 , G24)

❿と同様に，船体重心横移動データ系列の直線をグラフに追加表示し，船体重心横移動データ系列を●マークで表示し，データ要素の旧の重心位置 G を○マークに変更表示する。

③ 新水線 WL′ と浮心移動 B-B′ を描く

⓬ 新水線 WL′ を描く

新水線 WL′ の座標データを作成し，新水線 WL′ をグラフ表示する。

新水線データ系列（WXP', WYP'），（WXS', WYS'）の座標値を次表のとおり I19:J20 に，系列名 {新水線 WL'} を J18 に入力する。

新水線 データ系列	座標値 入力データと関数	入力セル
(WXP', WYP')	(=-10*COS(RADIANS(D8)) , =-10*SIN(RADIANS(D8))+6)	(I19 , J19)
(WXS', WYS')	(=10*COS(RADIANS(D8)) , =10*SIN(RADIANS(D8))+6)	(I20 , J20)

❽と同様に，新水線データ系列の直線をグラフに追加表示する。

⓭ 浮心移動 B-B' を描く

旧と新の浮心の座標データを作成し，浮心移動 B-B' をグラフ表示する。

浮心移動データ系列 B(CLB, KB)，B'(CLB', KB') の座標値を次表のとおり I23:J24 に，系列名 {浮心移動 B-B'} を J22 に入力する。

浮心移動 データ系列	座標値 入力データと関数	入力セル
B(CLB, KB)	({0}, {3})	(I23 , J23)
B'(CLB', KB')	(=(POWER(16,2)*TAN(RADIANS(D8)))/(12*6) , =POWER(16*TAN(RADIANS(D8)),2)/(24*6)+3)	(I24 , J24)

❿と同様に，浮心移動データ系列の直線をグラフに追加表示し，浮心移動データ系列を◆マークで表示し，データ要素の旧の浮心位置 B を◇マークに変更表示する。

以上の解説により，船内貨物の横移動による横傾斜を演算・グラフ表示し，スピンボタンによる簡単なシミュレーションもできるエクセル・ワークシートが得られた。

図 4.4 はスピンボタンを使って，例題 1 の甲板上貨物の横移動距離 l_H を左に 9 [m] に変更した場合と，さらに船体重心キール高さ KG を 6 [m] に変更した場合をシミュレーションしたグラフである。このように，スピンボタンのクリ

ックひとつで，船体重心上昇や船内貨物横移動量の横傾斜への影響をグラフで，直感的に確認することができる．

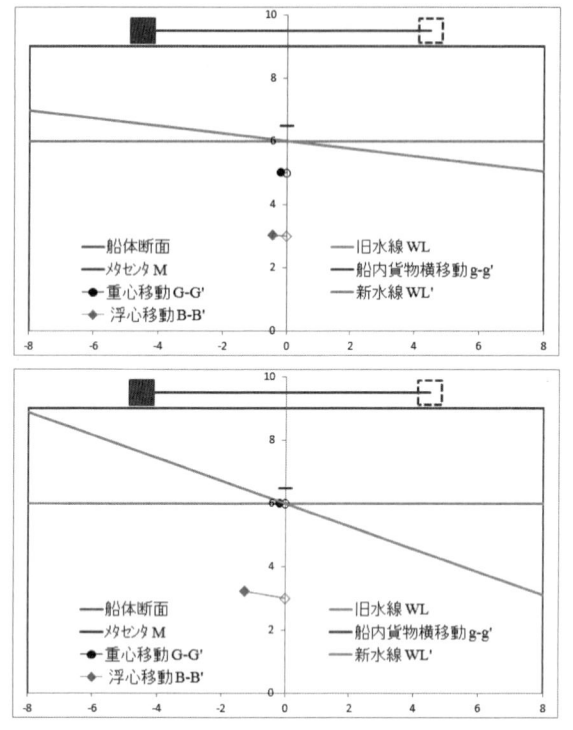

上図は例題1の甲板上貨物の横移動距離 l_H を左に9[m]にした場合を示し，下図は上図の状態の船体重心キール高さ KG を6[m]にした場合を示す．

図4.4　スピンボタンによる横傾斜シミュレーション

4.1.2　縦傾斜（トリム）

図4.5に示すように，船外の貨物を積載した場合，船体は平行沈下，縦傾斜（トリム）する．この平行沈下と縦傾斜により生ずる新たな船首尾喫水を求めてみる．

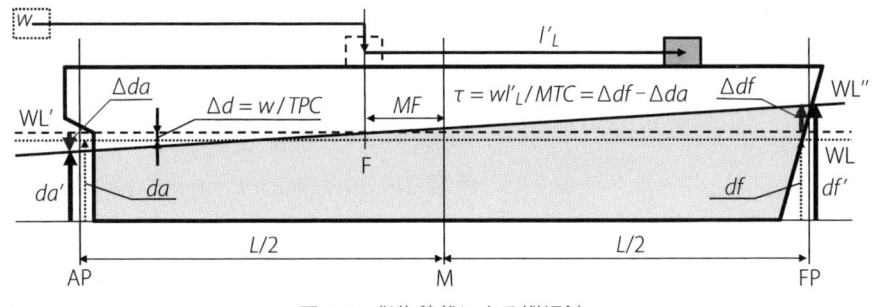

図4.5 貨物積載による縦傾斜

　貨物を積載すると平行沈下と縦傾斜モーメントによる縦傾斜が重複して発生し，複雑な喫水変化を生ずる。このような場合には，図 4.5 に示すように，①浮面心 F 上への貨物積載による平行沈下と②積載位置までの貨物船内移動による縦傾斜の 2 つの喫水変化に分けて捉え，新たな喫水を求めることができる。図 4.5 に基づき，各喫水変化の内容と関連公式について，順を追って解説する。

① 浮面心 F 上への貨物積載による平行沈下

　排水量に比し小さい重量を水線面の重心である浮面心 F 上に積載した場合，船体は縦傾斜を発生せず，旧水線 WL に平行に沈下し，新たな水線 WL′ で浮かぶことになる。

　積載貨物重量 w[t] を浮面心 F 上に積載した際の喫水の平行沈下量 Δd[cm] は積載貨物重量 w と毎センチ排水トン数（Tons Per Centimeter Immersion）TPC[t/cm] から式(4.4)で得られる。

$$\Delta d = \frac{w}{TPC} \tag{4.4}$$

② 積載位置までの貨物船内移動による縦傾斜

　水線 WL′ で浮かぶ船体の浮面心上貨物を積載位置まで船内移動すると縦傾斜が発生し，船首尾喫水が変化し，新たな水線 WL″ で浮かぶことになる。

　縦傾斜量 τ[cm] は積載貨物重量 w，浮面心 F から積載位置までの距離 l'_L[m] と毎センチトリムモーメント（Moment to change Trim One Centimeter）MTC[t·m/cm] から式(4.5)で得られる。

$$\tau = \frac{w \cdot l'_L}{MTC} \tag{4.5}$$

縦傾斜による船首喫水の変化量 Δdf [cm] と船尾喫水の変化量 Δda [cm] の絶対値の和が縦傾斜量 τ であり，縦傾斜による船首尾喫水の変化量 Δdf と Δda は浮面心から船体中央までの距離 MF [m]，船長 L [m] と縦傾斜量 τ から式(4.6)と(4.7)として得られる。

$$\Delta df = \tau \frac{L/2 + MF}{L} \tag{4.6}$$

$$\Delta da = -\tau \frac{L/2 - MF}{L} \tag{4.7}$$

①と②を重ね合わせると，新船首喫水 df' [cm] は旧船首喫水 df [cm] に平行沈下量 Δd と縦傾斜による船首喫水の変化量 Δdf を加えた式(4.8)で求められ，同様に，新船尾喫水 da' [cm] は旧船尾喫水 da [cm] に平行沈下量 Δd と縦傾斜による船尾喫水の変化量 Δda を加えた式(4.9)で求められる。

$$df' = df + \Delta d + \Delta df = df + \frac{w}{TPC} + \frac{w \cdot l'_L}{MTC} \cdot \frac{L/2 + MF}{L} \tag{4.8}$$

$$da' = da + \Delta d + \Delta da = da + \frac{w}{TPC} - \frac{w \cdot l'_L}{MTC} \cdot \frac{L/2 - MF}{L} \tag{4.9}$$

以上が貨物積載による縦傾斜，喫水変動を解くための公式である。

例題2　貨物積載による縦傾斜

船長 100 [m] の船舶が船首喫水 2.9 [m]，船尾喫水 3.3 [m] で浮かび，この喫水における浮面心は船体中央（ミジップ）後方 4 [m] にあり，毎センチ排水トン数は 8 [t/cm]，毎センチトリムモーメントは 36 [t·m/cm] である。岸壁上の重量 200 [t] の貨物を，この船舶の船体中央（ミジップ）前方 26 [m] の所に積載したときの船首尾喫水 [m] を求めよ。

〈エクセルによらない計算例〉

前述の公式に基づき，例題2を解く方法を解説する。

① 問題内容を整理する

　　貨物積載による縦傾斜に関する公式を適用するために，問題内容を以下のように整理する。

CHAPTER 4　エクセルで解く商船学の問題

- 船体

    船体の船長 $L = 100\,[\mathrm{m}]$, 船首喫水 $df = 2.9\,[\mathrm{m}]$, 船尾喫水 $da = 3.3\,[\mathrm{m}]$

    浮面心の船体中央（ミジップ）からの距離 $MF = +4\,[\mathrm{m}]$（正は後方）

    毎センチ排水トン数 $TPC = 8\,[\mathrm{t/cm}]$

    毎センチトリムモーメント $MTC = 36\,[\mathrm{t \cdot m/cm}]$

- 積載貨物

    重量 $w = 200\,[\mathrm{t}]$

    船体中央から積載位置までの距離 $l_L = +26\,[\mathrm{m}]$（正は前方）

    浮面心から積載位置までの距離 $l'_L = l_L + MF = +30\,[\mathrm{m}]$（正は前方）

② 新しい船首喫水 df' と船尾喫水 da' を求める

　　式(4.8)と(4.9)を適用して，新しい船首喫水 df' と船尾喫水 da' を求める。

$$df' = df + \frac{w}{TPC} + \frac{w \cdot l'_L}{MTC} \cdot \frac{L/2 + MF}{L}$$

$$= 290 + \frac{200}{8} + \frac{200 \cdot 30}{36} \cdot \frac{100/2 + 4}{100} = 405.0\,[\mathrm{cm}] = 4.05\,[\mathrm{m}]$$

$$da' = da + \frac{w}{TPC} - \frac{w \cdot l'_L}{MTC} \cdot \frac{L/2 - MF}{L}$$

$$= 330 + \frac{200}{8} - \frac{200 \cdot 30}{36} \cdot \frac{100/2 - 4}{100} = 278.3\,[\mathrm{cm}] = 2.783\,[\mathrm{m}]$$

　　新しい船首喫水 df' は $4.05\,[\mathrm{m}]$, 船尾喫水 da' は $2.783\,[\mathrm{m}]$ となる。

〈エクセルによる計算例〉

　　前述のエクセルによらない計算例をエクセル・ワークシートに展開したものが図 4.6 である。エクセルの表計算機能による計算手順を図 4.6 に基づき，前述の計算例に沿って解説する。

① 問題内容をワークシート上で整理する

　❶ 船体の長さ {100} を C3 に，船首喫水 {2.9} を E3 に，船尾喫水 {3.3} を G3 に入力する。

　❷ 浮面心の船体中央からの距離 {4} を I3 に，毎センチ排水トン数 {8} を K3 に，毎センチトリムモーメント {36} を M3 に入力する。

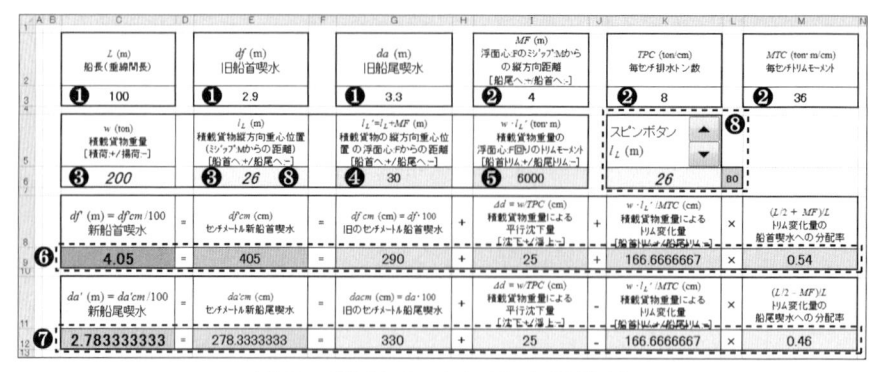

図 4.6 例題 2 のエクセルによる計算例

❸ 積載貨物の重量 {200} を C6 に，船体中央から積載位置までの距離 {26} を E6 に入力する。

❹ G6 に =E6+$I$3 を設定・計算し，浮面心から積載位置までの距離 $l'_L = 30$ [m] が得られる。

② 新しい船首喫水 df' と船尾喫水 da' を求める

❺ I6 に =C6*G6 を設定・計算し，トリムモーメント $wl'_L = 6000$ [t・m] が得られる。

❻ 旧のセンチメートル船首喫水 $dfcm$ [cm]，積載貨物重量による平行沈下量 Δd [cm] とトリム変化量 τ [cm]，トリム変化量の船首喫水への分配率 $(L/2 + MF)/L$ について，下表のとおり，対応するセルに関数を設定し，新しい船首喫水 df' [m] を求める。

設定対象	セル	関数
旧のセンチメートル船首喫水 $dfcm$ [cm]	G9	=E3*100
平行沈下量 Δd [cm]	I9	=C6/K3
トリム変化量 τ [cm]	K9	=I6/M3
トリム変化量の船首喫水分配率 $(L/2+MF)/L$	M9	=(C3/2+I3)/C3
新しいセンチメートル船首喫水 $df'cm$ [cm]	E9	=G9+I9+K9*M9
新しい船首喫水 df' [m]	C9	=E9/100

❼ 旧のセンチメートル船尾喫水 $dacm$[cm]，積載貨物重量による平行沈下量 Δd[cm]とトリム変化量 τ[cm]，トリム変化量の船尾喫水への分配率 $(L/2-MF)/L$ について，下表のとおり，対応するセルに関数を設定し，新しい船首喫水 da'[m]を求める。

設定対象	セル	関数
旧のセンチメートル船尾喫水 $dacm$[cm]	G12	=G3*100
平行沈下量 Δd[cm]	I12	=I9
トリム変化量 τ[cm]	K12	=K9
トリム変化量の船尾喫水分配率 $(L/2-MF)/L$	M12	=(C3/2−I3)/C3
新しいセンチメートル船尾喫水 $da'cm$[cm]	E12	=G12+I12−K12*M12
新しい船尾喫水 da'[m]	C12	=E12/100

以上のとおりエクセル・ワークシート上で計算することにより，貨物積載に伴い変動した船首尾喫水を数値として求めることができた。例題の入力項である貨物の重量や積載位置などの設定値を変更すれば，対応した船首尾喫水を求めることができる。

③ スピンボタンで簡単シミュレーション

前述の手入力による設定値変更に代えて，例題2の入力項である貨物積載位置 l_L の設定値をスピンボタンにより変更する方法について解説する。

§1.6.4 スピンボタンで解説された操作を適用し，貨物積載位置 l_L を対象としたスピンボタンを設定する手順を以下に示す。

❽ 図 4.6 に示すようにスピンボタンを配し，スピンボタンの [コントロール書式] の [最小値] に {10}，[最大値] に {100}，[変化の増分] に {10} を入力し，[リンクするセル] として L6 を設定する。K6 に =L6-50-$I$3，エクセル計算の貨物積載位置 l_L の入力項である E6 に =K6 を設定する。

以上より，スピンボタンを操作することで貨物積載位置 l_L の設定値を変更し，対応した船首尾喫水が計算・表示される簡単なシミュレーションが実行できるようになった。

〈エクセルによるグラフ作成例〉

例題 2 のエクセルによる計算結果を同じワークシート上で図解したものが図 4.7 である。船体形状，前部垂線，後部垂線，浮面心，積載貨物，旧と新の水線を，船体中央 M とキール K を原点とした散布図でグラフ表示したものであり，貨物積載による平行沈下，縦傾斜の原理や現象を直感的に理解できるものとなっている。以下に，エクセルによるグラフ作成手順を図 4.7 に基づき解説する。

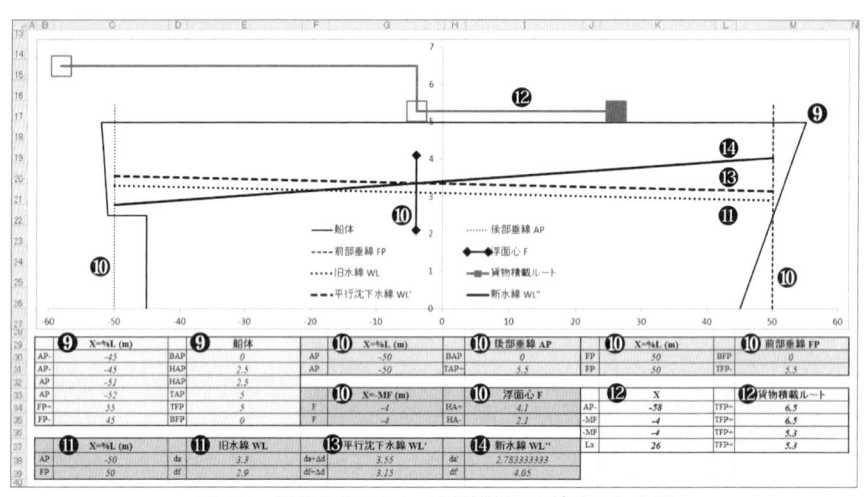

図 4.7 例題 2 のエクセル計算結果のグラフ作成例

① 船体，前部垂線 FP，後部垂線 AP，浮面心 F と旧水線 WL を描く
  ❾ 船体を描く
     船体の座標データを作成し，船体をグラフ表示する。
     船体データ系列 ($X1, Y1$)〜($X6, Y6$) の座標値を次表のとおり（ C30 ， E30 ）〜（ C35 ， E35 ）に，系列名 {船体} を E29 に入力する。
     船体データ系列について，船体断面データ系列を散布図グラフで折れ線表示する。

CHAPTER 4　エクセルで解く商船学の問題

船体データ系列	座標値 入力データ	入力セル
$(X1, Y1)$	$(\{-45\}, \{0\})$	(C30 , E30)
$(X2, Y2)$	$(\{-45\}, \{2.5\})$	(C31 , E31)
$(X3, Y3)$	$(\{-51\}, \{2.5\})$	(C32 , E32)
$(X4, Y4)$	$(\{-52\}, \{5\})$	(C33 , E33)
$(X5, Y5)$	$(\{55\}, \{5\})$	(C34 , E34)
$(X6, Y6)$	$(\{45\}, \{0\})$	(C35 , E35)

⑩　前部垂線 FP，後部垂線 AP，浮面心 F を描く

前部垂線，後部垂線，浮面心の座標データを作成し，前部垂線，後部垂線，浮面心をグラフ表示する。

前部垂線データ系列 ($FPXL, FPYL$)，($FPXU, FPYU$) の座標値を (K30 , M30)，(K31 , M31) に，系列名 {前部垂線 FP} を M29 に，後部垂線データ系列 ($APXL, APYL$)，($APXU, APYU$) の座標値を (G30 , I30)，(G31 , I31) に，系列名 {後部垂線 AP} を I29 に，浮面心データ系列 (FXU, FYU)，(FXL, FYL) の座標値を (G34 , I34)，(G35 , I35) に，系列名 {浮面心 F} を I33 に入力する。

各データ系列の座標値と入力セルをまとめ，次表に示す。

前部垂線データ系列	座標値 入力データ		入力セル	
$(FPXL, FPYL)$	$(\{50\}, \{0\})$		(K30 , M30)	
$(FPXU, FPYU)$	$(\{50\}, \{5.5\})$		(K31 , M31)	
後部垂線データ系列	座標値 入力データ		入力セル	
$(APXL, APYL)$	$(\{-50\}, \{0\})$		(G30 , I30)	
$(APXU, APYU)$	$(\{-50\}, \{5.5\})$		(G31 , I31)	
浮面心データ系列	座標値 関数		入力セル	
(FXU, FYU)	=-$I$3	=($E$3+$G$3)/2+1	(G34 , I34)	
(FXL, FYL)	=-$I$3	=($E$3+$G$3)/2-1	(G35 , I35)	

前部垂線，後部垂線，浮面心の各データ系列の直線をグラフに追加表示する。

❶ 旧水線 WL を描く

旧水線 WL の座標データを作成し，旧水線 WL をグラフ表示する。

旧水線データ系列（*WLXA*, *WLYA*），（*WLXF*, *WLYF*）の座標値を次表のとおり（ C38 , E38 ），（ C39 , E39 ）に，系列名 {旧水線 WL} を E37 に入力する。

旧水線データ系列	座標値 入力データと関数	入力セル
（*WLXA*, *WLYA*）	（{-50}, =G3 ）	（ C38 , E38 ）
（*WLXF*, *WLYF*）	（{50}, =E3 ）	（ C39 , E39 ）

旧水線データ系列の直線をグラフに追加表示する。

② 貨物積載移動ルートを描く

❷ 船外貨物位置から甲板上の積載位置までの貨物積載移動ルートを描く

元の船外貨物位置，浮面心上の貨物仮想積載位置，貨物積載位置の座標データを作成し，貨物積載移動ルートをグラフ表示する。

貨物積載移動ルートデータ系列（*WX1*, *WY1*）〜（*WX4*, *WY4*）の座標値を次表のとおり（ K34 , M34 ）〜（ K37 , M37 ）に，系列名 {貨物積載ルート} を M33 に入力する。

貨物積載移動ルートデータ系列	座標値 入力データと関数	入力セル
（*WX1*, *WY1*）	（{-58}, {6.5}）	（ K34 , M34 ）
（*WX2*, *WY2*）	（ =-$I$3 , {6.5}）	（ K35 , M35 ）
（*WX3*, *WY3*）	（ =-$I$3 , {5.3}）	（ K36 , M36 ）
（*WX4*, *WY4*）	（ =$E$6 , {5.3}）	（ K37 , M37 ）

貨物積載移動ルートデータ系列の折れ線をグラフに追加表示する。

グラフ上の貨物積載ルートデータ系列全体を■マークで表示し，次に，

元の船外貨物位置と貨物仮想積載位置のデータ要素のマークを□マークに変更・表示する。

③ 平行沈下水線 WL′ と新水線 WL″ を描く

⑬ 平行沈下水線 WL′ を描く

平行沈下水線 WL′ の座標データを作成し，平行沈下水線 WL′ をグラフ表示する。

平行沈下水線データ系列（WL′XA, WL′YA），（WL′XF, WL′YF）の座標値を次表のとおり（ C38 , G38 ），（ C39 , G39 ）に，系列名 {**平行沈下水線 WL′**} を G37 に入力する。

平行沈下水線 データ系列	座標値 入力データと関数	入力セル
(WL′XA, WL′YA)	({-50}, =E38+I9/100)	(C38 , G38)
(WL′XF, WL′YF)	({50}, =E39+I12/100)	(C39 , G39)

平行沈下水線データ系列の直線をグラフに追加表示する。

⑭ 新水線 WL″ を描く

新水線 WL″ の座標データを作成し，新水線 WL″ をグラフ表示する。

新水線データ系列（WL″XA, WL″YA），（WL″XF, WL″YF）の座標値を次表のとおり（ C38 , I38 ），（ C39 , I39 ）に，系列名 {**新水線 WL″**} を I37 に入力する。

新水線データ系列	座標値 入力データと関数	入力セル
(WL″XA, WL″YA)	({-50}, =C12)	(C38 , I38)
(WL″XF, WL″YF)	({50}, =C9)	(C39 , I39)

新水線データ系列の直線をグラフに追加表示する。

以上の解説により，貨物積載による平行沈下，縦傾斜と船首尾喫水を演算・グラフ表示し，スピンボタンによる簡単なシミュレーションもできるエクセル・ワークシートが得られた。

図 4.8 はスピンボタンを使って，例題 2 の貨物積載位置 l_L を -4 [m] すなわち浮面心 F 上とした場合と，-34 [m] に変更した場合をシミュレーションしたグラフである。スピンボタンをクリックすれば貨物積載位置の変更に伴う船首尾喫水の変動をグラフで，直感的に確認することができる。

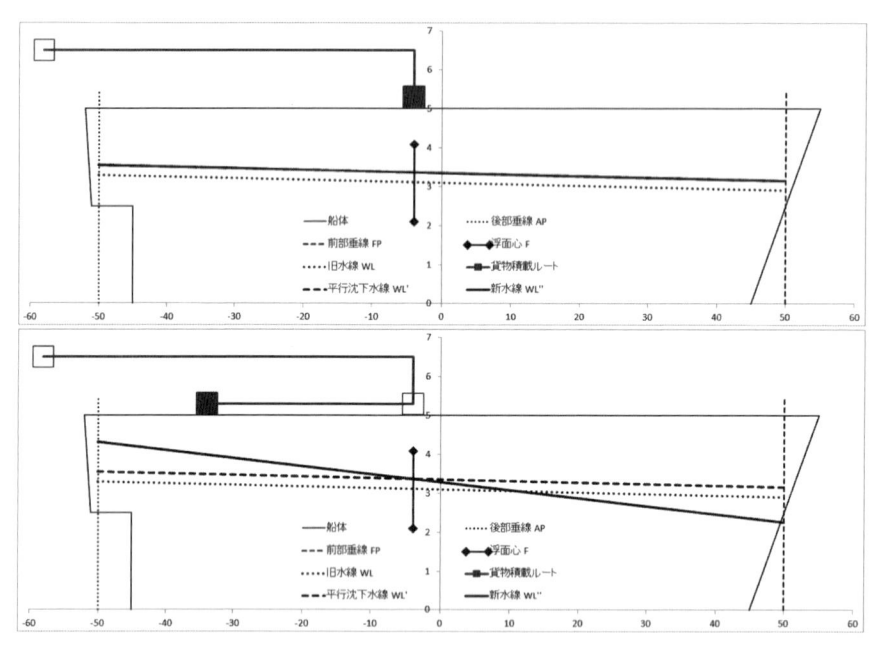

上図は例題 2 の貨物積載位置 l_L を -4[m] に，下図は -34[m] にした場合を示す。
図 4.8　スピンボタンによる縦傾斜シミュレーション

　本節で紹介したエクセル・ワークシートを作成・活用し，船内貨物の横移動による横傾斜と貨物積載による縦傾斜について，原理，現象と公式などを深く理解することを期待する。

4.2 航法の計算

4.2.1 航程の線航法

緯度・経度（経緯度）のわかっている 2 地点間の針路，航程を求めたり，起程地（出発地）の経緯度，針路，航程から着達地（到着地）の経緯度を求めたりすることを「航程の線航法」という。子午線に対して一定の角度（針路）を保って航走するもので，平面航法，距等圏航法，平均中分緯度航法，漸長緯度航法などがある。

（1） 平面航法

船が A 地点から B 地点まで航走するとき，両点があまり離れていない場合は地球表面を平面とみなすことができるので，直角三角形の公式が利用できる。航程（Dist.），針路（Co.），変緯（D.lat.）および東西距（Dep.）の 4 つの要素には図 4.9 の関係があり，このうちの 2 要素がわかれば他の 2 要素を知ることができる。東西距とは図 4.10 に示すように，地点を結ぶ航程の線を無数の子午線で分けて，その交点を通る無数の距等圏の総和である。

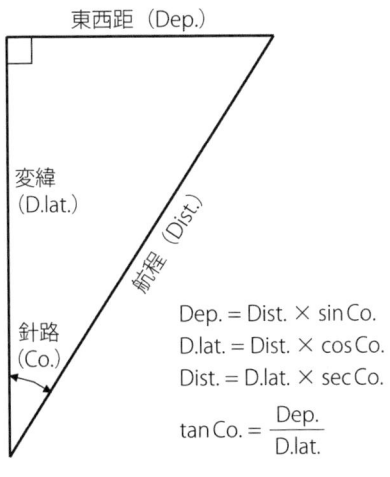

$$\text{Dep.} = \text{Dist.} \times \sin \text{Co.}$$
$$\text{D.lat.} = \text{Dist.} \times \cos \text{Co.}$$
$$\text{Dist.} = \text{D.lat.} \times \sec \text{Co.}$$
$$\tan \text{Co.} = \frac{\text{Dep.}}{\text{D.lat.}}$$

図 4.9　平面航法

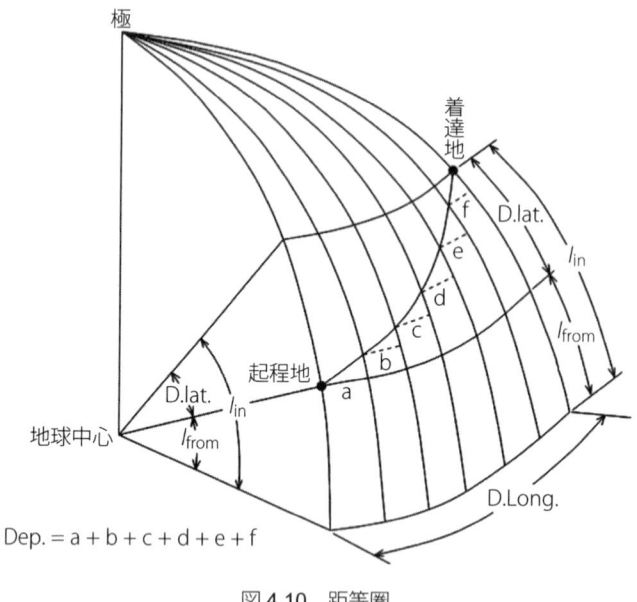

図4.10 距等圏

例題3　平面航法の計算

本船は 35°10′.0N，125°40′.0E の起程地から，真針路 S35°E に 280′航走した。着達地の緯度および東西距を求めよ。

〈エクセルによらない計算例〉

　　　　D.lat. = Dist. × cos Co.
　　　　　　 = 280′S'ly × cos 35° = 229′.4S'ly = 3°49′.4S'ly

ここで，S'ly（southerly）は南方への変位を示す。変位については，以下同様の表記を使う。

　　　　l_{in}（着達地の緯度）= l_{from}（起程地の緯度）+ D.lat.
　　　　　　 = 35°10′.0N − 3°49′.4S'ly = 31°20′.6N
　　Dep. = Dist. × sin Co. = 280′E'ly × sin 35° = 160′.6E'ly

<u>　　　　　　　　　　着達地の緯度 31°20′.6N，東西距 160′.6E'ly</u>

〈エクセルによる計算例〉

エクセルでは，35°10′.0 を直接入力することはできないし，このままの角度表示で計算することもできない。そこで，起程地の緯度（l_{from}）は C1 に度を，D1 に分を入力し，C2 のように分表示に変換する。また，三角関数の計算も角度ではなくラジアンで与える必要がある。そこで，RADIANS 関数を使って，C5 および C9 のように D.lat. と Dep. を計算する。着達地の緯度（l_{in}）は，C7 の値を ROUNDDOWN 関数で C8 のように度を計算し，残りを D8 のように分で表示する。

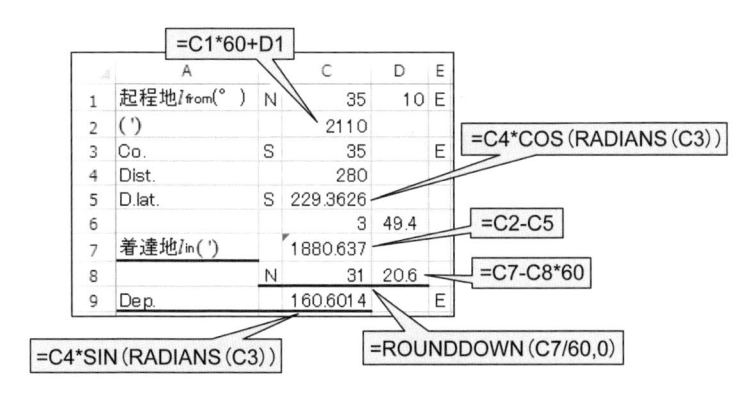

	A	B	C	D	E
1	起程地l_{from}(°)		N	35	10	E
2	(′)			2110	
3	Co.		S	35		E
4	Dist.			280	
5	D.lat.		S	229.3626	
6				3	49.4
7	着達地l_{in}(′)			1880.637	
8			N	31	20.6
9	Dep.			160.6014		E

- =C1*60+D1
- =C4*COS(RADIANS(C3))
- =C2−C5
- =C7−C8*60
- =C4*SIN(RADIANS(C3))
- =ROUNDDOWN(C7/60,0)

（2） 距等圏航法

船が距等圏上を，真東または真西に航走したときに用いられる航法である。なお，距等圏とは赤道に平行な小圏である。地球の中心を通る平面と地球表面との交わる変経（D.Long.）と航程（東西距）および距等圏の緯度（lat.）には図 4.11 の関係がある。

D.Long. = Dist. (Dep.) × sec lat.
Dist. (Dep.) = D.Long. × cos lat.

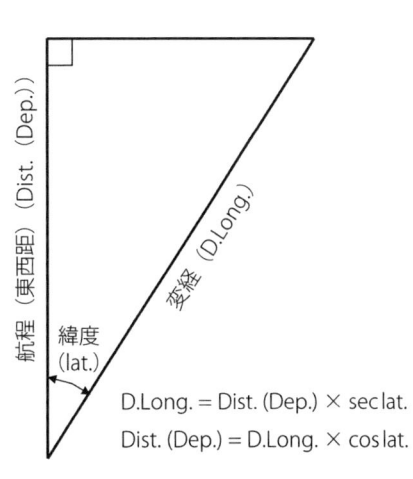

図 4.11 距等圏航法

例題 4 距等圏航法の計算

緯度 58°10′.0N において，某日正午から 12 ノットの速力で一昼夜，真針路 East で航走したときの，翌日における正午までの変経を求めよ。

〈エクセルによらない計算例〉

$$\text{Dist.} = \text{D.Long.} \times \sec \text{lat.} = 12'\text{E'ly} \times 24 = 288'\text{E'ly}$$
$$\text{D.Long.} = \text{Dist.} \times \sec \text{lat.} = 288'\text{E'ly} \times \sec 58°10'.0$$
$$= 546'.0\text{E'ly} = 9°06'.0\text{E'ly}$$

変経 9°06′.0E'ly

〈エクセルによる計算例〉

緯度は C1 に度を，D1 に分を入力し，C2 のように度表示に変換する。Dist.（航走距離）は，速力 C3 と航走時間 C4 から C5 を計算する。そして，D.Long.（変経）を C6 で計算し，RADIANS 関数を使って C7 のように計算し，残りを D7 のように分で表示する。

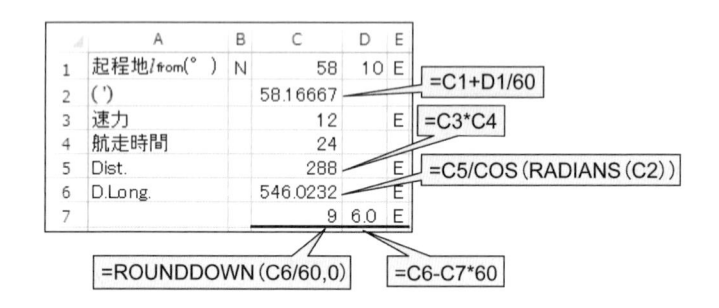

	A	B	C	D	E
1	起程地 lfrom(°)	N	58	10	E
2	(′)		58.16667		
3	速力		12		E
4	航走時間		24		
5	Dist.		288		E
6	D.Long.		546.0232		E
7			9	6.0	E

C2: =C1+D1/60
C5: =C3*C4
C6: =C5/COS(RADIANS(C2))
C7: =ROUNDDOWN(C6/60,0)
D7: =C6-C7*60

（3） 平均中分緯度航法

起程地と着達地の平均緯度を平均中分緯度とする。そして，両地点間の東西距は，平均中分緯度における両地点を通る子午線間の東西距に等しいと仮定して，平面航法と距等圏航法の公式を使って計算する航法である。この航法における各要素の関係は図 4.12 のとおりである。l_{from} は起程地の緯度，l_{in} は着達地の緯度，Mid.lat.は平均中分緯度である。

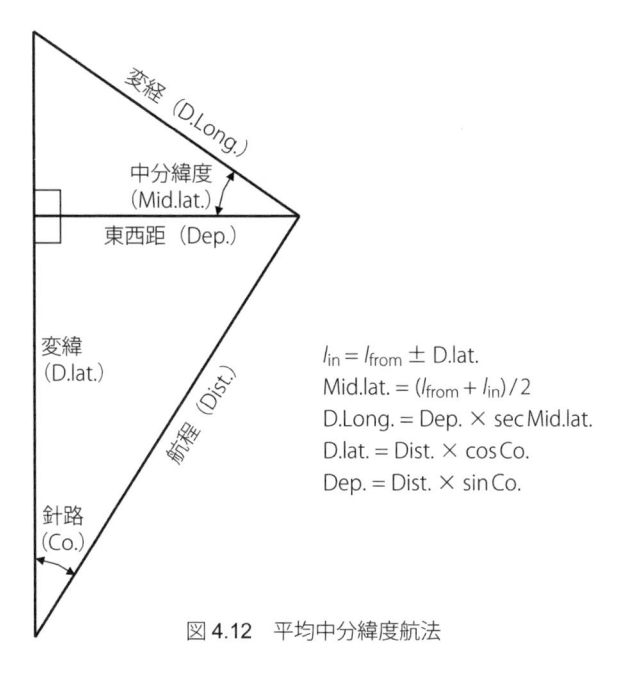

図 4.12 平均中分緯度航法

$l_{in} = l_{from} \pm$ D.lat.
Mid.lat. $= (l_{from} + l_{in})/2$
D.Long. $=$ Dep. $\times$ sec Mid.lat.
D.lat. $=$ Dist. $\times \cos$ Co.
Dep. $=$ Dist. $\times \sin$ Co.

例題 5　平均中分緯度航法

本船は 24°30′.0N，116°40′.0E の起程地から，真針路 N40°E に 375′航走した。着達地の経緯度を求めよ。

〈エクセルによらない計算例〉

D.lat. $=$ Dist. $\times \cos$ Co. $= 375′$N'ly $\times \cos 40° = 287′.3$N'ly

Dep. $=$ Dist. $\times \sin$ Co. $= 375′$E'ly $\times \sin 40° = 241′.0$E'ly

$l_{in} = l_{from} +$ D.lat. $= 24°30′$N $+ 4°47′.3$N'ly $= 29°17′.3$N

Mid.lat. $= \dfrac{l_{from} + l_{in}}{2} = \dfrac{24°30′.0\text{N} + 29°17′.3\text{N}}{2} = 26°53′.7$N

D.Long. $=$ Dep. $\times$ sec Mid.lat.
　　　　$= 241′.0$E'ly $+ \sec 26°53′.7 = 270′.3$E'ly $= 4°30′.3$E'ly

$L_{in} = L_{from} +$ D.Long. $= 116°40′.0 + 4°30′.3$E'ly $= 121°10′.3$E

<u>　　着達地の緯度 29°17′.3N，経度 121°10′.3E</u>

〈エクセルによる計算例〉

経緯度はそれぞれ C2 と G2 のように分表示に変換する。D.lat.（変緯）は C5 ，Dep.（航程）は C6 のように計算する。そして，着達地の緯度（l_{in}）は C7（度分表示 C8 ，D8 ）となる。中分緯度（M.lat.）は C9（度表示 C10 ）で計算し，さらに D.Long. を G11 で計算する。そして，着達地の経度（L_{in}）を G12 で計算する。

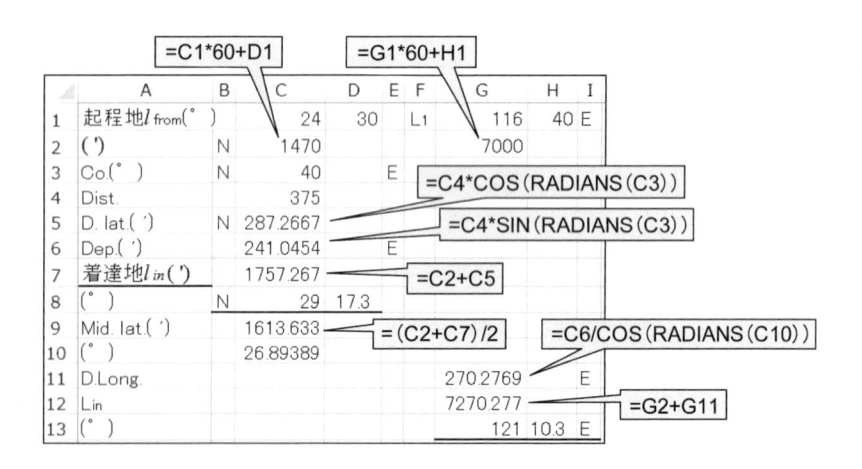

	A	B	C	D	E	F	G	H	I
1	起程地 l_{from}(°)		24	30	L1		116	40	E
2	(′)	N	1470				7000		
3	Co.(°)	N	40		E				
4	Dist.		375						
5	D. lat.(′)	N	287.2667						
6	Dep.(′)		241.0454		E				
7	着達地 l_{in}(′)		1757.267						
8	(°)	N	29	17.3					
9	Mid. lat.(′)		1613.633						
10	(°)		26.89389						
11	D.Long.						270.2769		E
12	Lin						7270.277		
13	(°)						121	10.3	E

C2: =C1*60+D1
G2: =G1*60+H1
C5: =C4*COS(RADIANS(C3))
C6: =C4*SIN(RADIANS(C3))
C7: =C2+C5
C9: =(C2+C7)/2
C10: =C6/COS(RADIANS(C10))
G12: =G2+G11

（4）漸長緯度航法

中分緯度航法では，航程が極端に長い場合や高緯度では誤差が大きくなる。これを改善したのが漸長緯度航法である。この航法は，漸長図の理論を利用して航程の線の各要素を求める航法である。漸長図は，航海に使用される主要な海図であるが，両極に集まる子午線を，赤道上の間隔で平行に描いたものである。このため，子午線の間隔は両極に近づくにつれて左右に広げられていく。そこで，その広げられた割合で緯度の間隔も上下に引き延ばして描かれる。すなわち，両極に近づくにつれて，緯度の間隔が引き延ばされているので漸長図と言われ，図 4.13 に示すように航程の線を直線で表すことができる。

任意の緯度 l に対する漸長緯度 M は，次式で求まる。

$$M = 7915'.7 \log_{10} \tan\left(45° + \frac{l}{2}\right) - 23'.1 \sin l$$

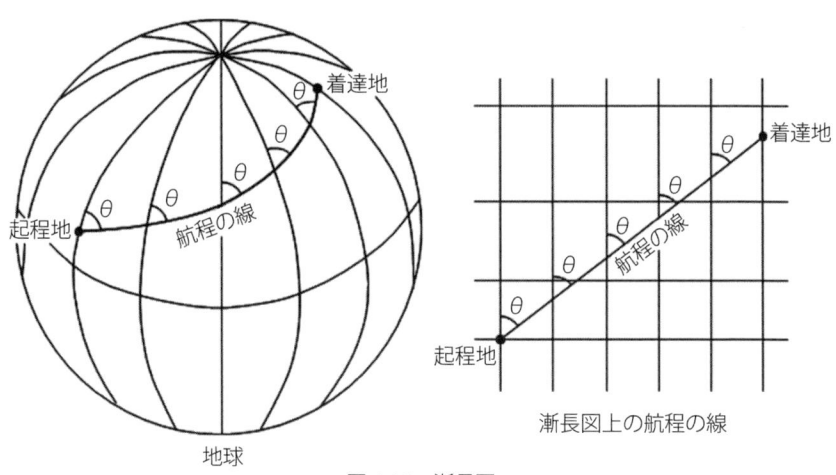

図 4.13　漸長図

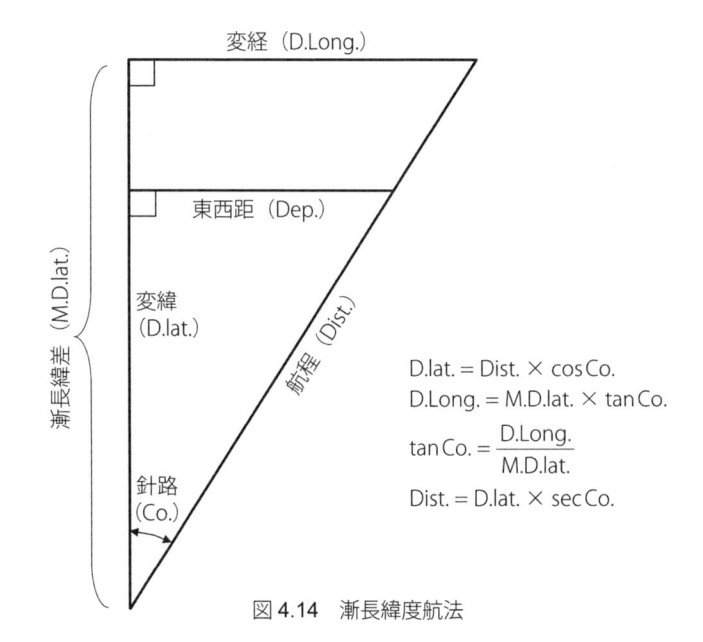

D.lat. = Dist. × cos Co.
D.Long. = M.D.lat. × tan Co.
$$\tan Co. = \frac{D.Long.}{M.D.lat.}$$
Dist. = D.lat. × sec Co.

図 4.14　漸長緯度航法

この航法における各要素の関係は、漸長緯度差を M.D.lat. とすると図 4.14 のとおりである。

<u>例題</u>6　漸長緯度航法の計算

本船は 36°20′.0N，128°40′.0E の起程地から、真針路 S30°E に 642′ 航走した。着達地の経緯度を求めよ。

〈エクセルによらない計算例〉

D.lat. = Dist. × cos Co. = 642′ × cos 30° = 556′.0S'ly = 9°16′.0S'ly

l_{in} = l_{from} + D.lat. = 36°20′.0N + 9°16′.0S'ly = 25°04′.0N

$$M(l_{from}) = 7915'.7 \log_{10} \tan\left(45° + \frac{36°20'.0}{2}\right) - 23'.1 \sin 36°20'.0$$
$$= 2329'.1N$$

$$M(l_{in}) = 7915'.7 \log_{10} \tan\left(45° + \frac{25°04'.0}{2}\right) - 23'.1 \sin 25°04'.0$$
$$= 1544'.6N$$

M.D.lat. = l_{from} − l_{in} = 2329′.1N − 1544′.6N = 784′.4S'ly

D.Long. = 784′.4 × tan 30° = 452′.9E'ly = 7°32′.9E'ly

L_{in} = L_{from} + D.Long. = 128°40′.0E + 7°32′.9E'ly = 136°12′.9E

<u>着達地の緯度 25°04′.0N，経度 136°12′.9E</u>

〈エクセルによる計算例〉

D.lat.（変緯）は C6 のように計算し、着達地の緯度（l_{in}）は C7 （度分表示 C8 ， D8 ）となる。次に、起程地の緯度（l_{from}）と着達地の緯度（l_{in}）に対する漸長緯度をそれぞれ C10 および C11 で求める。そして漸長緯度差（M.D.lat.）を C12 で求める。これらから変経（D.Long.）は G13 のように計算でき、着達地の経度（L_{in}）を G14 のように計算する。

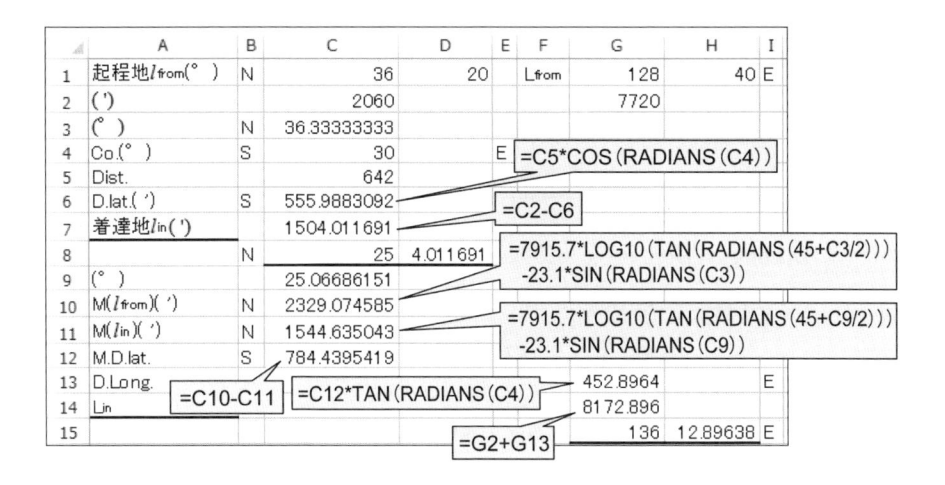

CHAPTER 4　エクセルで解く商船学の問題

	A	B	C	D	E	F	G	H	I
1	起程地 *l*from(°)	N	36	20		L from	128	40	E
2	(')		2060				7720		
3	(°)	N	36.33333333						
4	Co.(°)	S	30		E	=C5*COS(RADIANS(C4))			
5	Dist.		642						
6	D.lat.(')	S	555.9883092			=C2-C6			
7	着達地 *l*in(')		1504.011691						
8		N	25	4.011691		=7915.7*LOG10(TAN(RADIANS(45+C3/2)))			
9	(°)		25.06686151			-23.1*SIN(RADIANS(C3))			
10	M(*l*from)(')	N	2329.074585			=7915.7*LOG10(TAN(RADIANS(45+C9/2)))			
11	M(*l*in)(')	N	1544.635043			-23.1*SIN(RADIANS(C9))			
12	M.D.lat.	S	784.4395419						
13	D.Long.		=C10-C11	=C12*TAN(RADIANS(C4))			452.8964		E
14	Lin						8172.896		
15						=G2+G13	136	12.89638	E

（5） 連針路航法

　船が航海する場合，いろいろと針路を変えながら航走するのが普通である。そこで，これらの針路と航程から着達地を求めたり，起程地から着達地まで直航したと考えた場合の針路と航程を求める方法である。

例題 7　連針路航法の計算

　本船は 28°30'.0N，140°28'.0E の起程地から，右表のように航走した。着達地の経緯度，直航針路，直航航程を求めよ。

針路	航程
N48°E	120'
S63°W	90'
S20°E	65'
S85°E	70'
S75°E	40'

〈エクセルによらない計算例〉

　最初に，D.lat. および Dep. を平面航法から表のように求める。

Dist.	Co.	D.lat.		Dep.	
		N	S	E	W
120	48	80.29567		89.17738	
90	63		40.85914		80.19059
65	20		61.08002	22.23131	
70	85		6.100902	69.73363	
40	75		10.35276	38.63703	
			38.09716	139.5888	

191

そして，平均中分緯度航法を使って以下のように着達地の経緯度，直航針路，直航航程を求める。

$l_{in} = l_{from} + D.lat. = 28°30'.0N + 38'.10S'ly = 27°51'.9N$

$M.lat. = \dfrac{l_{from} + l_{in}}{2} = \dfrac{28°30'.0 + 27°51'.9}{2} = 28°11'.0N$

$D.Long. = Dep. \times \sec Mid.lat. = 139'.59E'ly \times \sec 27°51'.9 = 158'.4E'ly$

$L_{in} = L_{from} + D.Long. = 140°28'.0E + 158'.4E'ly = 143°06'.4E$

$Co. = \tan^{-1}\left(\dfrac{Dep.}{D.lat.}\right) = \tan^{-1}\left(\dfrac{139'.59E'ly}{38'.10S'ly}\right) = S74°44'.1E$

$Dist. = D.lat. \times \sec Co. = 38'.10S'ly \times \sec 74°44'.1 = 144'.7$

<u>着達地の緯度 27°51'.9N，経度 143°06'.4E</u>
<u>直航針路 S74°.7E，直航航程 144'.7</u>

〈エクセルによる計算例〉

エクセルによらない計算例で示した表を作成し，合計の D.lat.（変緯）と Dep.（東西距）を求める（ただし，D.lat. は North が＋，Dep. は East が＋）

	A	B	C	D	E	F
1	Dist.	Co.	D.lat.		Dep.	
2			N	S	E	W
3	120	48	80.29567		89.17738	
4	90	63		40.85914		80.19059
5	65	20		61.08002	22.23131	
6	70	85		6.100902	69.73363	
7	40	75		10.35276	38.63703	
8			−38.09715636		139.5887631	

C3: =A3*COS(RADIANS(B3))
E3: =A3*SIN(RADIANS(B3))
C8: =SUM(C3:C7)-SUM(D3:D7)
E8: =SUM(E3:E7)-SUM(F3:F7)

そして，D.lat. と Dep. を計算シートの C3 と G8 に入力する。まず，着達地の緯度（l_{in}） C4 （度分表示 C5 ， D5 ）を求める。次に，中分緯度航法を使って平均中分緯度 C6 と変経（D.Long.） G9 を求め，着達地の経度 G10 （度分表示 G11 ， H11 ）を求める。そして，直航針路を C12 ，直航航程を C14 として計算する。

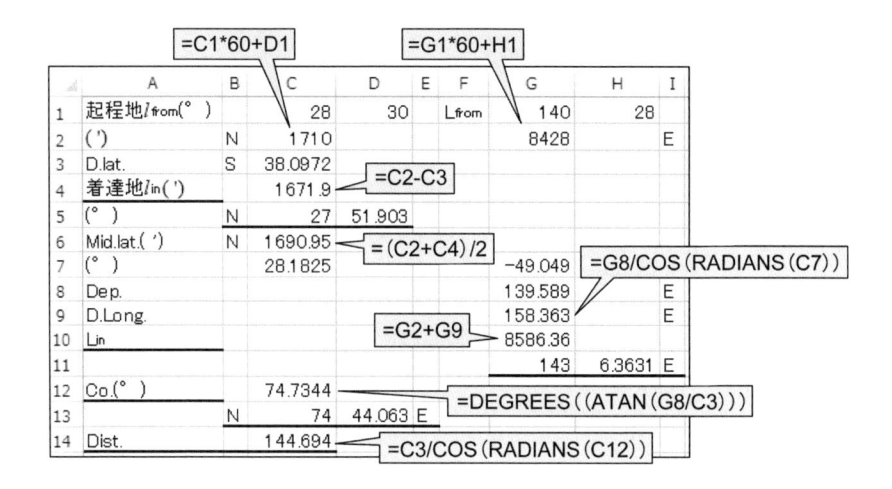

	A	B	C	D	E	F	G	H	I
1	起程地 *l*from(°)		28	30		L from	140	28	
2	(′)	N	1710				8428		E
3	D.lat.	S	38.0972						
4	着達地 *l*in (′)		1671.9						
5	(°)	N	27	51.903					
6	Mid.lat.(′)	N	1690.95						
7			28.1825				−49.049		
8	Dep.						139.589		
9	D.Long.						158.363		E
10	Lin						8586.36		
11							143	6.3631	E
12	Co.(°)		74.7344						
13		N	74	44.063	E				
14	Dist.		144.694						

C1 セル: =C1*60+D1
G1 セル: =G1*60+H1
=C2−C3
=(C2+C4)/2
=G8/COS(RADIANS(C7))
=G2+G9
=DEGREES((ATAN(G8/C3)))
=C3/COS(RADIANS(C12))

（6） 流潮航法

　船が海潮流の影響を受けた場合，船首方向には進まない。実際に進む方向（実航針路）と速力（実航速力）は，船首方向と対水速力および海潮流の流向・流速によって決まる。これらの要素をベクトル表示すると図4.15に示すようになり，これらから未知の要素を算出する航法を流潮航法という。

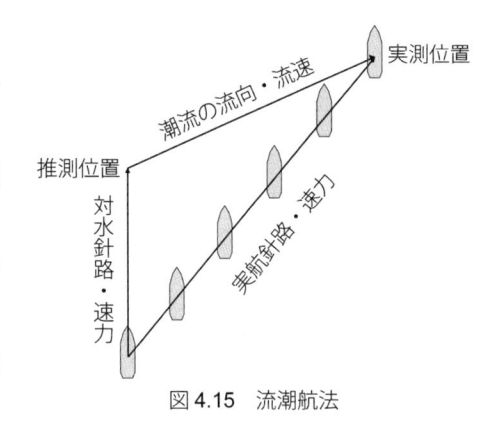

図4.15　流潮航法

例題8　流潮航法の計算

　本船が050°に4ノットで流れる海流を横切り，針路310°に8ノットの速力で航行する場合，実際にはどんな針路で毎時何海里航行することになるか求めよ。

〈エクセルによらない計算例〉

　図 4.16 に示すように，操舵針路・速力を $\overrightarrow{OA}$，海流の流向・流速を $\overrightarrow{OB}$ とす

193

れば，実航針路・速力は $\overrightarrow{OC}$ として表すことができる。ここでは，連針路航法を利用してD.lat. および Dep. を求め，直航針路・速力として計算する。

$$\text{Co.} = \tan^{-1}\left(\frac{\text{Dep.}}{\text{D.lat.}}\right) = \tan^{-1}\left(\frac{3.06}{7.71}\right)$$
$$= 21°.6$$
$$\text{Sp'd} = \text{D.lat.} \times \sec \text{Co.}$$
$$= 7'.71 \times \sec 21°.6 = 8'.3$$

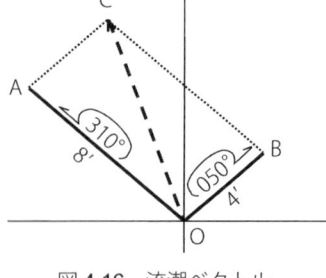

図 4.16　流潮ベクトル

実航針路 N21°.6W，実航速力 8'.3

〈エクセルによる計算例〉

エクセルによらない計算例で示した表を連針路航法と同様に作成する。

Dist.	Co.	D.lat.		Dep.	
		N	S	E	W
8	50	5.142301			6.128356
4	50	2.57115		3.064178	
		7.713451			3.064178

合計の D.lat.（変緯）と Dep.（東西距）を C1 と C2 に入力する。そして，平均中分緯度航法を使って実航針路を C3 ，実航速力を C4 として計算する。

	A	B	C	D
1	D.lat.	N	7.71	
2	Dep.		3.06	W
3	Co.(°)		21.6475	
4	Dist.		8.29504	

C3: =DEGREES((ATAN(C2/C1)))
C4: =C1/COS(RADIANS(C3))

4.2.2　大圏航法

起程地と着達地の両地点間の最短距離を航走しようとすると，大圏上を航走することになり，その航法を大圏航法という。大圏航法における起程針路と着達針路，大圏距離，頂点の位置などを算出するには，起程地と着達地および極

を結ぶ球面三角形を考え，この球面三角形の辺の長さおよび角を求めることになる。球面三角形における辺の長さはすべて大圏を示し，それらの辺の長さはすべて角度で表す。なお，地球の中心角 1° に相当する大圏の長さは 60′（海里）となる。

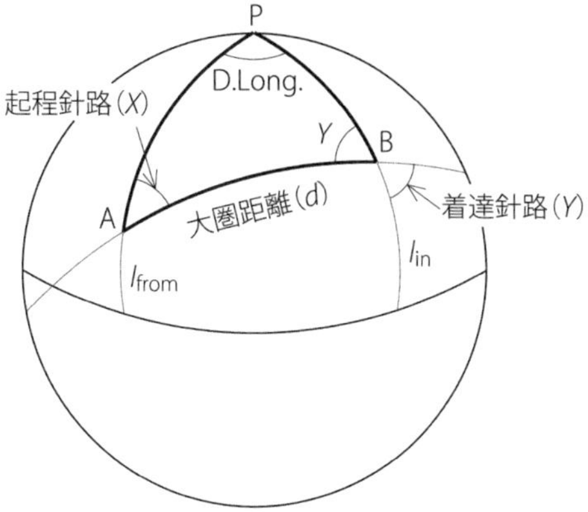

図 4.17　大圏航法

（1）　大圏距離の求め方

図 4.17 に示すように大圏距離を d，起程地 A，着達地 B の緯度をそれぞれ l_{from}，l_{in} とし，両地点間の経度差を D.Long. とすれば，球面三角形の公式から次式の関係がある。

$$\begin{aligned}\cos d &= \cos \text{PA} \cdot \cos \text{PB} + \sin \text{PA} \cdot \sin \text{PB} \cdot \cos \text{D.Long.} \\ &= \cos(90° - l_{\text{from}}) \cdot \cos(90° - l_{\text{in}}) \\ &\quad + \sin(90° - l_{\text{from}}) \cdot \sin(90° - l_{\text{in}}) \cdot \cos \text{D.Long.} \\ &= \sin l_{\text{from}} \cdot \sin l_{\text{in}} + \cos l_{\text{from}} \cdot \cos l_{\text{in}} \cdot \cos \text{D.Long.}\end{aligned}$$

ただし，l_{from}，l_{in} が南緯の場合は（−）を付けて計算する。

（2）　起程針路および着達針路の求め方

大圏距離の場合と同様に，起程針路 X と着達針路 Y は次式で求まる。

$$\cos X = \frac{\sin l_{\text{in}} - \sin l_{\text{from}} \cdot \cos \text{D.Long.}}{\cos l_{\text{from}} \cdot \sin \text{D.Long.}}$$

$$\cos Y = \frac{\sin l_{\text{from}} - \sin l_{\text{in}} \cdot \cos \text{D.Long.}}{\cos l_{\text{in}} \cdot \sin \text{D.Long.}}$$

（3）　頂点を求める

① 頂点の緯度を求める

起程針路を X，着達針路を Y とすれば，頂点の緯度 l_v は次式より求まる。

$$\cos l_v = \cos l_{\text{from}} \sin X \quad \text{または} \quad \cos l_v = \cos l_{\text{in}} \sin Y$$

② 頂点の経度の求め方

頂点の経度は，起程地 A からの経差（または着達地 B からの経差）を求めればよい（図 4.18）。ただし，l_{from}，l_{in}，l_v は，北緯なら（＋），南緯なら（－）の符号を付ける。

起程地 A からの経差 L_1 は

$$\cos L_1 = \frac{\tan l_{\text{from}}}{\tan l_v}$$

着達地 B からの経差 L_2 は

$$\cos L_2 = \frac{\tan l_{\text{in}}}{\tan l_v}$$

によって求まる。

ただし，経差の符号（E' ly または W' ly）は，以下によって決まる。

- 起程針路 X について

    $X < 90°$ のとき：頂点は起程地より着達地の方向にある（図 4.18(a)）

    $X > 90°$ のとき：頂点は起程地より着達地と反対方向にある（図 4.18(b)）

- 着達針路 Y について

    $Y < 90°$ のとき：頂点は着達地より起程地の方向にある（図 4.18(a)）

    $Y > 90°$ のとき：頂点は着達地より起程地の反対方向にある（図 4.18(c)）

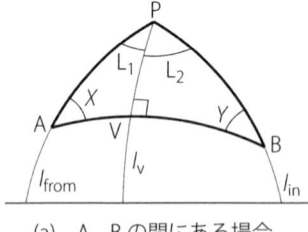

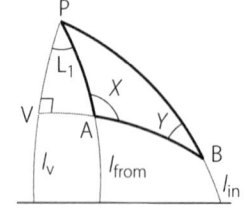

(a) A，B の間にある場合　　(b) A の外側にある場合　　(c) B の外側にある場合

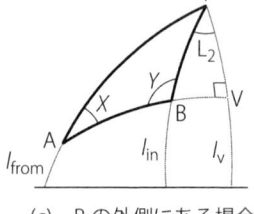

図 4.18　頂点の位置

例題 9　大圏航法の計算

以下に示す起程地 A から着達地 B に大圏を航走する場合の起程針路，着達

針路，大圏距離，頂点を求めよ。

　　　　A (lat. 34°54′N, Long. 139°55′E)　　　B (lat. 34°30′N, Long. 121°00′W)

〈エクセルによらない計算例〉

AB 間の経差 D.Long. = 99°05′E' ly

大圏距離を d とすると

$$\cos d = \sin l_{from} \cdot \sin l_{in} + \cos l_{from} \cdot \cos l_{in} \cdot \cos \text{D.Long.}$$
$$= \sin 34°54′ \cdot \sin 34°30′ + \cos 34°54′ \cdot \cos 34°30′ \cdot \cos 99°05′$$
$$d = 77°26′.8 = 4646′.8$$

起程針路 X は

$$\cos X = \frac{\sin l_{in} - \sin l_{from} \cdot \cos \text{D.Long.}}{\cos l_{from} \cdot \sin \text{D.Long.}}$$
$$= \frac{\sin 34°30′ - \sin 34°54′ \cdot \cos 77°26′.8}{\cos 34°54′ \cdot \sin 77°26′.8}$$

$X = \text{N}56°29′.0\text{E}$

着達針路 Y は

$$\cos Y = \frac{\sin l_{from} - \sin l_{in} \cdot \cos \text{D.Long.}}{\cos l_{in} \cdot \sin \text{D.Long.}}$$
$$= \frac{\sin 34°54′ - \sin 34°30′ \cdot \cos 77°26′.8}{\cos 34°30′ \cdot \sin 77°26′.8}$$

$Y = \text{S}56°04′.1\text{E}$

頂点の緯度を l_v とすると

$$\cos l_v = \cos l_{from} \cdot \sin X = \cos 34°54′ \cdot \sin 56°29′.0$$
$$l_v = 46°51′.6\text{N}$$

また，頂点までの経差 L_1 は

$$\cos L_1 = \frac{\tan l_{from}}{\tan l_v} = \frac{\tan 34°54′}{\tan 46°51′.6}$$

$L_1 = 49°10′.6$

ここで $X < 90°$ なので頂点は起程地から着達地の方向にあることから

頂点の経度 = 起程地の経度（L_{from}）+ 経差（L_1）
　　　　　= 139°55′E + 49°10′.6E'ly = 189°05′.6E

197

東経が 180° を超えたので，360° から引いて西経に直して，頂点の経度は 170°54′.4W となる。

起程針路 N56°29′.0E, 着達針路 S56°04′.1E

大圏距離 4646′.8, 頂点の経緯度 46°51′.6N, 170°54′.4W

〈エクセルによる計算例〉

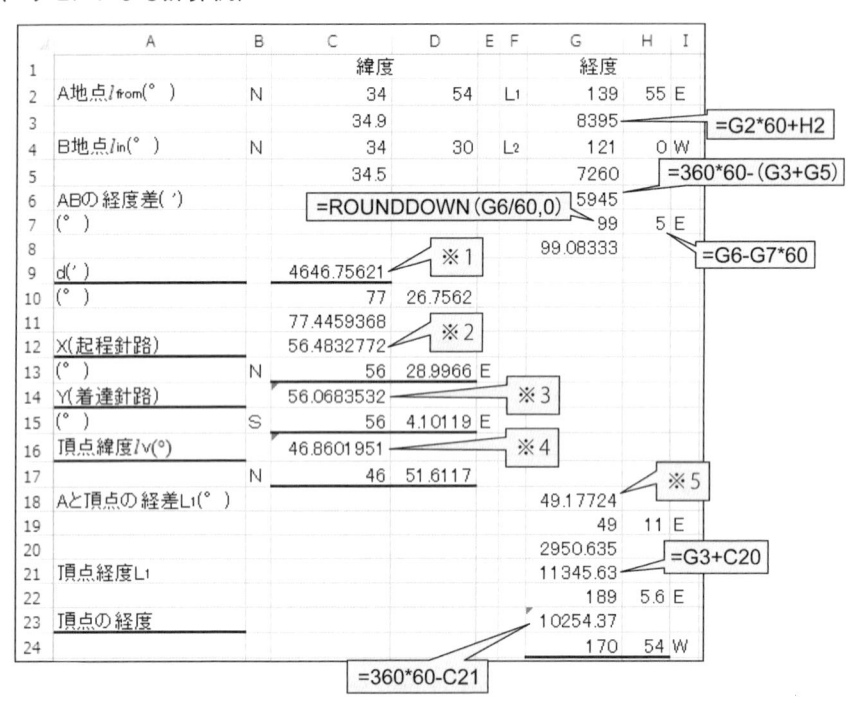

	A	B	C	D	E	F	G	H	I
1			緯度				経度		
2	A地点,l_{from}(°)	N	34	54		L1	139	55	E
3			34.9				8395			=G2*60+H2
4	B地点,l_{in}(°)	N	34	30		L2	121	0	W
5			34.5				7260			=360*60-(G3+G5)
6	ABの経度差(′)			=ROUNDDOWN(G6/60,0)			5945		
7	(°)						99	5	E
8							99.08333			=G6-G7*60
9	d(′)		4646.75621	※1					
10	(°)		77	26.7562					
11			77.4459368						
12	X(起程針路)		56.4832772	※2					
13	(°)	N	56	28.9966	E				
14	Y(着達針路)		56.0683532	※3					
15	(°)	S	56	4.10119	E				
16	頂点緯度l_v(°)		46.8601951	※4					
17		N	46	51.6117					
18	Aと頂点の経差L1(°)						49.17724	※5	
19							49	11	E
20							2950.635		
21	頂点経度L1						11345.63			=G3+C20
22							189	5.6	E
23	頂点の経度						10254.37		
24							170	54	W

=360*60-C21

※1: =DEGREES(ACOS(SIN(RADIANS(C3))*SIN(RADIANS(C5))
　　+COS(RADIANS(C3))*COS(RADIANS(C5))*COS(RADIANS(G8))))*60
※2: =DEGREES(ACOS((SIN(RADIANS(C5))
　　-SIN(RADIANS(C3))*COS(RADIANS(C11)))
　　/(COS(RADIANS(C3))*SIN(RADIANS(C11)))))
※3: =DEGREES(ACOS((SIN(RADIANS(C3))
　　-SIN(RADIANS(C5))*COS(RADIANS(C11)))
　　/(COS(RADIANS(C5))*SIN(RADIANS(C11)))))
※4: =DEGREES(ACOS(COS(RADIANS(C3))*SIN(RADIANS(C12))))
※5: =DEGREES(ACOS((TAN(RADIANS(C3))/TAN(RADIANS(C16)))))

ABの経度差を G6 （度分表示 G7 , H7 ）に求める．次に，大圏距離 d を C9 （度分表示 C10 , D10 ）に求める．そして， C12 と C14 に起程針路 X，着達針路 Y を求める．頂点の緯度は A 地点の緯度 C3 と起程針路 X から C16 で求める．頂点の経度は，まず A 地点と頂点の経差を A 地点の緯度 C3 と頂点の緯度 C16 から G18 （度分表示 G19 , H19 ）で求め，A 地点の経度に加減して G21 （度分表示 G22 , H22 ）で求める．そして，頂点の位置を考えて， G23 （度分表示 G24 , H24 ）とする．

本節で紹介したエクセルの使用は，一例である．自分なりに工夫して，間違いの起こりにくい，理解しやすいシートを作ってみてほしい．そうすれば，航法計算に精通し，理解できるようになるだろう．

4.3　誘導電動機のトルク特性の理解

船舶のさまざまなポンプやスラスタは，およそ電気によって動いている．それらを動かす電動機は，多くが三相誘導電動機である．三相誘導電動機は図 4.19 のように，固定子のなかで回転子が回転する構造となっており，また固定子と回転子は，それぞれ鉄心と巻線によって構成されている．

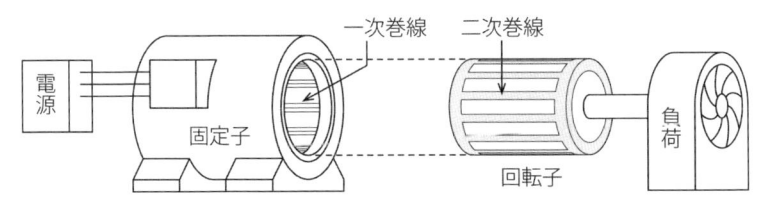

図 4.19　かご形誘導電動機の構造

固定子の巻線（一次巻線）に電源より三相交流電圧が印加され，電流が流れると，固定子の内部の空間に磁界が生じ，かつその磁界の方向は時間とともに変化する．これを回転磁界といい，その磁界の回転速度を同期速度という．同期速度の大きさは，電源の周波数と固定子の構造によって決まる．

固定子より生じた磁界は，その内部の回転子の巻線（二次巻線）を横切るように回転するため，二次巻線に電流を流そうとする誘導起電力を生じる。二次巻線は独立した閉回路となっており，誘導起電力が生じれば電流が流れる。

　二次巻線を循環する電流は，固定子からの磁界を横切るように流れるため，回転子を回転させようとする電磁力を生じる。これが誘導電動機の原理である。

　回転子の回転速度は，同期速度よりも遅い。その遅れの程度を表す比率は，すべりと呼ばれ，記号 s で表される。すべり s が 0 のとき，回転子は同期速度と同じ速さで回っていることになる。すべり s が 1 のとき，回転子は回っていないことになる。

　固定子の一次巻線に流れる電流の大きさは，回転子の回転速度によって変化する。誘導電動機の電気的な振る舞いは，図 4.20 のような，変圧器に可変抵抗 r をつないだ回路の振る舞いと同等である。この抵抗 r は，電動機が動かそうとするポンプやスラスタなどの機械的負荷の作用を代理する，仮想的な電気的負荷であり，その見かけの抵抗の大きさは回転速度によって変化する。

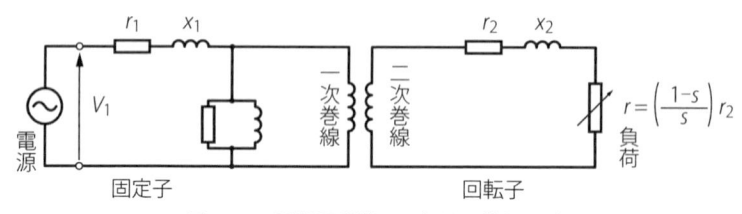

図 4.20　誘導電動機の一相分の等価回路

　電源投入の直後で回転し始める前のとき（始動時），すべり s は 1 となり，見かけの抵抗 r は 0 となる。この状態で定格電圧を印加すれば，非常に大きな電流が流れる。これを始動電流という。回転子が回転すれば，見かけの抵抗 r は大きくなり，電流は小さくなる。

　見かけの抵抗 r において消費される電力は，電動機が負荷に与える仕事率に相当する。その電力は，電圧の 2 乗に比例し，見かけの抵抗 r（回転速度の関数でもある）に反比例する。一方で仕事率は，回転子のトルク（負荷を動かそうとする働きの力強さ）と回転速度に比例する量である。

したがって誘導電動機の生み出すトルク $T[\text{N·m}]$ の大きさを，次式のように，電源電圧や回転速度などの関数として表すことができる。

$$T = \frac{3p}{4\pi f} \cdot V_1^2 \cdot \frac{\dfrac{a^2 r_2}{s}}{\left(r_1 + \dfrac{a^2 r_2}{s}\right)^2 + (x_1 + a^2 x_2)^2}$$

ここで $f[\text{Hz}]$ は交流電源の周波数を表し，$V_1[\text{V}]$ は電源より印加される交流電圧の実効値を表し，s はすべりの大きさ（回転速度の遅さ）を表している。すなわち，誘導電動機のトルクは，電源電圧が高いほど強くなる。トルクは，回転速度によっても複雑に変化する。

また，p は固定子の極数，a は一次巻線と二次巻線の巻数比である。$r_1[\Omega]$ と $r_2[\Omega]$ は一次巻線抵抗と二次巻線抵抗を表す。$x_1[\Omega]$ と $x_2[\Omega]$ は一次漏れリアクタンスと，停止時の二次漏れリアクタンスを表す。これらは通常，誘導電動機の構造や，巻線や鉄心の材質によって決まる値であるが，誘導電動機の形式によっては，運転中に調整することも可能である。

例題 10　回転速度とトルクの関係

周波数 60[Hz]，電圧 440[V] の三相交流電源に，極数 4 の三相誘導電動機をつないだ。誘導電動機の巻数比は 10，巻線抵抗は一次側が 8[Ω] で二次側が 2[Ω]，停止時の漏れリアクタンスは一次側が 6[Ω] で二次側が 9[Ω] であったとする。

回転速度によってトルクがどのように変化するか，グラフに描いてみよう。また，運転中の誘導電動機が生み出すことのできるトルクの最大値や，始動時の誘導電動機が生み出すことのできるトルクを，求めてみよう。

〈エクセルによる計算およびグラフ作成例〉

❶　図 4.21 のように，A2 から D2 までのセルおよび A6 から D6 までのセルに，諸元の値を設定する。

❷　A10 から下のセルに，すべりの値を 1 から 0 の範囲で設定する。刻み幅

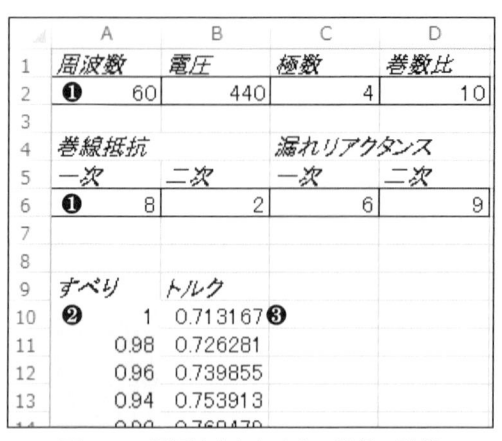

	A	B	C	D
1	周波数	電圧	極数	巻数比
2	❶ 60	440	4	10
3				
4	巻線抵抗		漏れリアクタンス	
5	一次	二次	一次	二次
6	❶ 8	2	6	9
7				
8				
9	すべり	トルク		
10	❷ 1	0.713167 ❸		
11		0.98	0.726281	
12		0.96	0.739855	
13		0.94	0.753913	

図 4.21 回転速度とトルクの関係の計算

は 0.02 程度としよう。ただし，すべりがゼロの場合についてトルクを計算するとエラーが生じるので，0 の代わりに {0.0001} などの小さな値を設定しておく。

❸ B10 に，次の式を設定する。ただし途中で改行しない。

```
=(3*$C$2/4/PI()/$A$2)*$B$2^2*($D$2^2*$B$6/$A10)/
(($A$6+$D$2^2*$B$6/$A10)^2+($C$6+$D$2^2*$D$6)^2)
```

これによってトルクが求まる。B10 から下のセルもオートフィルによって同様に設定する。

❹ 10 行目から下の行を選択し，図 4.22 のような散布図を描く（§1.3.5 散布図グラフ）。なお，横軸を右クリックし，コンテキストメニューから [軸の書式設定] ウィンドウを表示して，軸の最小値を {0}，最大値を {1} と設定し，[縦軸との交点] を [軸の最大値] に設定し，[軸を反転する] のチェックボックスをオンにするとよい。

この誘導電動機の運転中，トルクが最大となるのは，計算結果の表やグラフより，すべりが 0.22 のときで，その最大値は 1.7 [N·m] であることがわかる。負荷から電動機が受ける負荷トルク（軸の回転を妨げる働きの力強さ）が，こ

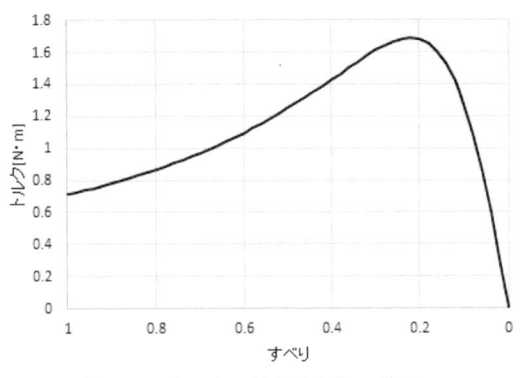

図4.22 トルクの速度依存性のグラフ

の最大トルクよりも小さければ，誘導電動機はすべり 0.22 から 0 までの範囲の回転速度で，安定して回転する。負荷トルクが 1.0 [N・m] であれば，すべり 0.07 で回転し，負荷トルクが 1.4 [N・m] へと増えれば，すべり 0.12 へと減速する。

運転中に，負荷トルクが最大トルクを超えることがあれば，誘導電動機は一気に減速して停止する。ゆえに，この最大トルクは，停動トルクとも呼ばれる。

この誘導電動機が始動時（回転がまだ始まっていないとき）に生み出すことのできるトルクは，すべりが 1 のときのトルクであり，その値は計算結果の表より 0.71 [N・m] と求まる。これは始動トルクと呼ばれる。始動トルクは停動トルクよりも小さい。始動トルクよりも大きく停動トルクよりも小さな負荷トルクを受けている状態の誘導電動機は，回転し続けている限りは安定して働き続けるが，もし何かのきっかけで一度でも停止することがあれば，電源を再投入しても再始動しない。

例題 11　トルクの速度依存性と二次巻線抵抗の関係

先の例題 10 の誘導電動機の回転子の二次巻線に可変抵抗器を接続し，二次巻線抵抗を調整できるようにした。それ以外の諸元は変化しなかったとする。二次巻線抵抗を 2 [Ω] から 4 [Ω]，6 [Ω]，8 [Ω] と増やしていくと，回転速度とトルクの関係はどのように変化していくか。それぞれのグラフを比べてみよう。

〈エクセルによる計算およびグラフ作成例〉

	A	B	C	D	E
1	周波数	電圧	極数	巻数比	
2	❶ 60	440	4	10	
3					
4			漏れリアクタンス		
5	一次巻線抵抗		一次	二次	
6	❶ 8		❶ 6	9	
7	二次巻線抵抗				
8		❶ 2	4	6	8
9	すべり	❷	トルク		
10	❶ 1	0.713167	1.24835	1.552914	1.672655
11	0.98	0.726281	1.265205	1.564837	1.676474
12	0.96	0.739855	1.28234	1.576533	1.679687
13	0.94	0.753913	1.299746	1.587961	1.682247

図 4.23 トルクの速度依存性と二次巻線抵抗の関係の計算

❶ 先の例題 10 と同様に，諸元の値を設定する．ただし図 4.23 のように，二次巻線抵抗の値を B8 から右のセルに，{2} から {8} まで 2 刻みで設定する．また A10 から下のセルに，すべりの値を 1 から 0 の範囲で，刻み幅 0.02 程度で設定する．なお 0 の代わりに {0.0001} などの小さな値を設定しておく．

❷ B10 に，次の式を設定する．ただし途中で改行しない．

```
=(3*$C$2/4/PI()/$A$2)*$B$2^2*($D$2^2*B8/$A10)/
(($A$6+$D$2^2*B8/$A10)^2+($C$6+$D$2^2*$D$6)^2)
```

これによってトルクが求まる．B10 から下のセルも，オートフィルで同様に設定する．それらから右のセルも，オートフィルで同様に設定する．

❸ 10 行目から下の行を選択し，図 4.24 のような散布図を描く（§1.3.5 散布図グラフ）．

この電動機は，負荷トルクが 1.0 [N・m] のとき，二次巻線抵抗が 2 [Ω] であれば，すべり 0.07 ほどで回転する．二次巻線抵抗が 4 [Ω] であれば，すべり 0.14 ほどで回転する．二次巻線抵抗がさらに 6 [Ω]，8 [Ω] と増えれば，すべりも 0.22，0.29 と増え，回転速度は遅くなっていく．一般に，同じトルクで回転す

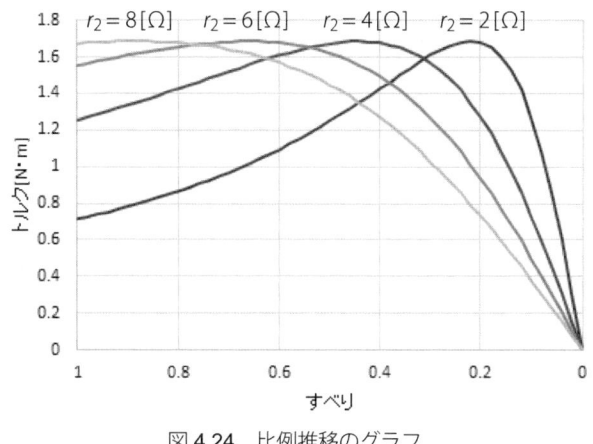

図4.24 比例推移のグラフ

るときのすべりの大きさは，二次巻線抵抗に比例する。この関係を比例推移という。

最大トルク（停動トルク）を生む回転速度も，二次巻線抵抗の大きさによって変化する。そのすべりを1に近づけるように二次巻線抵抗を調整すれば，始動トルクを大きくすることができる。また同時に，始動電流を小さくすることができる。

大型の誘導電動機においては，図 4.25 のような装置が備わり，二次巻線抵抗を調整することが可能になっていることがある。これによって，始動特性を改善したり，速度を制御したりすることができる。

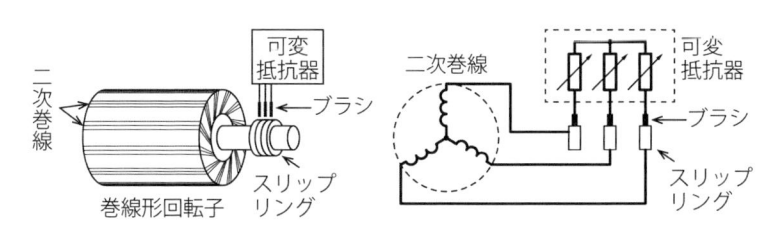

図4.25 巻線形誘導電動機の回転子の構造と回路図

本節で紹介した計算方法を活用し，さまざまな誘導電動機についてトルクの速度依存性を調べ，誘導電動機の振る舞いについて理解を深めてもらいたい。

4.4 内燃系,熱系現象の理解

　熱を目で見ることはできないが,物体に触れると「温かい」「冷たい」などの感覚によってその存在を感じ取ることができる。

　熱力学はエネルギーとその変化を学ぶ学問であり,第一法則では,「熱はエネルギーの一形態であり,仕事など他の形態のエネルギーへ変換するにはエネルギー保存則で記述される」ことが述べられている。また,第二法則にて,「熱は,それ自身で低温度から高温度へ移動できない」(Clasius の表現)や「熱機関の作動流体に仕事をさせるには,さらに低温の物体が必要である」(Kelvin の表現)が述べられている。動力を発生させる「熱機関」のほとんどは化石燃料の燃焼で得られる「高温熱源(熱エネルギー)」から「動力(機械仕事)」を得るシステムであり,そのエネルギーの量は熱力学の第一法則に支配され,「熱エネルギー」を交換する低熱源(たとえば大気)がなければ熱機関から「仕事」を得られないことは第二法則で支配される現象である。

　船舶・自動車において動力を生み出す「主機関」がまさしく熱力学の「熱機関」となる。熱機関には内燃機関,蒸気タービン(外燃機関)などがあるが,本節では内燃機関について,エクセルを使って理解することを目的とする。船舶・自動車を問わず内燃機関に使用されている主なサイクルにはオットーサイクル,ディーゼルサイクル,サバテーサイクルがある。本節ではオットーサイクルを対象に(図 4.26),例題 12 としてエクセルを使ってサイクルを P–V 線図で描き,例題 13 は 1 サイクルあたりの出力を,エクセルを使って導出する。

　自動車用などの小型ガソリン機関(火花点火式機関)では燃焼が瞬間的に起こるため,ピストンが上死点にあるときに容積一定で爆発する。このようなサイクルをオットーサイクルと呼び,火花点火式機関の理論サイクルである。

　図 4.26 に示すように,圧縮開始を①として,各行程は次のとおりである。

　①′→①　　：吸入過程
　①→②　　：断熱圧縮過程
　②→③　　：等容燃焼過程(受熱:火花点火による瞬間的な燃焼)

③→④　　　：断熱膨張過程

④→①→①′：排気過程（放熱，排気）

①′→①：吸入過程（大気圧空気を吸入）

①：断熱圧縮過程（圧縮開始）

①→②：断熱圧縮過程（V 減少，P 増加）

圧縮比：$\dfrac{V_S + V_C}{V_C}$

②→③：等容燃焼過程（瞬間的な爆発）$P = P_{\max}$

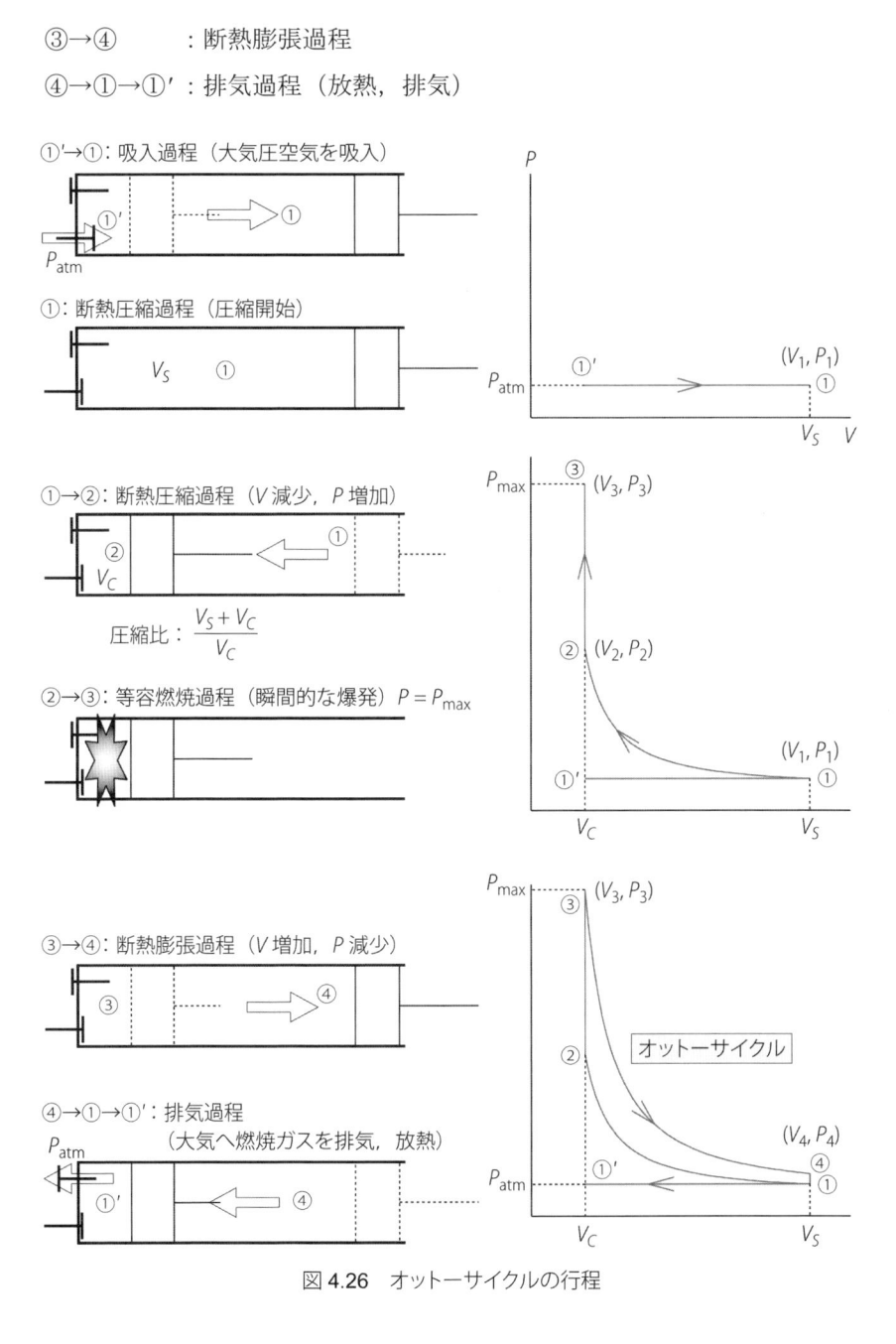

③→④：断熱膨張過程（V 増加，P 減少）

④→①→①′：排気過程
　　　　　　（大気へ燃焼ガスを排気，放熱）

図 4.26　オットーサイクルの行程

例題 12　オットーサイクルを描く

各サイクルにおける各行程を P–V 線図上に記載していく。ここで，P–V 線図上で曲線を描く際に，シリンダ内の作動流体（空気）は式(4.10)に沿って変化するものとする（ポリトロープ変化）。

$$PV^n = C \tag{4.10}$$

n はポリトロープ指数，C は定数である。

本例題での条件として

　　　作動流体：空気（比熱比 $\kappa = 1.41$）

　　　容積 V_S：600 cc

　　　圧縮比 ε：8

　　　圧縮開始圧力：大気圧（1013 [hPa]）

　　　最高圧力 $P_{\max}$：3.45 [MPa]

〈エクセルによる計算例〉

図 4.27 が上記条件に基づき描いたオットーサイクルの P–V 線図である。図中の①→②（断熱圧縮過程）を❶〜❸，②→③（等容燃焼過程）を❹，③→④（断熱膨張過程）を❺，④→①（排気過程）を❻で説明する。

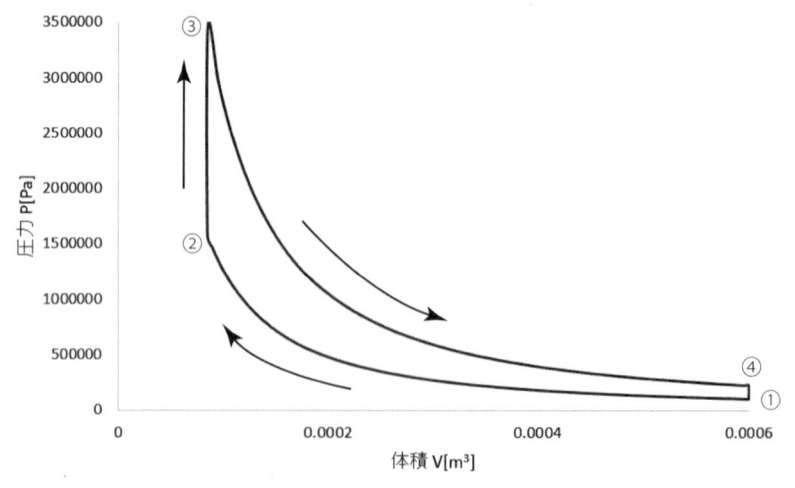

図 4.27　オットーサイクル（①→②→③→④→①）

❶ 条件の記入

「Sheet1」をパラメータ用のシートとして，名前を「Sheet1」から「P」とし，Sheet「P」の B2 から，上記条件をエクセルに入力する（図 4.28）。

❷ ①(V_1, P_1)，②(V_2, P_2) の導出

オットーサイクルの行程で示した①，②の圧力 P と容積 V を各々計算する。まず，①について，容積 V_1 = 圧縮開始であり

$$V_1 = V_S \qquad (4.11)$$

となる。単位［cc］を［m³］に変換する必要があり，1 cc = 1 cm³ = 1 × 10⁻⁶ m³ なので，C10 に =C4*10^-6 と入力する（図 4.29）。

圧力 P_1 = 吸入空気 = 大気圧であり

$$P_1 = P_{atm} \qquad (4.12)$$

となる。単位［hPa］を［Pa］に変換するため，h(ヘクト) = 10² なので，C11 に =C6*10^2 を入力する（図 4.30）。

次に，②について，容積 V_2 = 圧縮終わりであり，すき間容積 V_C となる。圧縮比の定義

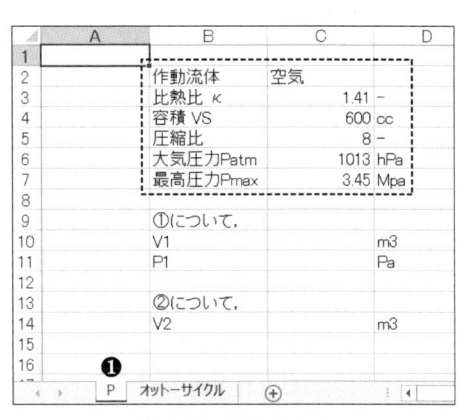

図 4.28　条件の入力

図 4.29　V_1 の導出

図 4.30　P_1 の導出

$$\varepsilon = \frac{V_C + V_S}{V_C} = 1 + \frac{V_S}{V_C}$$
(4.13)

から，V_C は

$$V_C = \frac{V_S}{\varepsilon - 1} = \frac{V_1}{\varepsilon - 1}$$
(4.14)

なので，C14 に =C10/(C5-1) を入力する（図 4.31）。

図 4.31 V_2 の導出

❸ ①→②までの圧縮過程

❸-(1) ①(V_1, P_1)から② V_2 までの過程を別シートで計算する。Sheet2 を追加し，名前を「Sheet2」から「オットーサイクル」に書き換え，エクセルで① V_1 から② V_2 までの変化の過程を追跡する。セル毎の刻み幅 dV を 1×10^{-5} [m³] として，B2 に {dV}，C2 に {0.00001} と入力する（図 4.32）。

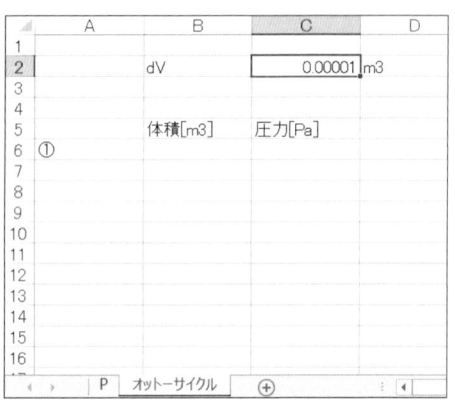

図 4.32 体積変化の刻み幅 dV の決定

❸-(2) ①(V_1, P_1)からスタートするので，B6，C6 にそれぞれ，Sheet「P」の①の値を挿入する（図 4.33）。

B6 $(= V_1)$ =P!C10

C6 $(= P_1)$ =P!C11

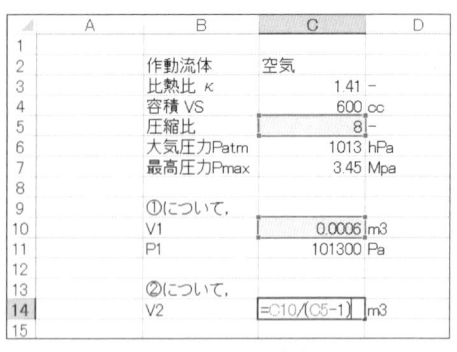

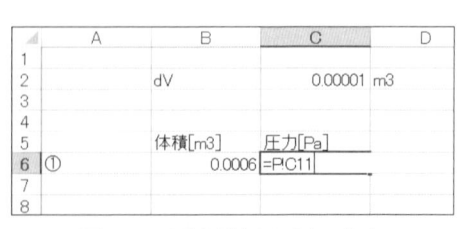

図 4.33 圧縮開始 (V_1, P_1) の入力

❸-(3) B7 には，dV の値（ C2 ）を用いて，$V_1 - dV$ を求めるために =B6-$C$2 （図 4.34(a)）と入力する。B7 以降は §1.1.3 オートフィル機能を使い，② $V_2 = 8.57\text{E-}5$ [m³] なので，V の値が {0.0006} から {8E-5} となるまで V の値を減少させる。次に，{8E-5} となる B58 に，Sheet「P」の② V_2

の値を上書きするために，=P!C14 と入力する（図 4.34(b)）。

(a) 体積変化の計算始め　　(b) 体積変化の計算終わり

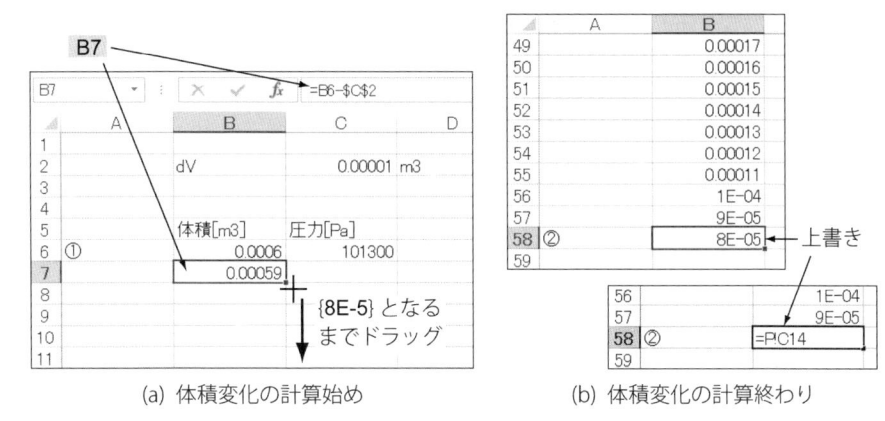

図 4.34　断熱圧縮過程

❸-(4)　圧縮過程について，ポリトロープ変化の式(4.10)から，①→②は断熱変化（圧縮）なので，ポリトロープ指数 n は比熱比 κ になるため

$$PV^{\kappa} = C_{\text{comp.}} \tag{4.15}$$

また，①(P_1, V_1)，$n = \kappa$ から，圧縮過程の C（$= C_{\text{comp.}}$）を求めると

$$C_{\text{comp.}} = P_1 V_1^{\kappa} \tag{4.16}$$

となり，E2 に {Ccomp.}，F2 に =C6*B6^P!C3 を入力し，$C_{\text{comp.}}$ を導出する（図 4.35）。

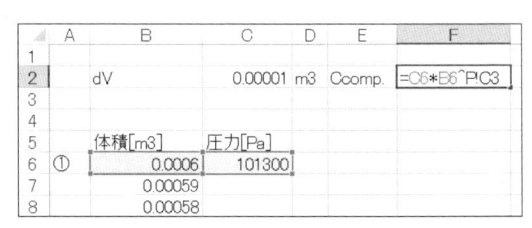

図 4.35　圧縮過程定数 $C_{\text{comp.}}$ の計算

❸-(5)　①から，dV だけ圧縮された P（ C7 ）は，式(4.16)より

$$P = \frac{C_{\text{comp.}}}{V^{\kappa}} \tag{4.17}$$

となり，C7 に =$F$2/(B7^P!$C$3) （図4.36(a)）を入力する。C7 以降は§1.1.3 オートフィル機能を使い，② V_2（C58）までドラッグすると，①(P_1, V_1)から②(P_2, V_2)までの変化の過程が現れる（図4.36(b)）。

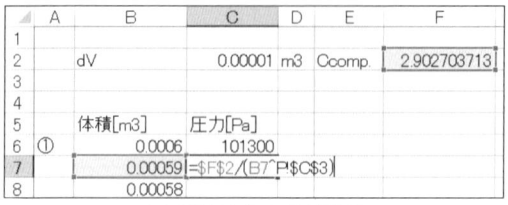

(a) 圧力変化の計算始め

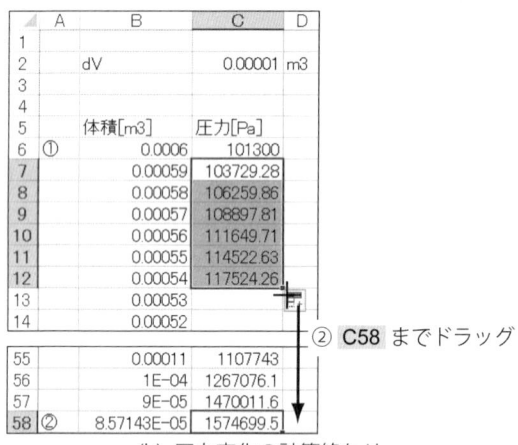

(b) 圧力変化の計算終わり

図4.36 断熱圧縮過程

❹ ②→③の等容燃焼過程

②→③は容積一定の変化なので，$V_3 = V_2$ の関係から，B59 に =B58 が入る。圧力 P_3 は最高圧力 P_{max} なので，C59 に，P_{max} の値である Sheet「P」の C7 が入る。単位 MPa = 10^6Pa なので，C59 に =P!C7*10^6 を入力する（図4.37）。

図4.37 等容燃焼後(V_3, P_3)の計算

❺ ③→④の断熱膨張過程

❺-(1) B60 には，dV だけ膨張した容積を入れる。❸-(3)と同様に，dV の値（ C2 ）を用いて， B60 （$V_3 + dV$）は =B59+$C$2 となる。 B60 以降は §1.1.3 オートフィル機能を使う。④ $V_4 = V_1 = 0.0006 \, [\mathrm{m}^3]$ なので，V の値が {0.0006} を超える {0.000605714} まで下方向にドラッグする。次に，{0.000605714} となる B111 に，Sheet「P」の① V_1 の値を上書き（$V_4 = V_1$）するために =P!C10 と入力する（図4.38）。

❺-(2) 「断熱変化」なので，ポリトロープ指数 $n = \kappa$，定数 C (= $C_{\mathrm{exp.}}$) は❸-4と同様に③$(V_3, P_3 = P_{\mathrm{max}})$の関係から

$$C_{\mathrm{comp.}} = P_3 V_3^\kappa = P_{\mathrm{max}} V_3^\kappa \quad (4.18)$$

なので， E3 に {Cexp.}， F3 に =C59*B59^P!C3 を入力し，$C_{\mathrm{exp.}}$ を導出する（図4.39）。

※ポリトロープ指数 n について，本来ならば圧縮過程と膨張過程でガスの物性が異なるが，ここでは空気の比熱比 κ を用いることとする。

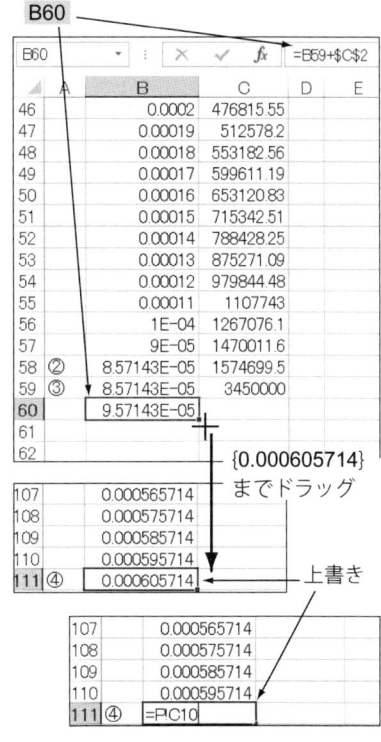

図4.38 断熱膨張過程における体積変化の計算

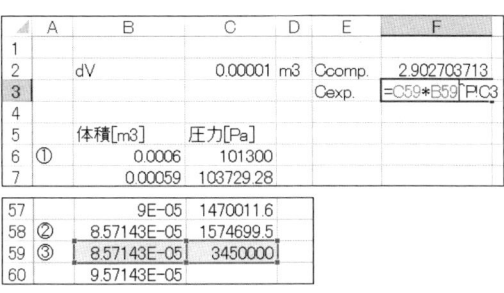

図4.39 膨張過程定数 $C_{\mathrm{exp.}}$ の計算

❺-(3)　③から，dV だけ膨張した圧力 P は，式(4.10)より

$$P = \frac{C_{\text{exp.}}}{V^{\kappa}} \tag{4.19}$$

となり，C60 に =$F$3/(B60^P!$C$3) を入力する（図 4.40(a)）。C60 から §1.1.3 オートフィル機能を使い，④ V_4（ C111 ）までドラッグすると，③(V_3, P_3) から④(V_4, P_4) の変化の過程が現れる（図 4.40(b)）。

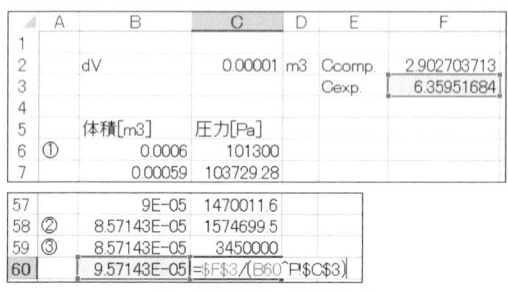

(a) 圧力変化の計算始め

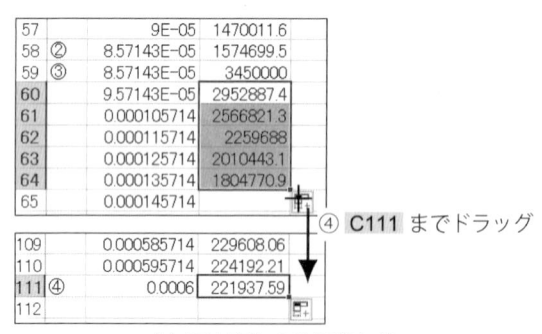

(b) 圧力変化の計算終わり

図 4.40　断熱膨張過程

❻　④→①の排気過程

④の直下の段を①として，❸-(2)と同様に B112 に =P!C10 ，C112 に =P!C11 を入力し，①→②→③→④→①の変化の過程を完成させる（図 4.41）。

図 4.41　排気過程終わり (V_1, P_1) の計算

CHAPTER 4　エクセルで解く商船学の問題

〈グラフの作成〉

①→②（断熱圧縮過程）：❶〜❸までの結果（Sheet「オットーサイクル」の B6:C58 ）を選び，VとPを§1.3.5 散布図グラフで表現すると，断熱変化の P-V 線図が描かれる（図 4.42）。

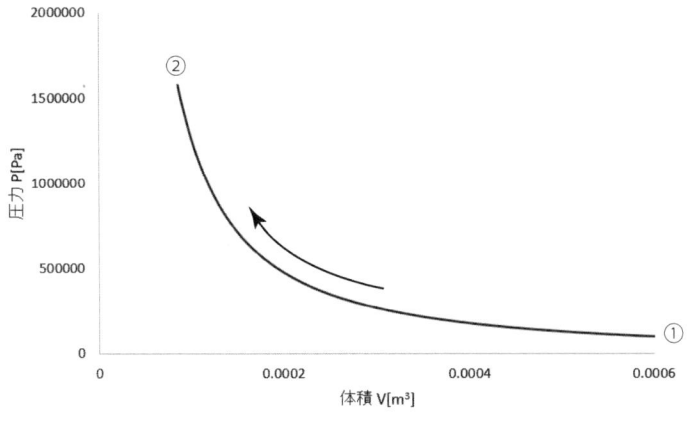

図 4.42　断熱圧縮過程（①→②）

②→③（等容燃焼過程）：❹を加えた Sheet「オットーサイクル」の B6:C59 を選び，VとPを§1.3.5 散布図グラフで表現すると，①→②→③（断熱圧縮→等容燃焼）の P-V 線図が描かれる（図 4.43）。

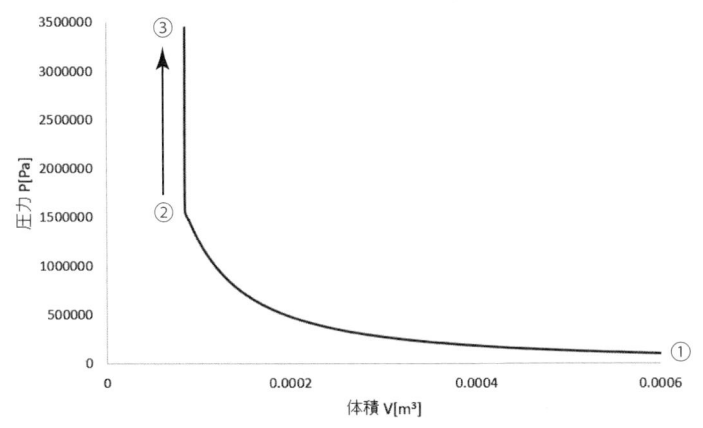

図 4.43　断熱圧縮過程から等容燃焼過程まで（①→②→③）

③→④（断熱膨張過程）→①（排気過程）：❺，❻の結果を加えた Sheet「オットーサイクル」の B6:C111 を選び，すべての V と P を §1.3.5 散布図グラフで表現すると，①→②→③→④→①（断熱圧縮→等容燃焼→断熱膨張→等容排気）のオットーサイクルの P-V 線図が描かれる（図 4.44）。

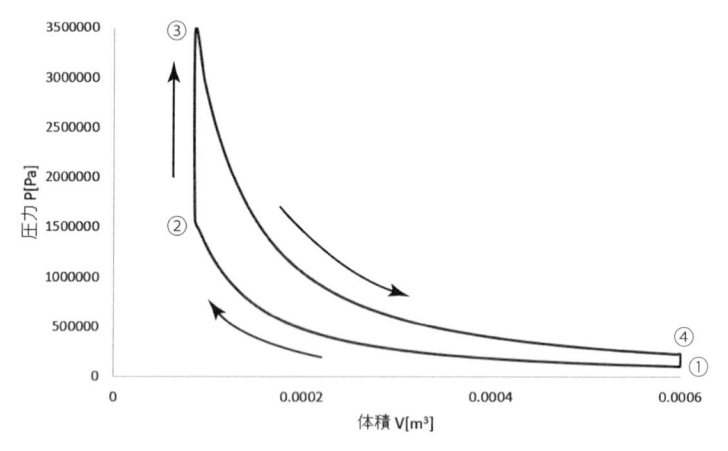

図 4.44　オットーサイクル（①→②→③→④→①）

例題 13　サイクルで得られる出力の計算

P-V 線図でサイクルを描いたとき，そのサイクルで囲まれた面積が，サイクルが生み出す仕事となる。例題 12 の結果および §2.4.2 面積の計算 の手法を用いて，V 軸と③-④曲線で囲まれた面積 W_1 から，V 軸と①-②曲線で囲まれた面積 W_2 を引いたオットーサイクル内部の面積 W（＝オットーサイクルの仕事）を求めよ。

〈エクセルによる計算例〉

❶　③→④の結果を用いて，面積 W_1 を求める

　Sheet「オットーサイクル」にて

$W_1 = dV \times (P_{3(V_3)} + P_{(V_3 + dV)})/2$　　D60　`=(B60-B59)*(C59+C60)/2`
$\qquad + dV \times (P_{(V_3 + dV)} + P_{(V_3 + 2dV)})/2$　　D61　`=(B61-B60)*(C60+C61)/2`
$\qquad + dV \times (P_{(V_3 + 2dV)} + P_{(V_3 + 3dV)})/2$　　D62　`=(B62-B61)*(C61+C62)/2`

CHAPTER 4　エクセルで解く商船学の問題

$$+\cdots$$
$$+dV \times (P_{(V_4-dV)} + P_{4(V_4)})/2 \quad \boxed{\text{D111}} \quad \boxed{=(B111-B110)*(C110+C111)/2}$$

となり，$dV \times P$ の各短冊の面積を求め，その総和が膨張仕事 W_1 となる。

$$W_1: \boxed{=\text{SUM(D60:D111)}} = 396.935 \text{ [J]}$$

❷ ①→②の結果を用いて，面積 W_2 を求める

$$W_2 = dV \times (P_{1(V_1)} + P_{(V_1+dV)})/2 \quad \boxed{\text{D7}} \quad \boxed{=(B7-B6)*(C6+C7)/2}$$
$$+dV \times (P_{(V_1+dV)} + P_{(V_1+2dV)})/2 \quad \boxed{\text{D8}} \quad \boxed{=(B8-B7)*(C7+C8)/2}$$
$$+dV \times (P_{(V_1+2dV)} + P_{(V_1+3dV)})/2 \quad \boxed{\text{D9}} \quad \boxed{=(B9-B8)*(C8+C9)/2}$$
$$+\cdots$$
$$+dV \times (P_{(V_2-dV)} + P_{2(V_2)})/2 \quad \boxed{\text{D58}} \quad \boxed{=(B58-B57)*(C57+C58)/2}$$

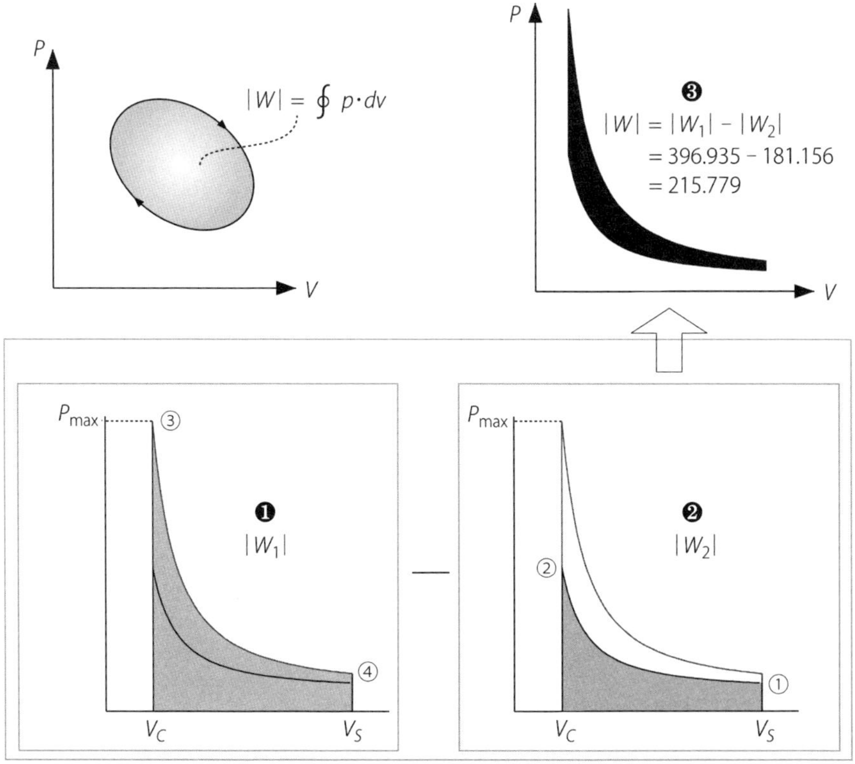

$|W| = \oint p \cdot dv$

❸
$|W| = |W_1| - |W_2|$
$= 396.935 - 181.156$
$= 215.779$

❶ $|W_1|$

❷ $|W_2|$

図 4.45　P–V 線図におけるサイクルで取り出す仕事の意味とその算出方法

にて $dV \times P$ の各短冊の面積を求め，その総和が圧縮仕事 W_2 となる（外部から圧縮されるので，仕事量は負 $(0 > W_2)$ となる）。

$$W_2 : \boxed{\text{=SUM(D7:D58)}} = -181.156 \, [\text{J}]$$

❸ $W_1 - W_2$ により，オットーサイクル内部の面積 W が導出される

$$|W| = |W_1| - |W_2| = 215.779 \, [\text{J}]$$

本節では，エクセルを用いたサイクルの P-V 線図の描き方や，サイクルから取り出す仕事量について学んだ。実際にエンジンを取り扱うときでも，その P-V 線図から，エンジン内で起きている現象を把握してもらいたい。

4.5 梁の曲げ応力と船体縦強度

材料力学や応用力学の分野においては，棒状の物体に曲げ荷重が加えられた場合に発生する応力や材料強度を評価する手法が定着しており，梁理論（Beam theory）と呼ばれ，多くの構造体の強度評価に適用されている。

船体は移動する世界最大の構造体であり，大洋を航行する際に波浪などから加わる外力に耐える充分な強度を持たなければならない。長大な構造体である船体の強度評価も梁理論に基づいて実施されている。

本節では船体の強度評価の基礎原理である梁の応力や強度を評価する手法について，エクセルを利用・活用して学ぶとともに，船体縦強度の考え方についても紹介する。

4.5.1 梁の曲げ応力

両端支持した真直梁に荷重が加えられ，梁に曲げモーメントを生じ，梁内部に曲げ応力が発生した状態を模擬したものが図 4.46 である。

荷重が加えられた梁に発生する曲げモーメントや曲げ応力などを求める公式と強度評価法ついて，図 4.46 を例に，以下に概説する。

梁に加えられた荷重（荷重と反力）はせん断作用を与えるせん断力（Shearing Force）と曲げ作用を与える曲げモーメント（Bending Moment）を生じ，梁部

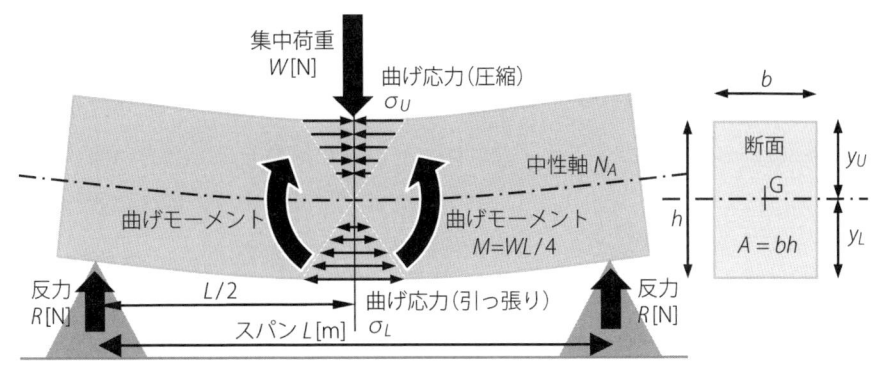

図 4.46　集中荷重を受けた両端支持梁の曲げモーメントと曲げ応力

材内部にせん断応力（Shearing Stress）と曲げ応力（Bending Stress）を発生する。

　発生した応力が梁材料の強度を超えると梁は壊れることになる。壊れない丈夫な梁を設計するために，発生する応力を推定し，材料強度（許容応力）と比較することにより，梁の強度を評価している。

　梁に加わる荷重には集中荷重と分布荷重，梁の支え方には固定と支持があり，これらのさまざまな荷重と支持の条件（組み合わせ）に対応して，せん断力と曲げモーメントを求められることが材料力学などのテキストに紹介されている。

　図 4.46 は梁の荷重・支持条件の代表例である。梁がスパン（支持点間距離）L [m] の 2 点で支持され，スパンの中央に集中荷重 W [N] が加えられ，梁の長さ中央（$L/2$）に最大曲げモーメント $BM_{max} = WL/4$ [N·m] が生じ，梁部材内部において，曲げ応力を発生しない中性軸（Neutral Axis）を中心にして，上側に圧縮の曲げ応力 σ_U [Pa]，下側に引っ張りの曲げ応力 σ_L [Pa] を発生している状態を示している。

　梁部材内部の曲げ応力 σ [Pa] は梁に加わる曲げモーメント BM [N·m] を梁断面の断面係数 Z [m³] で割ることで求められ，断面係数 Z は中性軸回りの断面 2 次モーメント I [m⁴] を中性軸から作用点までの距離 y [m] で割ることで得られる。中性軸は梁断面の重心（図心）G を通るものであり，曲げ応力 σ [Pa] は次

式で求められる。

$$\sigma = \frac{BM}{Z} = \frac{BM}{I/y} \tag{4.20}$$

式 (4.20) から明らかであるが，曲げ応力 σ は断面係数 Z が大きければ小さくなる。断面 2 次モーメント I は 1 つの断面形状で一定であり，断面 2 次モーメント I が大きい断面形状であれば断面係数 Z も大きくなる。

梁の強度評価対象は曲げ応力 σ の最大値，すなわち最大曲げ応力 σ_{max} [N・m] であり，最大曲げ応力 σ_{max} の発生点は，上述のとおり，中性軸から作用点までの距離 y が最大となる梁部材の上面または下面となる。そこで，梁の最大曲げ応力 σ_{max} を求める式は次のとおりとなる。

$$\sigma_{Lmax} = \frac{BM}{Z_L} = \frac{BM}{I/y_L}, \quad \sigma_{Umax} = \frac{BM}{Z_U} = \frac{BM}{I/y_U} \tag{4.21}$$

ここで，添え字の U は部材上面，L は部材下面を示す。

断面 2 次モーメント I は各断面形状について求めなければならないが，さまざまな断面形状の求め方が材料力学などのテキストに紹介されているので，対象断面の 2 次モーメントは簡単に求めることができる。最も代表的な断面形状は長方形であり，断面 2 次モーメントは次式で定義されている。図 4.46 にも示しているように，よく使うので覚えておくと便利である。

$$I = \frac{b \cdot h^3}{12} \quad (横\ b\ [\mathrm{m}],\ 高さ\ h\ [\mathrm{m}]) \tag{4.22}$$

梁の強度評価法をまとめると以下のとおりとなる。

① 梁に加わる最大曲げモーメント BM_{max} を求める。
② 最大曲げモーメントが発生する断面の形状から断面 2 次モーメント I，中性軸から梁の上面，下面までのどちらか大きい距離 y を求める。
③ 断面 2 次モーメント I を中性軸からの距離 y で割って，断面係数 Z を求める。
④ 最大曲げモーメント BM_{max} を断面係数 Z で割って，最大曲げ応力 σ_{max} を求める。

⑤ 最大曲げ応力 σ_{max} が梁部材の許容応力以下であれば充分な強度を有していると評価される。

梁部材の許容応力は静荷重，繰り返し荷重などの荷重条件や材質によって異なるが，代表的な許容応力は材料力学などのテキストに記載されている。最も代表的な材質である軟鋼の静荷重の曲げ許容応力は 90 [MPa] 程度とされており，よく使うので覚えておくことを勧める。

例題 14　断面形状の異なる 7 種類の梁に関する強度評価

図 4.46 と同様に，スパン（支持点間距離）$L = 5$ [m] の 2 点で支持され，スパンの中央に集中荷重 $W = 0.1$ [t] が加えられている梁を設計している。梁の材質は曲げ許容応力が 90 [MPa] の軟鋼であり，図 4.47 に示す 7 種断面形状（A～G）の同重量（同断面積）の梁について，梁の強度評価法を適用して，どの断面の梁が十分な強度を有するか検討せよ。

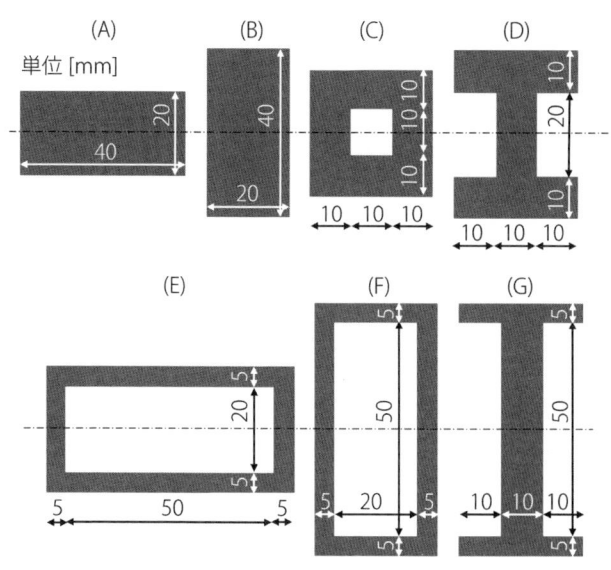

図 4.47　同重量（同断面積）の梁の 7 種断面形状（A～G）

〈エクセルによる計算例〉

梁の強度評価法を例題 14 に適用し，エクセル・ワークシートに展開したも

のが図 4.48 である．エクセルの計算手順を図 4.48 に基づき解説する．

	A	B	C	D	E	F	G	H	I	J	K	L	M	N
1														
2		スパン L[m]	❶4		中央集中荷重 W[t]	❶ 0.1			最大曲げモーメント BMmax[Nm]	❷ 980		軟鋼曲げ許容応力 [Mpa]	❸ 90	
3		断面名称	外側		内側		面積 A[mm²]	外側2次モーメント Io[mm⁴]	内側2次モーメント Ii[mm⁴]	部材2次モーメント I[mm⁴]	作用点距離 y[mm]	断面係数 Z[mm³]	最大曲げ応力 σmax[Mpa]	軟鋼曲げ応力許容の可否
4			横 bo[mm]	高 ho[mm]	横 bi[mm]	高 hi[mm]	bo·ho-bi·hi	bo·ho³/12	bi·hi³/12	Io-Ii	(中性軸から)	I/y	Mmax/Z	
5														
6														
7		A	40	20	❹		❺800	26666.7	0	26666.7	10	2666.7	367.5	否 ❻
8		B	20	40			800	106666.7	0	106666.7	20	5333.3	183.8	否
9		C	30	30	10	10	800	67500	833.3	66666.7	15	4444.4	220.5	否
10		D	30	40	20	20	800	160000	13333.3	146666.7	20	7333.3	133.6	否
11		E	60	30	50	20	800	135000	33333.3	101666.7	15	6777.8	144.6	否
12		F	30	60	20	50	800	540000	208333.3	331666.7	30	11055.6	88.6	可
13		G	30	60	20	50	800	540000	208333.3	331666.7	30	11055.6	88.6	可 ❼

図 4-48　例題 14 のエクセルによる計算例

① 梁に加わる最大曲げモーメント BM_{max} を求める

❶ 梁の支持スパン L {4} [m] を E2 に，梁に加わる集中荷重 W {0.1} [t] を H2 に入力する．

❷ K2 に =(H2*1000*9.8)*E2/4 を設定・計算し，梁に生ずる最大曲げモーメント BM_{max} を求める．

❸ N2 に梁の材質である軟鋼の曲げ許容応力 {90} [MPa] を入力する．

② 各断面形状の数値を設定する

❹ 各断面形状の数値を単位 [mm] で，表のとおり，対応するセルに設定する．

断面名称		断面外側				断面内側			
		横 b_o [mm]		高さ h_o [mm]		横 b_i [mm]		高さ h_i [mm]	
セル	設定	セル	設定	セル	設定	セル	設定	セル	設定
B7	{A}	C7	{40}	D7	{20}	E7	{}	F7	{}
B8	{B}	C8	{20}	D8	{40}	E8	{}	F8	{}
B9	{C}	C9	{30}	D9	{30}	E9	{10}	F9	{10}
B10	{D}	C10	{30}	D10	{40}	E10	{20}	F10	{20}
B11	{E}	C11	{60}	D11	{30}	E11	{50}	F11	{20}
B12	{F}	C12	{30}	D12	{60}	E12	{20}	F12	{50}
B13	{G}	C13	{30}	D13	{60}	E13	{20}	F13	{50}

断面 A と B は中実の梁なので断面内側の横と高さは零であり，他の C～G の梁は管や I 型の断面であり，断面の外側と内側の横と高さを設定している。

③ 7 種類の断面形状（A～G）について，強度評価する

❺ 面積 A [mm²]，外側 2 次モーメント I_o [mm⁴]，内側 2 次モーメント I_i [mm⁴]，部材 2 次モーメント I [mm⁴]，作用点距離 y [mm]，断面係数 Z [mm³]，最大曲げ応力 σ_{max} [MPa]について，下表のとおり，対応するセルに関数を設定する。

断面 C～G の梁は管や I 型の断面なので，断面外側の断面 2 次モーメントから断面内側の断面 2 次モーメントを引くことで断面 2 次モーメントを求めている。

設定対象	セル	関数
面積 A [mm²]	G7	=C7*D7-E7*F7
外側 2 次モーメント I_o [mm⁴]	H7	=C7*D7^3/12
内側 2 次モーメント I_i [mm⁴]	I7	=E7*F7^3/12
部材 2 次モーメント I [mm⁴]	J7	=H7-I7
作用点距離 y [mm]	K7	=D7/2
断面係数 Z [mm³]	L7	=J7/K7
最大曲げ応力 σ_{max} [MPa]	M7	=($K$2/L7)*POWER(10,3)

❻ N7 に =IF(M7<=$N$2,"可","否") を設定・計算し，最大曲げ応力 σ_{max} を N2 に設定した軟鋼曲げ許容応力と比較し，許容できるか否かを評価する。

❼ 7 行の面積 A から "軟鋼曲げ応力許容の可否" までの G7:N7 （❺と❻で関数設定した）を選択し，断面 A～G（7 行から 13 行）までオートフィルすれば，図 4.48 の N7:N13 に示すように，7 種断面の梁の強度評価が得られ，例題を解いたことになる。

断面 F と G の最大曲げ応力 σ_{max} は軟鋼曲げ許容応力以下であり，充分な強度を有し，他の A～E の最大曲げ応力 σ_{max} は軟鋼曲げ許容応力を超えており，その強度は弱いと評価された。

例題 15　船体断面の強度評価

　長大な構造体である船体も中空の長大な梁と捉えることができる。船体の縦方向（長さ方向）の強度は梁理論に基づき評価されている。次に示す条件の船体について，梁の強度評価法を適用し，縦強度を評価せよ。

　船長 $L=20$ [m]，深さ $D=2$ [m]，排水量（重量）$W=60$ [t] の箱舟の中央断面を模擬したものが図 4.49 である。断面は表に示す 6 種類の部材で構成され，材質は曲げ許容応力が 90 [MPa] の軟鋼とする。

　波浪などにより船体に加わる最大曲げモーメント（縦曲げモーメント）BM_{max} [N·m] は船長 L と排水量 W の積の 1/32 程度と推定されている。$WL/32$ の最大曲げモーメント BM_{max} が加えられたときの船体断面の最大曲げ応力を求め，許容できるか否か，評価せよ。

部材名称	重心高さ Kg [m]	横 b [m]	高さ h [m]
甲板	1.995	2.00	0.01
右舷船側外板	1.000	0.01	1.98
左舷船側外板	1.000	0.01	1.98
船底外板	0.005	2.00	0.01
部材 A	1.200	0.20	0.40
部材 B	0.950	0.80	0.10

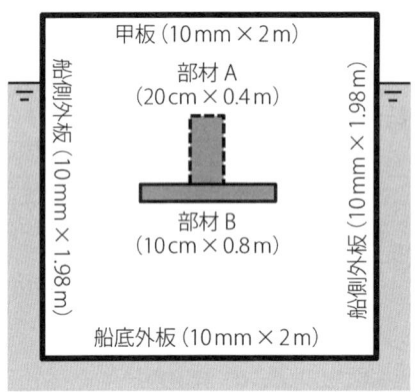

図 4.49　例題 15 の船体中央断面

〈エクセルによる計算およびグラフ作成例〉

　梁の強度評価法を例題 15 の船体断面に適用し，エクセル・ワークシートに展開したものが図 4.50 である。エクセルの計算手順を図 4.50 に基づき解説する。

① 船体に加わる最大曲げモーメント BM_{max} を求める

　❶ 船長 L {20} [m] を B4 に，深さ D {2} [m] を C4 に，排水量 W {60} [t] を D4 に入力する。

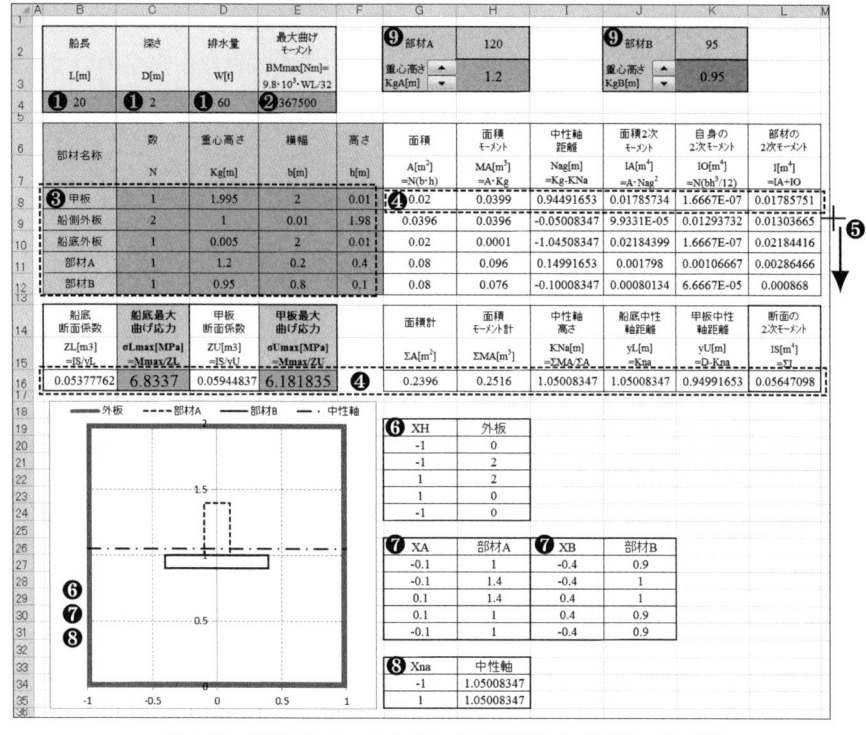

CHAPTER 4　エクセルで解く商船学の問題

図4.50　例題15のエクセルによる計算およびグラフ作成例

❷　問題内容から最大曲げモーメントは $WL/32$ と定義されているので，E4 に `=(D4*1000*9.8)*B4/32` を設定・計算し，船体に加わる最大曲げモーメント BM_{max} を求める。

② 各部材の形状数値を設定する

部材名称		数量 N		重心高さ Kg[m]		横幅 b[m]		高さ h[m]	
セル	設定	セル	設定	セル	設定	セル	設定	セル	設定
B8	{甲板}	C8	{1}	D8	{1.995}	E8	{2.00}	F8	{0.01}
B9	{船側外板}	C9	{2}	D9	{1.000}	E9	{0.01}	F9	{1.98}
B10	{船底外板}	C10	{1}	D10	{0.005}	E10	{2.00}	F10	{0.01}
B11	{部材A}	C11	{1}	D11	{1.200}	E11	{0.20}	F11	{0.40}
B12	{部材B}	C12	{1}	D12	{0.950}	E12	{0.80}	F12	{0.10}

225

❸ 例題 15 の表における各部材の数 N, 重心高さ Kg [m] と断面形状数値を, 表のとおり, 対応するセルに設定する. すべての部材は中実なので, 部材断面の形状数値は単位 [m] で横幅と高さを入力する.

③ 船体断面について, 強度評価する

❹ 面積 A [m^2], 面積モーメント M_A [m^3], 面積計 ΣA [m^2], 面積モーメント計 ΣM_A [m^3], 中性軸高さ KNa [m], 船底中性軸距離 y_L [m], 甲板中性軸距離 y_U [m], 中性軸距離 Nag [m], 面積 2 次モーメント I_A [m^4], 自身の 2 次モーメント I_O [m^4], 部材の 2 次モーメント I [m^4], 断面の 2 次モーメント I_S [m^4], 船底断面係数 Z_L [m^3], 船底最大曲げ応力 $\sigma_{L\max}$ [MPa], 甲板断面係数 Z_U [m^3], 甲板最大曲げ応力 $\sigma_{U\max}$ [MPa] について, 下表のとおり, 対応するセルに関数を設定する.

設定対象	セル	関数
面積 A [m^2]	G8	=C8*(E8*F8)
面積モーメント M_A [m^3]	H8	=G8*D8
面積計 ΣA [m^2]	G16	=SUM(G8:G12)
面積モーメント計 ΣM_A [m^3]	H16	=SUM(H8:H12)
中性軸高さ KNa [m]	I16	=H16/G16
船底中性軸距離 y_L [m]	J16	=I16
甲板中性軸距離 y_U [m]	K16	=C4-J16
中性軸距離 Nag [m]	I8	=D8-$I$16
面積 2 次モーメント I_A [m^4]	J8	=G8*POWER(I8,2)
自身の 2 次モーメント I_O [m^4]	K8	=C8*(E8*POWER(F8,3)/12)
部材の 2 次モーメント I [m^4]	L8	=J8+K8
断面の 2 次モーメント I_S [m^4]	L16	=SUM(L8:L12)
船底断面係数 Z_L [m^3]	B16	=L16/J16
船底最大曲げ応力 $\sigma_{L\max}$ [MPa]	C16	=E4/(B16*POWER(10,6))
甲板断面係数 Z_U [m^3]	D16	=L16/K16
甲板最大曲げ応力 $\sigma_{U\max}$ [MPa]	E16	=E4/(D16*POWER(10,6))

断面の中性軸高さ KNa[m]はキールから断面の重心（図心）までの高さであるので，式(4.23)で求めており，各部材の断面 2 次モーメント I[m⁴]は部材の面積 2 次モーメント I_A[m⁴]と部材自身の 2 次モーメント I_O[m⁴]の和であるので，式(4.24)で求めている。

$$KNa = \frac{\sum M_A}{\sum A} = \frac{\sum A \cdot Kg}{\sum A} \tag{4.23}$$

$$I = I_A + I_O = A \cdot Nag^2 + \frac{b \cdot h^3}{12} = A \cdot (Kg - KNa)^2 + \frac{b \cdot h^3}{12} \tag{4.24}$$

❺ 8 行の面積 A から部材の 2 次モーメント I までの G8:L8 （❹で関数設定した）を選択し，甲板から部材 B（8 行から 12 行）までオートフィルすれば，図 4.50 の C16 と E16 に示すように，船底と甲板に加わる最大曲げ応力が得られる。

船底と甲板に加わる最大曲げ応力は材質の曲げ許容応力 90[MPa]以下となり，充分な強度であると評価された。また，船体を中空の梁として捉えることにより，船体断面の強度評価が梁と同様な手法により実施されていることも確認された。

④ 船体断面をグラフ表示する

船体断面を構成する各部材と中性軸をグラフ表示する。

❻ 外板データのグラフ表示

外板データ系列（$XH1, YH1$）〜（$XH5, YH5$）の座標値を次表のとおり G20:H24 に，系列名 {外板} を H19 に入力・作成し，得られた外板データ系列を散布図グラフで折れ線表示する。

外板データ系列	座標値 入力データ	入力セル
($XH1, YH1$)[m]	({-1}, {0})	(G20 , H20)
($XH2, YH2$)[m]	({-1}, {2})	(G21 , H21)
($XH3, YH3$)[m]	({1}, {2})	(G22 , H22)
($XH4, YH4$)[m]	({1}, {0})	(G23 , H23)
($XH5, YH5$)[m]	({-1}, {0})	(G24 , H24)

❼ 部材 A と B のデータのグラフ表示

部材 A データ系列($XA1, YA1$)〜($XA5, YA5$)の座標値を次表のとおり G27:H31 に，系列名 {部材 A} を H26 に入力・作成し，得られた部材 A データ系列を散布図グラフで折れ線表示する。

部材 A データ系列	座標値 入力データと関数	入力セル
($XA1, YA1$) [m]	({-0.1}, =$D$11-0.2)	(G27 , H27)
($XA2, YA2$) [m]	({-0.1}, =$D$11+0.2)	(G28 , H28)
($XA3, YA3$) [m]	({0.1}, =$D$11+0.2)	(G29 , H29)
($XA4, YA4$) [m]	({0.1}, =$D$11-0.2)	(G30 , H30)
($XA5, YA5$) [m]	({-0.1}, =$D$11-0.2)	(G31 , H31)

同様に，部材 B データ系列($XB1, YB1$)〜($XB5, YB5$)の座標値を次表のとおり I27:J31 に，系列名 {部材 B} を J26 に入力・作成し，得られた部材 B データ系列を散布図グラフで折れ線表示する。

部材 B データ系列	座標値 入力データと関数	入力セル
($XB1, YB1$) [m]	({-0.4}, =$D$12-0.05)	(I27 , J27)
($XB2, YB2$) [m]	({-0.4}, =$D$12+0.05)	(I28 , J28)
($XB3, YB3$) [m]	({0.4}, =$D$12+0.05)	(I29 , J29)
($XB4, YB4$) [m]	({0.4}, =$D$12-0.05)	(I30 , J30)
($XB5, YB5$) [m]	({-0.4}, =$D$12-0.05)	(I31 , J31)

❽ 中性軸データの作成とグラフ表示

中性軸データ系列($Xna1, Yna1$)，($Xna2, Yna2$)の座標値を次表のとおり G34:H35 に，系列名 {中性軸} を H33 に入力・作成し，得られた中性軸データ系列を散布図グラフで直線（一点鎖線）表示する。

中性軸データ系列	座標値 入力データと関数値	入力セル
$(Xna1, Yna1)$ [m]	({-1}, =$I$16)	(G34 , H34)
$(Xna2, Yna2)$ [m]	({1}, =$I$16)	(G35 , H35)

以上により，図 4.50 に示す各部材と中性軸からなる船体断面が表示される。

⑤ 部材 A と B の重心高さ Kg をスピンボタンで入力設定

❾ 部材 A と B の重心高さ Kg のスピンボタンによる入力設定

§1.6.4 スピンボタンで解説された操作を適用し，部材 A の重心高さ Kg のスピンボタンを G3 に設置し，スピンボタンの [コントロール書式] の [最小値] に {20}，[最大値] に {180}，[変化の増分] に {10} を入力し，[リンクするセル] として H2 を設定する。次に， H3 に =H2/100 を，部材 A 重心高さ Kg の入力項である D11 に =H3 を設定する。

部材 B の重心高さ Kg についても同様に，スピンボタンを J3 に設置し，スピンボタンの [コントロール書式] の [最小値] に {5}，[最大値] に {195}，[変化の増分] に {10} を入力し，[リンクするセル] として K2 を設定する。次に， K3 に =K2/100 を，部材 B 重心高さ Kg の入力項である D12 に =K3 を設定する。

以上により，スピンボタン操作で部材 A と B の重心高さ Kg の設定値を変更し，対応した強度計算を実行・表示する簡単なシミュレーションが実行できるようになった。

スピンボタン操作により部材 A と B を船体断面の任意高さに配置し，船体断面の強度がどのように変化するか，とくに，船体の断面 2 次モーメントを大きくするには部材をどこに配置すべきか確認することを勧める。

4.5.2 船体に加わる縦曲げモーメント

前項で，船体を中空の梁として捉えることにより，船体断面の強度評価が梁と同様な手法により実施できることを示した。

本項では強度評価における外力条件，すなわち，例題 15 では $WL/32$（排水量 W，船長 L）と設定した"船体に加わる曲げモーメント"の発生原理と求め方について概説する。

船舶が波浪中を航行する際，船体の重量分布は変化しないが，浮力を発生する波の形が大きく変わり，船体に加わる浮力分布が大きく変化し，重量分布と浮力分布に大きな差が発生する。この重量分布と浮力分布の差が荷重分布として船体（梁）に加わり，せん断力と曲げモーメントを発生し，波長が船長と同じ長さの大きな振幅の波浪のとき，極めて大きな曲げモーメントを生ずる。

図 4.51 はエクセルを用いて，船体の重量曲線（重量分布曲線）$w(x)$ [t/m] と浮力曲線（浮力分布曲線）$b(x)$ [t/m] から曲げモーメント曲線 $BM(x)$ [t·m] を求め，グラフ表示した例である。

船長 $L = 100$ [m]，排水量 $W = 16250$ [t] の船体が，図 4.51 の上図に示すように，船長と同じ波長の波に遭遇し，船体中央付近に波頂がある（ホギングと呼ぶ）場合の船体曲げモーメントを計算したものである。

図 4.51 に基づいて，船体曲げモーメントの発生原理と計算法を以下に紹介する。

① 重量曲線 $w(x)$，浮力曲線 $b(x)$ と荷重曲線 $l(x)$

船体が波のなかで浮いて釣り合っていることから，船体の重量曲線 $w(x)$，排水量 W，波による浮力曲線 $b(x)$ と浮力 B [t] には次式が成立している。

$$W - B = 0 \quad \left\{ \begin{array}{l} W = \int_0^L w(x)dx \\ B = \int_0^L b(x)dx \end{array} \right. \quad (4.25)$$

ここで，x [m] は船尾からの距離である。

図 4.51 の上図からも明らかであるが，平水状態とは異なり，波のなかでは重量曲線 $w(x)$ と浮力曲線 $b(x)$ に大きな差が生じ，次式で定義される荷重曲線（浮力分布曲線と重量曲線の差）$l(x)$ [t/m] が生まれる。この荷重曲線 $l(x)$ が §4.5.1 梁の曲げ応力における荷重と反力に等価な外力である。

$$l(x) = b(x) - w(x) \tag{4.26}$$

重量曲線 $w(x)$, 浮力曲線 $b(x)$ と荷重曲線 $l(x)$ を図 4.51 の中図に示す。

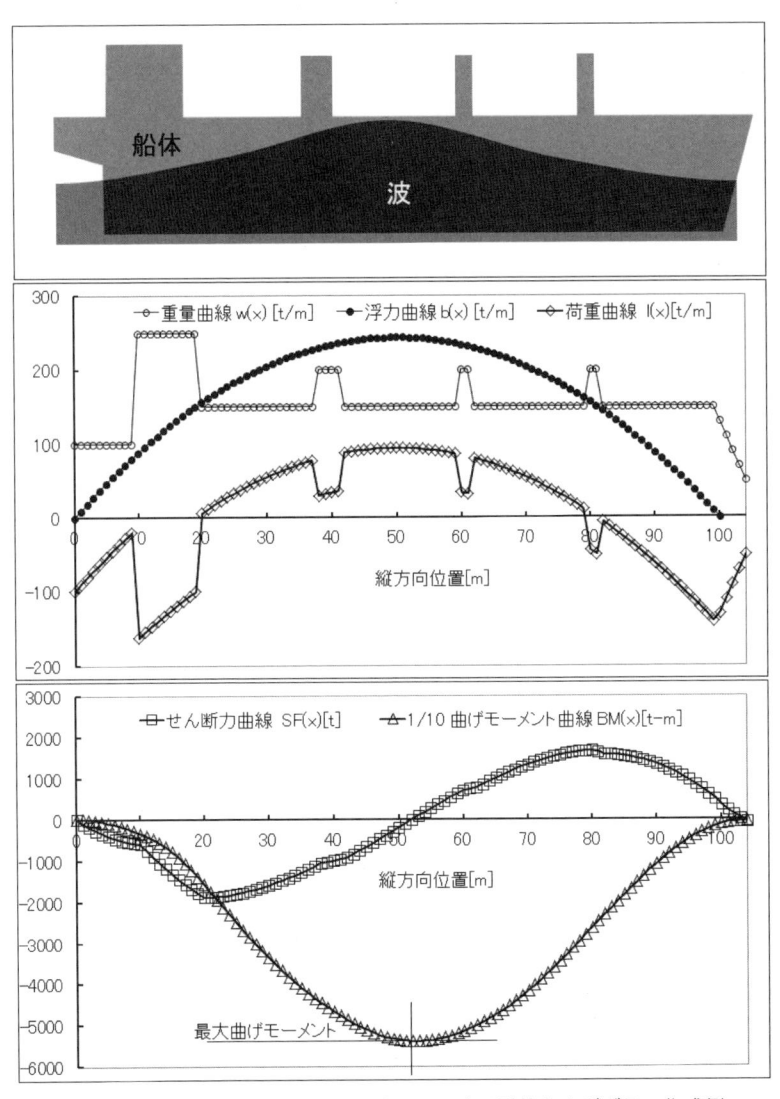

図 4.51 船体曲げモーメントのエクセルによる計算およびグラフ作成例

② せん断力曲線 $SF(x)$,曲げモーメント曲線 $BM(x)$ と最大曲げモーメント BM_{max}

荷重曲線 $l(x)$ を船尾($x=0$)から対象断面($x=X$)まで積分したものが,次式に示すとおり,対象断面($x=X$)に働くせん断力(曲線)$SF(x)$ [t] となる。

$$SF(x) = \int_0^X l(x)\,dx \tag{4.27}$$

せん断力曲線 $SF(x)$ を船尾($x=0$)から対象断面($x=X$)まで積分したものが,次式に示すとおり,対象断面($x=X$)に働く曲げモーメント(曲線)$BM(x)$ となる。

$$BM(x) = \int_0^X SF(x)\,dx \tag{4.28}$$

図 4.51 の下図がせん断力曲線 $SF(x)$ と曲げモーメント(曲線)$BM(x)$ を示す。

得られた曲げモーメント(曲線)$BM(x)$ は中央断面付近で最大となっており,最大曲げモーメント BM_{max} は 53000 [t·m] 程度を示し,曲げモーメントの概略値 $WL/32 = 50781$ [t·m] に近い値となった。

図 4.51 は船体長さを 100 等分したステーションを設定し,各ステーションに重量分布と浮力分布を設定し,エクセルにより式(4.25)〜(4.28)を計算して得たものである。船体曲げモーメントの発生原理と計算法の深い理解につながるので,ぜひ,あなた自身がエクセルを活用して確認することを勧める。

本節では梁の応力や強度を評価する手法と船体の縦強度評価法への適用法を紹介するとともに,エクセル・シミュレーションで確認できることを示した。また,船体縦強度評価における外力条件となる縦曲げモーメントの発生原理と求め方についても概説した。

本節で紹介したエクセル・ワークシートを作成・活用し,梁や船体断面の強度評価に適用し,材料力学や構造力学の理解に役立てることを期待する。

4.6 物理現象の数学モデル（1階線形微分方程式）

物体の運動などを運動方程式で表現しているように，ある現象の仕組み（メカニズム）などを単純化して図や数式などで表現することをモデル化（モデリング）と呼び，数学モデル（数式で表現）が用いられることが多く，現象の理解などに役立てられている。

ある現象の数学モデルが得られれば，エクセルで数学モデルを解き，現象の特性や挙動を把握することができる。化学と経済のようにまったく異なる分野の現象であっても，数学モデルが同じであれば数学的には同じ特性や挙動を示すのであり，エクセルを利用してそれらの異なる現象を同じ方法で解き，理解することができる。

本節では4種類のまったく異なる物理現象のモデル（数学モデル）の導出を行い，同一の数学モデルで表現される現象の類似性についても理解し，エクセルで数学モデルを解くことが現象の特性や挙動を把握し，理解することに役立つことを示す。

4.6.1 異なる物理現象を表す1つの数学モデル（1階線形微分方程式）

4種類の異なる物理現象の数学モデルの導出を行い，下表で示すように，1つの数学モデル（1階線形微分方程式）：式(4.29)で表現されることを解説する。

物理現象	入力 $x(t)$	出力 $y(t)$	数学モデル （1階線形微分方程式）
(1) トロッコの運動	推力 [N]	速度 [m/s]	$T\dfrac{dy}{dt} + y(t) = Kx(t)$ (4.29)
(2) RC回路の電圧変動	入力電圧 [V]	出力電圧 [V]	
(3) タンクの水位変動	流入量 [m³/s]	水位 [m]	T, K：定数
(4) 船体の旋回運動	舵角 [°]	角速度 [°/s]	$x(t)$：入力, $y(t)$：出力

(1) トロッコの速度応答

レール上のトロッコを走らせる運動の数学モデル（運動方程式）を求める。

図 4.52 に示すように，質量 M[kg] のトロッコが前向きの推力 $f(t)$[N] と後ろ向きの抵抗力 $R(t)$[N] を受けながら，レール上を速度 $v(t)$[m/s] で走っており，抵抗力 $R(t)$ は抵抗係数 c[N·s/m] で速度 $v(t)$ に比例している。

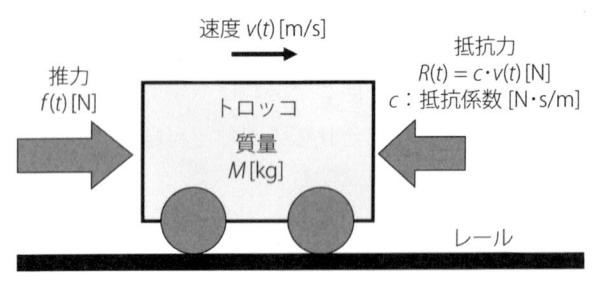

図 4.52　トロッコの運動

この運動を支配する力学法則はニュートンの第 2 法則：式 (4.30) である。

$$F = m \cdot a \tag{4.30}$$

推力と抵抗力からなる合力：式 (4.31)，速度の導関数：式 (4.32) と質量 M を式 (4.30) の外力 F，加速度 a と質量 m に代入すると

$$F = f(t) - c \cdot v(t) \tag{4.31}$$

$$a = \frac{dv}{dt} \tag{4.32}$$

トロッコの速度応答を表す運動方程式数学モデル：式 (4.33) が得られる。

$$M\frac{dv}{dt} + c \cdot v(t) = f(t) \tag{4.33}$$

式 (4.33) の両辺を c で割り，$T = M/c$，$K = 1/c$ とおくと，本項冒頭で紹介した式 (4.29) と同じ数学モデル（1 階線形微分方程式）：式 (4.34) となる。

$$T\frac{dv}{dt} + v(t) = Kf(t) \tag{4.34}$$

$f(t)$：入力（推力），$v(t)$：出力（速度）

(2) RC回路の電圧応答

抵抗とコンデンサからなる電気回路の電圧変動の数学モデルを求める。

図4.53に示すように，抵抗 R [Ω] とコンデンサ C [F] から成る回路に電圧 $v_i(t)$ [V] を入力すると，電流 $i(t)$ [A] が流れ，電圧 $v_o(t)$ [V] が出力される。

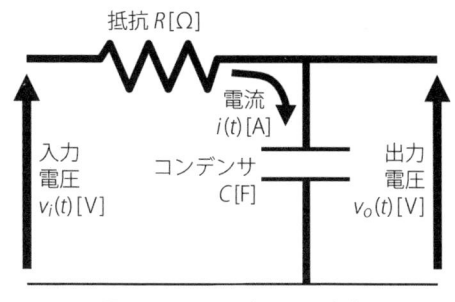

図4.53　RC回路の電圧変動

オームの法則から式(4.35)が成立する。

$$v_i(t) - v_o(t) = i(t) \cdot R \tag{4.35}$$

コンデンサの電荷 $Q(t)$ [C] の定義：式(4.36)と，電流が電荷の導関数である定義：式(4.37)から

$$Q(t) = C \cdot v_o(t) \tag{4.36}$$

$$i(t) = \frac{dQ}{dt} \tag{4.37}$$

電流は式(4.38)として求められる。

$$i(t) = C\frac{dv_o}{dt} \tag{4.38}$$

式(4.38)を式(4.35)に代入すると，RC回路の電圧応答を表す数学モデル：式(4.39)が得られる。

$$RC\frac{dv_o}{dt} + v_o(t) = v_i(t) \tag{4.39}$$

$T = RC$，$K = 1$ とおくと，本項冒頭で紹介した式(4.29)と同じ数学モデル（1階線形微分方程式）：式(4.40)となる。

$$T\frac{dv_o}{dt} + v_o(t) = Kv_i(t) \tag{4.40}$$

　　$v_i(t)$：入力（入力電圧），$v_o(t)$：出力（出力電圧）

（3） タンクの水位応答

底から水を排出しているタンクに水を供給する場合の水位変動の数学モデルを求める。

図 4.54 に示すように，底面積 $S\,[\mathrm{m}^2]$ のタンクに流量 $q_i(t)\,[\mathrm{m}^3/\mathrm{s}]$ で水を供給し，底から流量 $q_o(t)\,[\mathrm{m}^3/\mathrm{s}]$ で水が排出されているときの水位（水深）は $h(t)\,[\mathrm{m}]$ であり，排出流量 $q_o(t)$ は排出係数 $c\,[\mathrm{m}^2/\mathrm{s}]$ で水位 $h(t)$ に比例している。

Δt 秒間，タンクに水を供給したときの水位上昇を Δh とすると，質量保存則から式(4.41)が成立する。

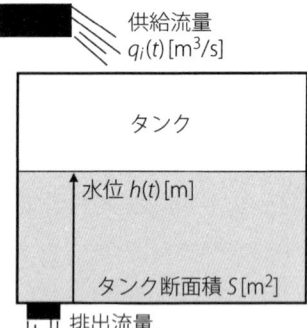

図 4.54 タンクの水位変動

$$(q_i(t) - c \cdot h(t))\Delta t = S \cdot \Delta h \tag{4.41}$$

式(4.41)の両辺を Δt で割り，その極限：式(4.42)を求めると

$$\lim_{\Delta t \to 0}\left(q_i(t) - c \cdot h(t) = S\frac{\Delta h}{\Delta t}\right) \tag{4.42}$$

タンクの水位応答を表す数学モデル：式(4.43)が得られる。

$$S\frac{dh}{dt} + c \cdot h(t) = q_i(t) \tag{4.43}$$

式(4.43)の両辺を c で割り，$T = S/c$，$K = 1/c$ とおくと，本項冒頭で紹介した式(4.29)と同じ数学モデル（1階線形微分方程式）：式(4.44)となる。

$$T\frac{dh}{dt} + h(t) = Kq_i(t) \tag{4.44}$$

$q_i(t)$：入力（供給流量），$h(t)$：出力（水位）

（4） 船体の旋回角速度応答

操舵により船体が旋回する運動の数学モデル（運動方程式）を求める。

図 4.55 に示すように，重心 G 回りの慣性モーメントが $I_G\,[\mathrm{kg}\cdot\mathrm{m}^2]$ の船体が舵角 $\delta(t)\,[°]$ を切って，角速度 $r(t)\,[°/\mathrm{s}]$ で旋回している。船体重心から距離 l

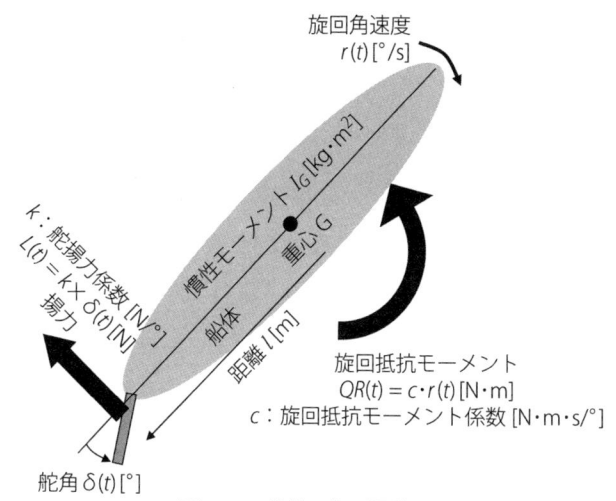

図4.55 船体の旋回運動

[m] に設置された舵の発生する揚力 $L(t)$ [N] は舵揚力係数 k [N/°] で舵角 $\delta(t)$ に比例し、船体が旋回に伴い発生する抵抗モーメント $QR(t)$ [N·m] は旋回抵抗モーメント係数 c [N·m·s/°] で旋回角速度 $r(t)$ に比例している。

この運動を支配する力学法則はニュートンの第2法則であり、回転運動では式(4.45)となる。

$$Q = I \cdot \alpha \tag{4.45}$$

舵発生旋回モーメントと船体の旋回抵抗モーメントからなる合力モーメント：式(4.46)、角速度の導関数：式(4.47)と慣性モーメント I_G を、式(4.45)の外力モーメント Q、角加速度 α と慣性モーメント I に代入すると

$$Q = l \cdot k \cdot \delta(t) - c \cdot r(t) \tag{4.46}$$

$$\alpha = \frac{dr}{dt} \tag{4.47}$$

船体の旋回角速度応答を表す運動方程式数学モデル：式(4.48)が得られる。

$$I_G \frac{dr}{dt} + c \cdot r(t) = l \cdot k \cdot \delta(t) \tag{4.48}$$

式(4.48)の両辺を c で割り、$T = I_G/c$、$K = l \cdot k/c$ とおくと、本項冒頭で紹介した式(4.29)と同じ数学モデル（1階線形微分方程式）：式(4.49)となる。

$$T\frac{dr}{dt} + r(t) = K\delta(t) \tag{4.49}$$

$\delta(t)$：入力（舵角），$r(t)$：出力（旋回角速度）

本項冒頭で紹介した 1 つの 1 階線形微分方程式：式(4.29)がトロッコの運動，RC 回路の電圧変動，タンクの水位変動と船体の旋回運動の異なる 4 種の物理現象の数学モデルとして導出された。数学モデルが同じであることは，これらのまったく異なる 4 種の物理現象の入出力間の特性や挙動が同じであることを意味する。

そこで，前述した 2 種類の物理現象（トロッコの速度応答と RC 回路の電圧応答）に関する例題を解いて，入出力間の特性や挙動が同じであることを確認する。

例題 16　トロッコの速度応答

図 4.52 で示すトロッコの運動において，質量 M は 10 [kg]，抵抗係数 c は 1 [N·s/m] であり，推力 $f(t)$ は加えられず（0 [N]），トロッコは停止（0 [m/s]）している。このトロッコに，時刻 $t=2$ [s] から一定（10 [N]）の推力 $f(t)$ を加えた場合の速度応答 $v(t)$ [m/s] を時刻 $t=50$ [s] まで求めよ。

〈エクセルによる計算およびグラフ作成例〉

トロッコの速度応答に関する例題 16 の解き方をエクセル・ワークシートに展開し，作図したものが図 4.56 である。エクセルの計算・作図の手順を図 4.56 に基づき解説する。

① 例題の数学モデル：式(4.34)の定数 T と K を求める

　❶ トロッコの質量 M {10} [kg] を D3 に，抵抗係数 c {1} [N·s/m] を D5 に入力する。

　❷ 例題の数学モデル：式(4.34)の定数 T を E5 に =D3/D5 を設定・計算して求め，定数 K を F5 に =1/D5 を設定・計算して求める。

② 各変数の初期値を設定する

　❸ 番号 n，時刻 t [s] と速度 $v(t)$ [m/s] の初期値 {0} を B9 ， C9 と F9

CHAPTER 4　エクセルで解く商船学の問題

に入力する。

❹　時刻 $t<2\,[\mathrm{s}]$ まで $0\,[\mathrm{N}]$ で一定，$2\leq t\,[\mathrm{s}]$ から $10\,[\mathrm{N}]$ で一定となる推力 $f(t)$ の初期値を，D9 に =IF(C9<2,0,10) を設定して求める。

❺　数学モデル：式 (4.34) から加速度：式 (4.50) を求め

$$\frac{dv}{dt} = \frac{Kf(t) - v(t)}{T} \tag{4.50}$$

式 (4.50) に基づき，E9 に =($F$5*D9-F9)/$E$5 を設定し，加速度 dv/dt $[\mathrm{m/s^2}]$ の初期値を求める。

③　数学モデル：式 (4.34) を時間刻み $\Delta t\,[\mathrm{s}]$ で数値積分する

エクセルでの数値積分の作業内容を，手順に従って紹介する。数値積分の原理などについては §4.6.2 数値積分法 で解説する。

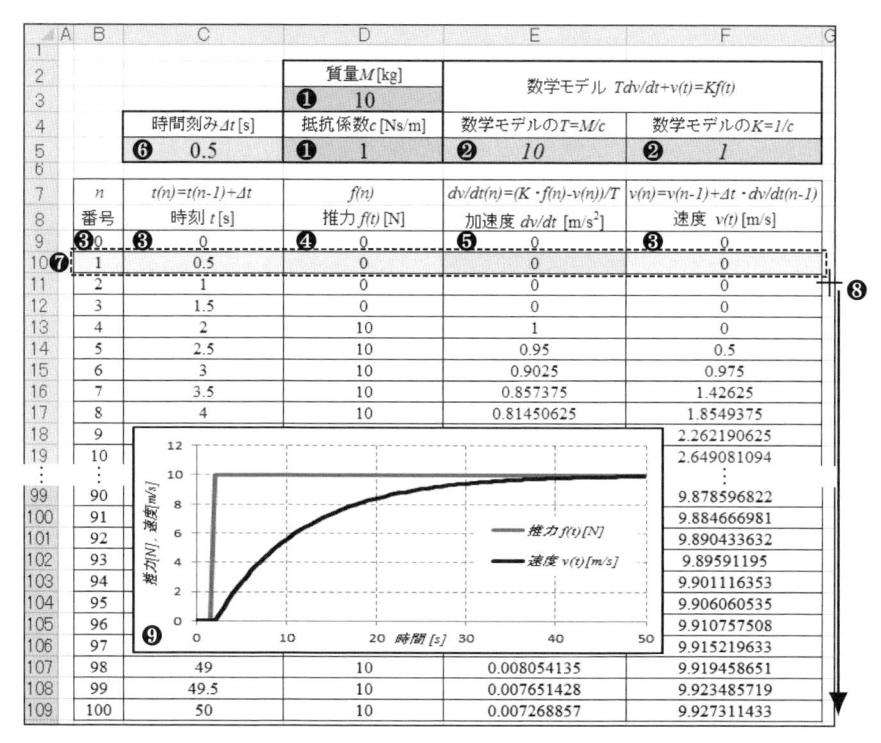

n	$t(n)=t(n-1)+\Delta t$	$f(n)$	$dv/dt(n)=(K\cdot f(n)-v(n))/T$	$v(n)=v(n-1)+\Delta t\cdot dv/dt(n-1)$
番号	時刻 $t\,[\mathrm{s}]$	推力 $f(t)\,[\mathrm{N}]$	加速度 $dv/dt\,[\mathrm{m/s^2}]$	速度 $v(t)\,[\mathrm{m/s}]$
0	0	0	0	0
1	0.5	0	0	0
2	1	0	0	0
3	1.5	0	0	0
4	2	10	1	0
5	2.5	10	0.95	0.5
6	3	10	0.9025	0.975
7	3.5	10	0.857375	1.42625
8	4	10	0.81450625	1.8549375
9				2.262190625
10				2.649081094
90				9.878596822
91				9.884666981
92				9.890433632
93				9.89591195
94				9.901116353
95				9.906060535
96				9.910757508
97				9.915219633
98	49	10	0.008054135	9.919458651
99	49.5	10	0.007651428	9.923485719
100	50	10	0.007268857	9.927311433

質量 $M\,[\mathrm{kg}]$：10　数学モデル $Tdv/dt+v(t)=Kf(t)$
時間刻み $\Delta t\,[\mathrm{s}]$：0.5　抵抗係数 $c\,[\mathrm{Ns/m}]$：1　数学モデルの $T=M/c$：10　数学モデルの $K=1/c$：1

図 4.56　例題 16 のエクセルによる計算およびグラフ作成例

❻ 時間刻み Δt {0.5}[s] を C5 に設定する。

❼ 番号 n，時刻 t[s]，推力 $f(t)$[N]，加速度 dv/dt[m/s²] と速度 $v(t)$[m/s] の各変数について，下表のとおり，対応するセルに関数を設定・計算する。

変数	セル	関数
番号 n	B10	=B9+1
時刻 t[s]	C10	=C9+$C$5
推力 $f(t)$[N]	D10	=IF(C10<2,0,10)
加速度 dv/dt[m/s²]	E10	=($F$5*D10-F10)/$E$5
速度 $v(t)$[m/s]	F10	=F9+$C$5*E9

❽ 10行（番号 n が 1）の番号 n から速度 $v(t)$ までの B10:F10 （❼で関数設定した）を選択し，時刻 t が 50[s] となるまでオートフィルすれば，数学モデル：式(4.34)を数値積分し，例題を解いたことになる。

④ 数学モデルの入力と出力の時間応答のグラフを作図する

横軸を時刻 t[s]，縦軸を入力である推力 $f(t)$[N] と出力である速度 $v(t)$[m/s] とするグラフを描く。

❾ 時刻 t と推力 $f(t)$ のデータ C8:D109 と速度 $v(t)$ のデータ F8:F109 を選択し，散布図で折れ線表示し，図 4.56 に示すグラフを得る。

例題 17　RC 回路の電圧応答

図 4.53 の電気回路において，抵抗 R は 1000[Ω]，コンデンサ容量 C は 0.01[F] であり，入力電圧 $v_i(t)$ は加えられず（0[V]），出力電圧 $v_o(t)$ は 0[V] となっている。この回路に，時刻 $t=2$[s] から一定（10[V]）の入力電圧 $v_i(t)$ を加えた場合の出力電圧応答 $v_o(t)$[V] を時刻 $t=50$[s] まで求めよ。

〈エクセルによる計算およびグラフ作成例〉

例題 17（RC 回路の電圧応答）をエクセルで解くにあたり，まず例題 16（トロッコの速度応答）との数学モデル上の差異を整理すると，以下のとおりとなる。

① 入力変数である推力 $f(t)$ が入力電圧 $v_i(t)$ に代わる。

② 出力変数である速度 $v(t)$ が出力電圧 $v_o(t)$ に代わる。
③ 質量 M が抵抗 R とコンデンサ容量 C の積（$R \cdot C$）に代わる。
④ 抵抗係数 c に相当する定数は 1 となる。
⑤ 定数 T は $R \cdot C$ で求められ，10 となり，定数 K は 1 となる。

例題 16 と 17 において，上記の差異は存在するが，定数 T と K は 10 と 1 で同値であり，数学モデルの形は同一である。例題を解く方法（数値積分する手法），エクセルでの作業の手順と内容はまったく同じであることが推察される。

そこで，例題 16 で用いたエクセル・ワークシートに上記の差異に基づく簡単な修正を加えることで，例題 17 を解いたものが図 4.57 である。

例題 17 を解くために例題 16 のエクセル・ワークシートに加えた修正を図 4.57 に基づき解説する。

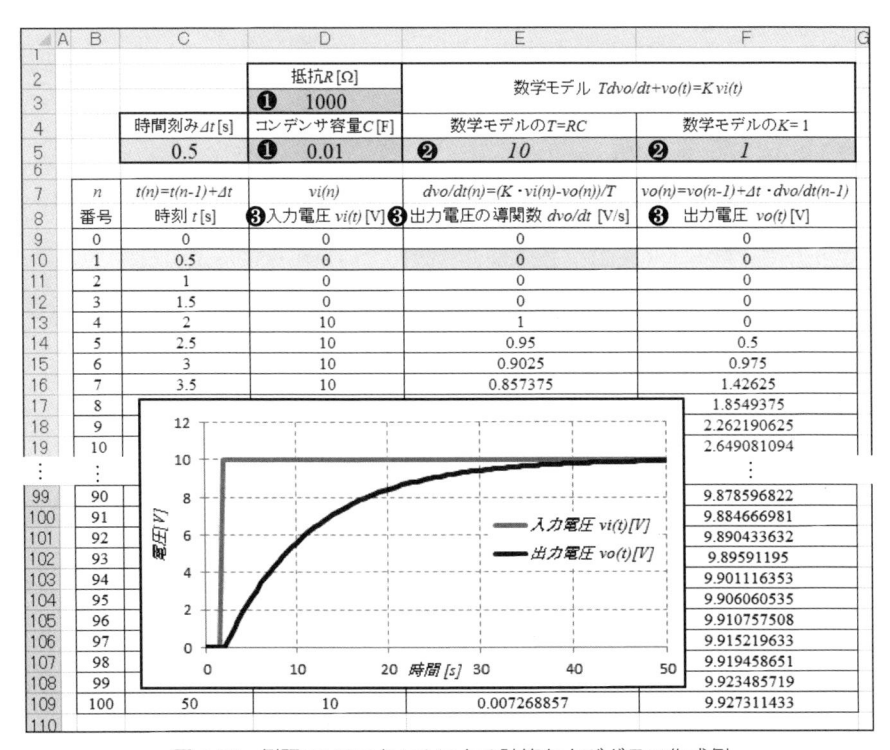

	A	B	C	D	E	F	G
2				抵抗R[Ω]	数学モデル $Tdvo/dt+vo(t)=Kvi(t)$		
3				❶ 1000			
4			時間刻みΔt[s]	コンデンサ容量C[F]	数学モデルの$T=RC$	数学モデルの$K=1$	
5			0.5	❶ 0.01	❷ 10	❷ 1	
7		n	$t(n)=t(n-1)+\Delta t$	$vi(n)$	$dvo/dt(n)=(K \cdot vi(n)-vo(n))/T$	$vo(n)=vo(n-1)+\Delta t \cdot dvo/dt(n-1)$	
8		番号	時刻 t [s]	❸入力電圧 $vi(t)$ [V]	❸出力電圧の導関数 dvo/dt [V/s]	❸ 出力電圧 $vo(t)$ [V]	
9		0	0	0	0	0	
10		1	0.5	0	0	0	
11		2	1	0	0	0	
12		3	1.5	0	0	0	
13		4	2	10	1	0	
14		5	2.5	10	0.95	0.5	
15		6	3	10	0.9025	0.975	
16		7	3.5	10	0.857375	1.42625	
17		8				1.8549375	
18		9				2.262190625	
19		10				2.649081094	
99		90				9.878596822	
100		91				9.884666981	
101		92				9.890433632	
102		93				9.89591195	
103		94				9.901116353	
104		95				9.906060535	
105		96				9.910757508	
106		97				9.915219633	
107		98				9.919458651	
108		99				9.923485719	
109		100	50	10	0.007268857	9.927311433	

図 4.57 例題 17 のエクセルによる計算およびグラフ作成例

❶ 抵抗値 R {1000} [Ω] を D3 に，コンデンサ容量 C {0.01} [F] を D5 に入力した．

❷ E5 に =D3*D5 を設定・計算し，本例題の数学モデル：式(4.40)の定数 T を求め， F5 に {1} を入力し，定数 K を設定した．

❸ D8 に {入力電圧 $v_i(t)$ [V]} を， E8 に {出力電圧の導関数 dv_o/dt [V/s]} を， F8 に {出力電圧 $v_o(t)$ [V]} を入力し，各系列名を修正した．

上記修正により解いた例題 17 の出力（図 4.57）と例題 16 の出力（図 4.56）を比較すると，数値積分結果である数値もグラフもまったく同じであることが確認された．

例題 16 はトロッコの推力に対する速度応答，例題 17 は電気回路の入力電圧に対する出力電圧応答であり，両者はまったく異なる物理現象であるにもかかわらず，その数学モデルは同じであり，まったく同じ挙動と特性を示すことが確認された．

4.6.2 数値積分法

ここまで 1 階線形微分方程式を"数値積分法"を用いてエクセルで解く方法を紹介してきた．本項では"数値積分法"とは何か簡単に解説する．

関数 $y(t)$ の導関数は $\frac{dy}{dt}(t)$ で定義され，間隔 Δt の区間 $t_{n-1} \leq t \leq t_n$ において，$y(t_n)$ は導関数 $\frac{dy}{dt}(t)$ の積分により，式(4.51)で定義される．

$$y(t_n) = y(t_{n-1}) + \int_{t_{n-1}}^{t_n} \frac{dy}{dt}(t)\,dt \tag{4.51}$$

§2.4 積分で解説したように，前式の第 2 項の積分は区間 $t_{n-1} \leq t \leq t_n$ の導関数 $\frac{dy}{dt}(t)$ の面積であり，その面積は式(4.52)のとおり，区間間隔 Δt と導関数 $\frac{dy}{dt}(t_{n-1})$ の積で近似できる．

$$\int_{t_{n-1}}^{t_n} \frac{dy}{dt}(t)\,dt \cong \Delta t \cdot \frac{dy}{dt}(t_{n-1}), \quad t_n = \Delta t + t_{n-1} \tag{4.52}$$

式(4.52)を式(4.51)に代入すると，関数 $y(t_n)$ を 1 つ前の関数値 $y(t_{n-1})$ と導関

数値 $\frac{dy}{dt}(t_{n-1})$ から，式 (4.53) のとおり求めることができる。

$$y(t_n) = y(t_{n-1}) + \Delta t \cdot \frac{dy}{dt}(t_{n-1}), \quad t_n = \Delta t + t_{n-1} \tag{4.53}$$

これが数値積分の原理であり，その考え方と意味をわかりやすく図解したものが図 4.58 である。

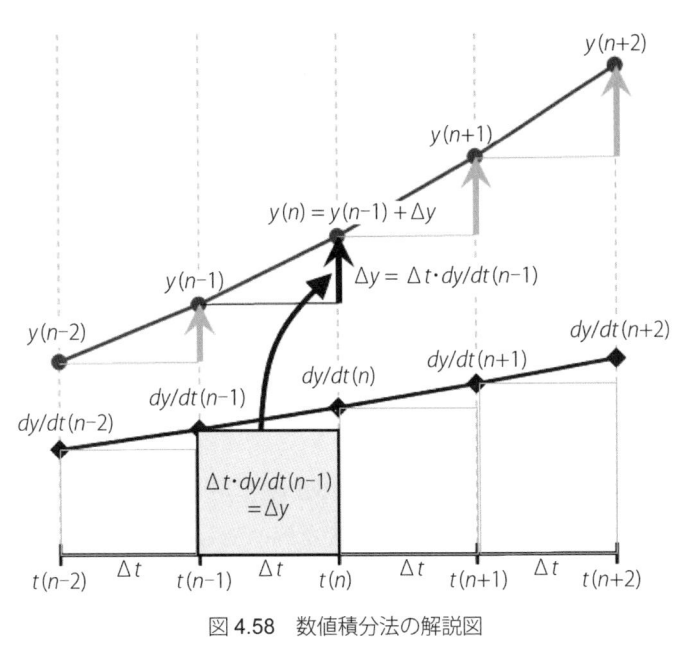

図 4.58 数値積分法の解説図

この数値積分法を用いれば，微分方程式（数学モデル）を解くときに，解析的に解かなくても，近似した数値解を簡単に得ることが可能となる。

トロッコの運動を例にあげ，具体的に説明すると，微分方程式（数学モデル）が加速度を表現しており，この加速度を数値積分することで速度を，そして，その速度を数値積分することで距離（位置）を簡単に求めることができるのである。

エクセルはこの数値積分法を展開するに最適なツールであり，エクセル上で数値積分することで微分方程式（数学モデル）を簡単に解き，微分方程式（数

学モデル）の挙動を簡単にシミュレーションできる．

ぜひ，数値積分法の原理と意味を理解し，エクセルを用いた数値積分により微分方程式（数学モデル）をシミュレーションし，その挙動と特性の理解を深めることを勧める．

4.6.3 旋回運動のシミュレーション

図 4.55 で示す船体の旋回運動の運動軌跡を求める例題を，前項で解説した数値積分法を活用して，エクセル・シミュレーションにより解くことを試みる．

例題 18　船体の旋回運動軌跡

式(4.49)で示される船体の旋回運動方程式の定数 T が 10 [s]，定数 K は 0.1 [1/s]である船舶が一定船速 V_s = 5 [m/s]，舵中央（舵角 $\delta(t)$ = 0 [°]）で直進している．この船舶が時刻 t = 2 [s]から t = 120 [s]まで一定（35 [°]）の舵角 $\delta(t)$ を取った場合の旋回軌跡 $(x(t), y(t))$ [m] を求めよ．

〈エクセルによる計算およびグラフ作成例〉

前述した例題 17 の解き方と同様に，例題 16 で用いたエクセル・ワークシートに簡単な修正を加えることで，例題 18 を解いたものが図 4.59 である．

例題 18 を解くために例題 16 のエクセル・ワークシートに加えた修正について，図 4.59 に基づき解説する．

❶　E5 に {10} を，F5 に {0.1} を入力し，数学モデル：式(4.49)の定数 T [s] と K [1/s] を設定した．

❷　H5 に {5} を入力し，一定の船速 V_s [m/s] を設定した．

❸　新たな変数である旋回角度 $\psi(t)$ [°]，x の移動距離 $x(t)$ [m] と y の移動距離 $y(t)$ [m] の初期値 {0} を G9 , H9 と I9 に入力した．

❹　時刻 t < 2 [s] まで 0 [°] で一定，2 ≤ t [s] から 35 [°] で一定となる舵角 $\delta(t)$ の初期値を，D9 に =IF(C9<2,0,35) を設定して求めた．

❺　舵角 $\delta(t)$ [°]，旋回角度 $\psi(t)$ [°]，x の移動距離 $x(t)$ [m] と y の移動距離 $y(t)$ [m] の各変数について，次表のとおり，対応するセルに関数を設定・計算した．

CHAPTER 4 エクセルで解く商船学の問題

変数	セル	関数
舵角 $\delta(t)$ [°]	D10	=IF（C10<2,0,35）
旋回角度 $\psi(t)$ [°]	G10	=G9+$C$5*F9
x の移動距離 $x(t)$ [m]	H10	=H9+$C$5*$H$5*SIN（RADIANS（G9））
y の移動距離 $y(t)$ [m]	I10	=I9+$C$5*$H$5*COS（RADIANS（G9））

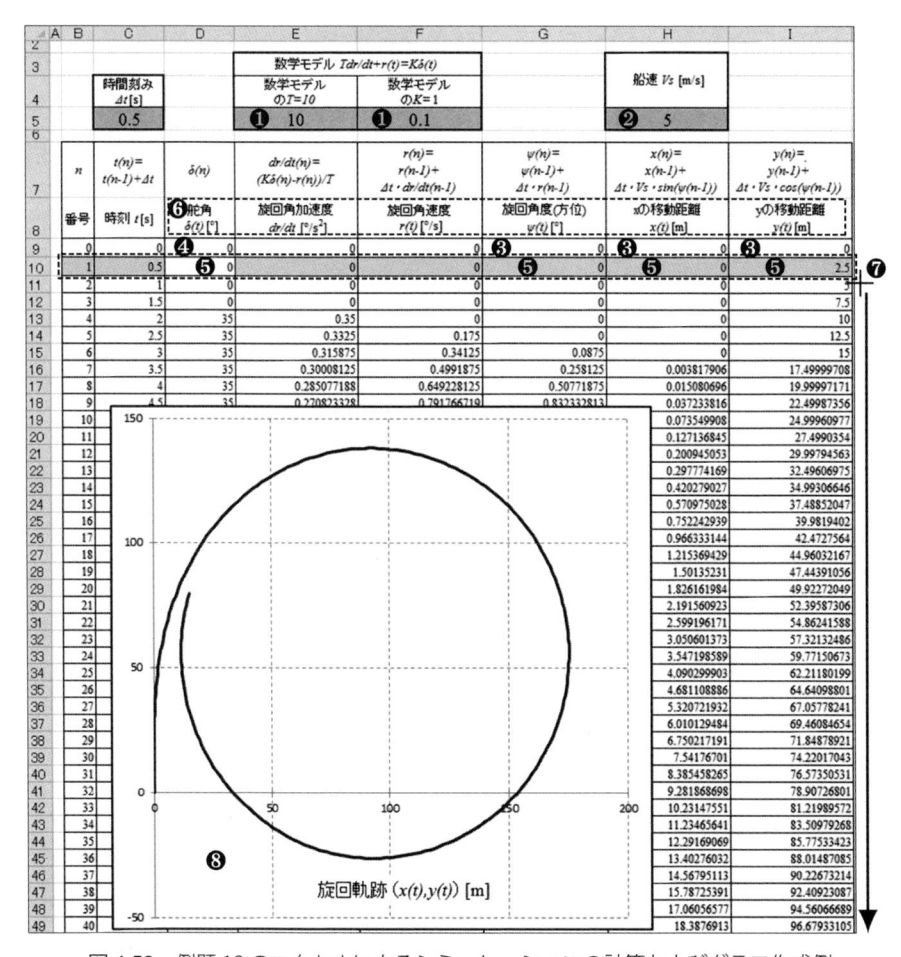

図4.59 例題18のエクセルによるシミュレーションの計算およびグラフ作成例

❻ D8 に {舵角 $\delta(t)$ [°]} を，E8 に {旋回角加速度 dr/dt [°/s^2]}，F8 に {旋回角速度 $r(t)$ [°/s]}，G8 に {旋回角度(方位) $\psi(t)$ [°]}，H8 に {x の移動距離 $x(t)$ [m]}，I8 に {y の移動距離 $y(t)$ [m]} を入力し，各系列名を修正した．

❼ 10行（番号 n が1）の番号 n から y の移動距離 $y(t)$ までの B10:I10 を選択し，時刻 $t = 120$ [s] となるまでオートフィルすることで，数学モデル：式(4.49)を数値積分し，シミュレーション結果である旋回軌跡を得た．

❽ x と y の移動距離 $(x(t), y(t))$ のデータ H9:I249 を選択し，散布図で折れ線表示し，図 4.59 に示す旋回軌跡のグラフを得た．

本節では4種類のまったく異なる物理現象が同一の数学モデル（微分方程式）で表現され，現象の特性や挙動が同じであることを紹介するとともに，エクセル・シミュレーションで確認できることを示した．

化学や経済などの多くの分野の動的な現象においても同様に微分方程式で表現される数学モデルが存在し，本節の例と同様に，エクセルで現象をシミュレーションできる．

本節で紹介したエクセル・ワークシートを作成・活用し，さまざまな現象の数学モデル（微分方程式）を解き，現象の特性や挙動を把握し，理解することに役立てることを期待する．

4.7 練習問題

本章で学んだ商船学の専門に関する知識とエクセルで課題を解く技術を活用して，以下の設問を解け．

4.7.1 船体の傾斜に関する練習問題

問1　GM 1.0 [m]，排水量 20000 [t] の船の船体中心線上甲板にある 100 [t] の貨物を表のとおり，3回，水平方向に移動した．

各移動を実施したときの横傾斜
角度 θ[°] を求め，横軸を移動貨
物の船体中心線からの距離 [m]，
縦軸を横傾斜角度 θ[°] とする散
布図でグラフ表示せよ．ただし，船体中心線からの距離は右舷方向を正，左
舷方向を負とする．

移動 No.	移動方向（右/左舷）	移動距離 [m]
1	右	10
2	左	30
3	右	10

問2　船長 100[m]，船首喫水 3.5[m]，船尾喫水 3.5[m]，浮面心位置が船体
中央より後方 3[m]，毎センチトリムモーメント 38.0[t·m/cm]，毎センチ排
水トン数 9.0[t/cm] の船が浮かんでいる．

この船に陸上の重量物 70[t] を船体中央より前方 40[m] の所に積載した．
この積荷時の船首および船尾喫水 [m] を求めよ．

次に，この積載した重量物 70[t] を陸上に戻し，さらに，船体中央より前
方 40[m] の所に搭載していた重量物 40[t] も陸上に揚げた．この揚荷時の
船首および船尾喫水 [m] を求めよ．

最初に浮かんでいるときの原水線 WL，新たに重量物を積載したときの積
荷時水線 WL′，積載した重量物と船内貨物を揚げたときの揚荷時水線 WL″
の 3 状態の水線（Water Line，船首喫水と船尾喫水を結んだ線）を重ねて描
き，喫水の変化をグラフ表示せよ．

4.7.2　航法に関する練習問題

問1　起程地 48°30′N，25°18′W より，着達地 45°15′N，32°14′W に至る真針
路および航程を漸長緯度航法を使って求めよ．

問2　起程地 42°30′N，170°40′W から，次のような針路・航程で航海をした．
着達地の経緯度および直航針路・航程を求めよ．
　N66°W40′.5，N20°W30′.5，S24°W51′.0，N5°E30′.9，N40°E28′.2

問3　以下に示す A 地点から B 地点に大圏を航走する場合の起程針路，着達
針路，大圏距離，頂点を求めよ．

A 地点 (lat. 21°15′N, Long. 162°40′W), B 地点 (lat. 5°20′S, Long. 96°10′W)

4.7.3 誘導電動機に関する練習問題

周波数 60 [Hz], 電圧 440 [V] の三相交流電源に, 極数 4 の三相誘導電動機をつないだ. 誘導電動機の巻数比は 8, 巻線抵抗は一次側が 4 [Ω] で二次側が 2 [Ω], 停止時の漏れリアクタンスは一次側が 5 [Ω] で二次側が 10 [Ω] であったとする. 以下の小問に答えよ.

① 回転速度とトルクの関係をグラフに描け. また, トルクが最大となるときのすべりの大きさと, その最大トルクの大きさ, および始動トルクの大きさを求めよ.

② この電動機をポンプに接続して運転した. 軸の回転を妨げる負荷トルクが 0.5 [N·m] であったとする. 回転速度が一定となったときの, すべりの大きさを求めよ.

③ その電動機にかかる負荷トルクが 1.5 [N·m] まで増加し, 回転速度が変化したという. このときの, すべりの大きさを求めよ.

④ 電動機に電力を供給する交流電源の電圧を 220 [V] へと下げた. この場合の, 回転速度とトルクの関係をグラフに描け. またこの場合の, トルクが最大となるときのすべりの大きさと, その最大トルクの大きさ, および始動トルクの大きさを求めよ.

⑤ 負荷トルクが 0.5 [N·m] の状態で, 電源電圧を 440 [V] から 220 [V] へと下げると, 回転速度が変化したという. このときの, すべりの大きさを求めよ.

⑥ この電動機の二次巻線抵抗を調整すると, 始動トルクが最大トルクに一致したという. この場合における二次巻線抵抗の大きさを求めよ. また, この場合の回転速度とトルクの関係をグラフに描け. なお電源電圧は 440 [V] とする.

4.7.4 内燃系，熱系現象に関する練習問題

以下の条件で動作するディーゼルサイクルをエクセルで描き，1 サイクル当たりの出力を求めよ。

［条件］

　作動流体：空気

　（吸入空気　比熱比 κ : 1.41, 気体定数 R : 287 [J/kg・K], 密度 ρ : 1.21 [kg/m³]）

　容積 V_s : 0.0234 [m³]（シリンダ内径 280 [mm], 行程 380 [mm]）

　圧縮比 ε : 13

　圧縮開始圧力　大気圧（1013 [hPa]）

　燃焼終了後の容積：0.0045（燃焼終了後温度：2700 [K]）

《行程》圧縮開始を①として

　①→②：断熱圧縮過程

　②→③：等圧受熱（ピストンを押し下げながら燃焼）

　③→④：断熱膨張

　④→①：排気

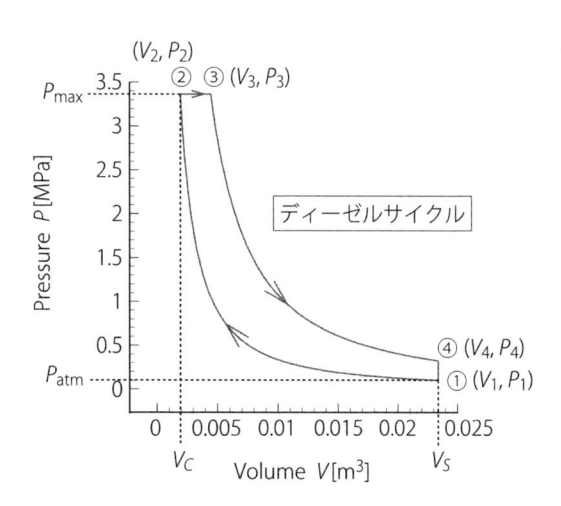

4.7.5 梁の曲げ応力に関する練習問題

問1 下図の A〜D までの4種類の断面を持つ同じ重量の梁がある。どの断面の梁が強いか，断面二次モーメント $I\,[\mathrm{m}^4]$ と断面係数 $Z\,[\mathrm{m}^3]$ を求め，比較し，強い梁から順番（強い1〜4弱い）を示せ。また，最大曲げモーメント $BM_{\max}=10\,[\mathrm{t\cdot m}]$ が加わったときの最大曲げ応力 $\sigma_{\max}\,[\mathrm{kgf/mm^2}]$ と，材質が引っ張り強さ $41\,[\mathrm{kgf/mm^2}]$ の船体用圧延鋼材である場合の安全率 SF を求めよ。

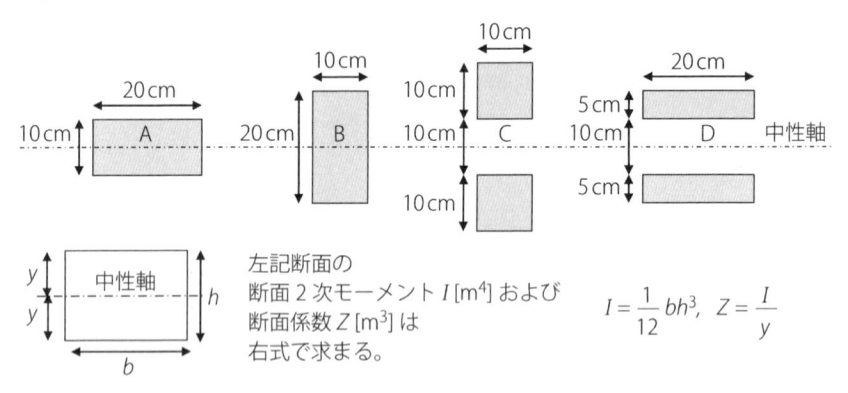

左記断面の断面2次モーメント $I\,[\mathrm{m}^4]$ および断面係数 $Z\,[\mathrm{m}^3]$ は右式で求まる。

$$I=\frac{1}{12}bh^3,\quad Z=\frac{I}{y}$$

問2 船体の縦強度評価法として，波により発生する最大縦曲げモーメント $BM_{\max}$ を外力，船体を中空の梁として，梁理論を適用する方法がとられている。
2つの縦隔壁を有する下図に示す中央断面の排水量 $W\,180\,[\mathrm{t}]$，長さ $L\,30\,[\mathrm{m}]$

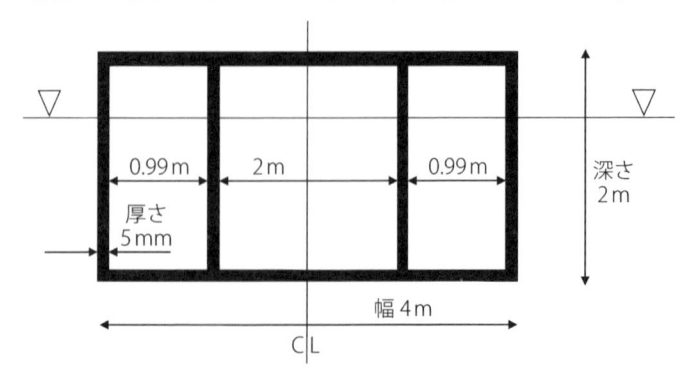

の船舶の縦強度を評価せよ。材料は厚さ5 [mm], 引っ張り強さ41 [kgf/mm²] の船体用圧延鋼材であり, 船体に加わる波による最大縦曲げモーメント BM_{max} は $W \cdot L/32$ [t·m] とされている。船体に加わる最大曲げ応力 σ_{max} [kgf/mm²] と安全率 SF を求めよ。

4.7.6 物理現象の数学モデルに関する練習問題

船舶の操舵に対する旋回角速度応答が次式で表され, 野本の T, K 式と呼ばれている。

$$T\frac{dr}{dt} + r(t) = K\delta(t)$$

$\delta(t)$ [°] 操舵舵角, $r(t)$ [°/s] 旋回角速度応答

T [s] 追従性の指数(定数), K [s⁻¹] 旋回性の指数(定数)

船名 A, B, C, D の4船舶があり, 各船の上式における T と K は下表の値を示している。各船舶は速力 5 [m/s], 舵中央(舵角 0 [°])で直進航行し, $t = 5$ [s] に右舵角 35 [°] をとり, 旋回した。

各船舶の旋回軌跡 $(x(t), y(t))$ [m] と $t = 200$ [s] までの旋回角速度応答 $r(t)$ [°/s] をグラフ表示せよ。旋回軌跡は旋回に伴う速力減少は発生しないものとして計算せよ。また, 旋回角速度応答は横軸を時間 t [s], 縦軸を旋回角速度 $r(t)$ [°/s] として描画せよ。

船名	A	B	C	D
T [s] 追従性の指数	10	20	10	20
K [s⁻¹] 旋回性の指数	0.1	0.1	0.05	0.05

練習問題の解答例

◆ CHAPTER 1

〈1.9.2 関数に関する練習問題〉

問1

❶ 総トン数 20 トン未満の船舶を「小型船舶」と表示し，そうでない場合は空白とするように IF 条件式を設定する（F 列）。

❷ 各船種それぞれ COUNTIF を用いて該当する船種の数を数えるよう設定する（左下「船種／隻数」の表）。

	A	B	C	D	E	F
1	船名	船種	総トン数[t]	全長[m]		総トン数20トン未満の船舶のみ「小型船舶」と表示
2	百合丸	貨物船	497	75.94		
3	こすもす	遊漁船	8.29	13.45		小型船舶
4	平和丸	漁船	1.4	7.95		小型船舶
5	セキレイ	貨物船	365	54.32		
6	桜木丸	漁船	287	54.25		
7	御山丸	貨物船	497	70.50		
8	よたか丸	油送船	149	39.48		
9	第七日向丸	遊漁船	6.73	14.20		小型船舶
10	勇尚丸	貨物船	122	45.00		
11	第二弘田丸	貨物船	199	59.20		
12	長寿丸	漁船	2.6	8.51		小型船舶
13						
14	船種	隻数[隻]				
15	貨物船	5				
16	油送船	1				
17	漁船	3				
18	遊漁船	2				

- =IF(C2<20,"小型船舶"," ")
- =IF(C3<20,"小型船舶"," ")
- =IF(C4<20,"小型船舶"," ")
- =COUNTIF(B2:B12,"貨物船")
- =COUNTIF(B2:B12,"油送船")
- =COUNTIF(B2:B12,"漁船")
- =COUNTIF(B2:B12,"遊漁船")

問2

❶ IF 関数を使って人数別に分類し，入場料を計算する。

10 人未満に該当する場合は「900[円]×人数」の計算を行い，該当しない場合は空白とする。

=IF(B6<10,900*B6," ")

❷ 複数条件による判定を行う（IF 関数のなかにさらに IF 関数を入れる）。

10 人以上に該当する場合は，20 人未満であれば「850[円]×人数」の計算を行い，そうでなければ空白とする。10 人以上に該当しない場合も空白とする。

〔例〕グループ 1 の条件式の書き方

=IF(B6>=10,IF(B6<20,850*B6," ")," ")

各グループの支払額と団体人数別総入場料金

グループ番号	入場料小計＝1人当たりの入場料×人数[円]		
	❶	❷	❸
1		13,600	
2	2,700		
3		10,200	
4	7,200		
5	6,300		
6	3,600		
7	2,700		
8		15,300	
9			15,400
10		9,350	
11			16,800
12	8,100		
13	2,700		
14	3,600		
15		14,450	
16			16,100
17	2,700		
18		16,150	
19	900		
20	1,800		
入場料合計(円)	42,300	79,050	48,300

❸ 20人以上に該当する場合は「700[円]×人数」の計算を行い，該当しない場合は空白とする。

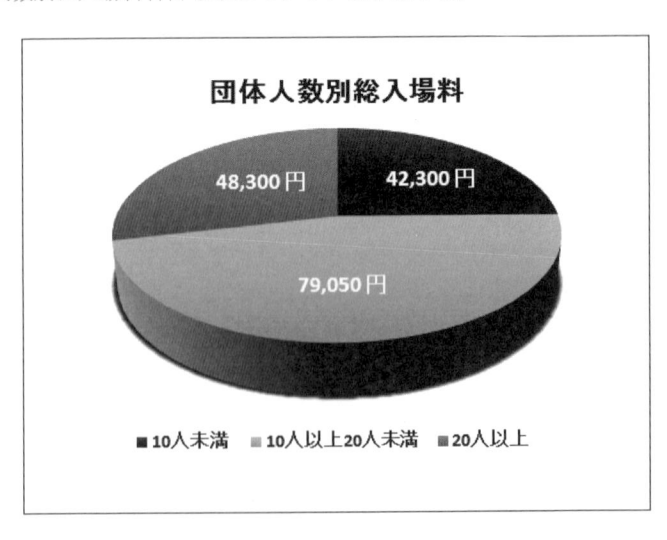

❹ 団体人数別に入場料合計を求めてグラフを作成する。

団体人数別総入場料

42,300円　48,300円　79,050円

■10人未満　■10人以上20人未満　■20人以上

◆ CHAPTER 2

〈2.7.1 三角関数の練習問題〉

問1 図 2.26 を参照すること。
問2 図 2.27 を参照すること。
問3 図 2.28 を参照すること。

〈2.7.2 連立方程式の練習問題〉

問1 図のとおりである。

	A	B	C	D	E	F	G	H	I	J	K	L	M
1													
2					A: 係数行列								
3			20	10	0	0	10	20					
4			60	50	40	30	20	5					
5			10	20	30	10	20	10					
6			1	2	3	1	2	3					
7			0	20	30	30	20	0					
8			20	20	10	20	20	20					
9													
10													
11					A⁻¹					Y		単価	
12			0.8	1.1E-17	-0.25	-0.5	0.5	-0.6		2100		60	
13			-1.8	0.033333	0.575	0.916667	-1.16667	1.366667		9050		50	
14			0.6	8.19E-18	-0.2	-4.3E-16	0.4	-0.5		3600	=	40	
15			0.4	1.7E-18	-0.2	-3.9E-16	0.3	-0.3		380		30	
16			0.3	-0.03333	0.025	-0.91667	0.166667	-0.16667		3500		20	
17			-1E-16	6.94E-19	-0.05	0.5	-6.2E-17	7.63E-17		3800		10	
18													
19													
20					{=MINVERSE(B3:G8)}					{=MMULT(B12:G17)}			
21													

問2

❶ 係数行列を Δ に並べ，MDETERM() で Δ の値を割り出す。

❷ Y 行列に値を入れる。

❸ Δ 行列をコピーし，1 列目のみ Y 行列に置き換え，MDETERM() 値を割り出す。結局 a はこの値を Δ で割る。b, c, d についても同様。

答 $a = 0$, $b = -9$, $c = 1$, $d = 3$

	A	B	C	D	E	F	G	H	I	J	K	L
1			a	b	c	d						
2			❶ 1	1	1	1				❷		-5
3	Δ	=	-1	1	-1	1	=	72		Y	=	-7
4			8	4	2	1						-31
5			-8	4	-2	1						-35
6												
7			❸ -5	1	1	1						
8			-7	1	-1	1	=	0		a	=	0
9			-31	4	2	1						
10			-35	4	-2	1						
11												
12			1	-5	1	1						
13			-1	-7	-1	1	=	-648		b	=	-9
14			8	-31	2	1						
15			-8	-35	-2	1						
16												
17			1	1	-5	1						
18			-1	1	-7	1	=	72		c	=	1
19			8	4	-31	1						
20			-8	4	-35	1						
21												
22			1	1	1	-5						
23			-1	1	-1	-7	=	216		d	=	3
24			8	4	2	-31						
25			-8	4	-2	-35						

クラメールによる連立方程式の解法

⟨2.7.3　傾きを求める（微分の意味，差分）練習問題⟩

$x = 7t^3$ の微分は $v = 21t^2$ となり，$t = 1, 2, 3$ 秒目の速度 v は図のように 21, 84, 189 [m/s] となる。

一方，差分による $t = 1, 2, 3$ 秒付近の v は 21.07, 84.07, 189.07 [m/s] とわずかに異なる。それは，「1 秒付近を $t = 0.9, 1.1$ [s]」としているためであり，1 秒付近にさらに近づけ $t = 0.99, 1.01$ などとし，dt をより微小時間とするべきである。

	A	B	C	D	E	F	G	H
1								
2		x = 7·t³	微分→	v = 21·t²				
3		t[s]	1	2	3			
4		v	21	84	189			
5								
6		t[s]	0.9	1.1	dt →	0.2	v=	21.07
7		x[m]	5.103	9.317	dx→	4.214		
8								
9		t[s]	1.9	2.1	dt →	0.2	v=	84.07
10		x[m]	48.013	64.827	dx→	16.814		
11								
12		t[s]	2.9	3.1	dt →	0.2	v=	189.07
13		x[m]	170.723	208.537	dx→	37.814		

微分と差分

〈2.7.4 積分の練習問題〉

この問題は，2.4.3 項で説明した体積の計算の類似問題である。図 2.19 で説明した半球の体積を計算する場合，図 2.20 のように円の面積の公式 πr^2 を使って「高さ（厚さ）Δx の円柱の体積」を足し合わせることによって体積を求めた。練習問題もまったく同様な考え方で計算できる。図 2.20 との違いは円柱の半径 y を

2.4.3 項の場合　　$y = \sqrt{10^2 - x^2}$

練習問題の場合　　$y = \dfrac{1}{2} x$

で計算することである。したがって，円柱の断面積を求めた後の手順は 2.4.3 項の例題 5 と同様である。エクセルによる計算例を次図に示す。

27 行（番号 n が 20）の積算値 261.6358・・・がすべての円柱を積算したもので，これが解答である。

ところで，半径 r，高さ h の円錐の体積は

$$V_{円錐} = \frac{1}{3} \cdot 円柱 = \frac{1}{3} \cdot (\pi r^2 \cdot h) = \frac{1}{3} \cdot (\pi \cdot 5^2 \cdot 10) = \frac{1}{3} \cdot 785.39 \cdots = 261.7993 \cdots$$

で計算できる。

エクセルによる数値積分で得られた値 261.6358・・・と解析的な値である 261.7993・・・とを比較すれば約 99.9%であり，実用上の問題はないと考えられる。

答　261.6

	A	B	C	D	E	F	G	H
1								
2								
3			刻み幅	Δx =	0.5			
4								
5		番号	x	y	平均高さ	円の面積	円柱の体積	積算値
6		n	x	y=0.5x	h=(y(n)+y(n-1))/2	S(n)=π・h^2	V(n)=Δx・S(n)	V(0)+V(1)+...
7		0	0	0.0000	---	---	---	0.0000
8		1	0.5	0.2500	0.1250	0.0491	0.0245	0.0245
9		2	1	0.5000	0.3750	0.4418	0.2209	0.2454
10		3	1.5	0.7500	0.6250	1.2272	0.6136	0.8590
11		4	2	1.0000	0.8750	2.4053	1.2026	2.0617
12		5	2.5	1.2500	1.1250	3.9761	1.9880	4.0497
13		6	3	1.5000	1.3750	5.9396	2.9698	7.0195
14		7	3.5	1.7500	1.6250	8.2958	4.1479	11.1674
15		8	4	2.0000	1.8750	11.0447	5.5223	16.6897
16		9	4.5	2.2500	2.1250	14.1863	7.0931	23.7828
17		10	5	2.5000	2.3750	17.7205	8.8603	32.6431
18		11	5.5	2.7500	2.6250	21.6475	10.8238	43.4669
19		12	6	3.0000	2.8750	25.9672	12.9836	56.4505
20		13	6.5	3.2500	3.1250	30.6796	15.3398	71.7903
21		14	7	3.5000	3.3750	35.7847	17.8924	89.6827
22		15	7.5	3.7500	3.6250	41.2825	20.6412	110.3239
23		16	8	4.0000	3.8750	47.1730	23.5865	133.9104
24		17	8.5	4.2500	4.1250	53.4562	26.7281	160.6385
25		18	9	4.5000	4.3750	60.1320	30.0660	190.7045
26		19	9.5	4.7500	4.6250	67.2006	33.6003	224.3048
27		20	10	5.0000	4.8750	74.6619	37.3310	261.6358

〈2.7.5　統計処理の練習問題〉

この問題は，2.5 節で説明した統計処理における例題 6 と数値が異なるだけある．

2 つのクラスの得点分布を示すと次図のようになり，B クラスのほうがデータのばらつきが大きい．

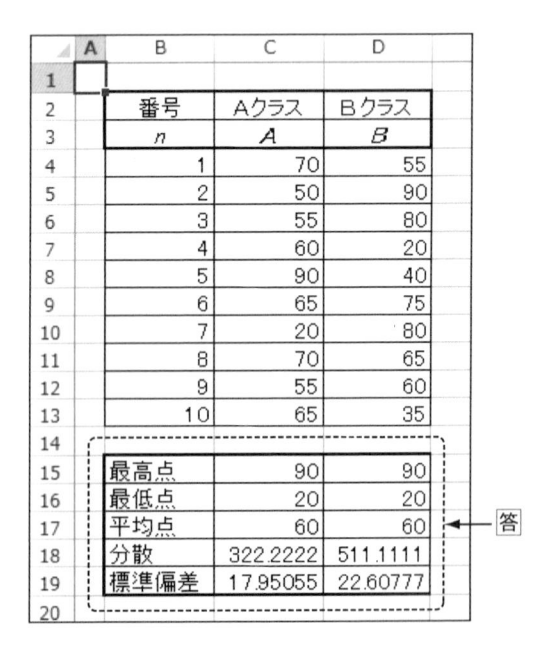

	A	B	C	D
1				
2		番号	Aクラス	Bクラス
3		n	A	B
4		1	70	55
5		2	50	90
6		3	55	80
7		4	60	20
8		5	90	40
9		6	65	75
10		7	20	80
11		8	70	65
12		9	55	60
13		10	65	35
14				
15		最高点	90	90
16		最低点	20	20
17		平均点	60	60
18		分散	322.2222	511.1111
19		標準偏差	17.95055	22.60777
20				

← 答

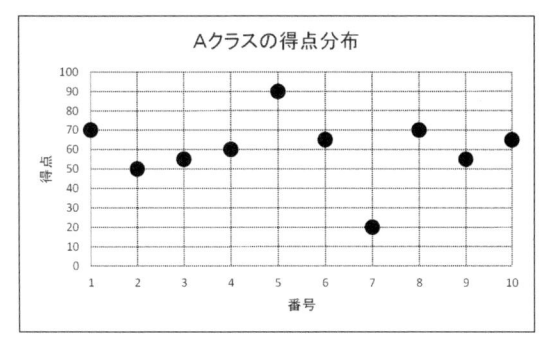

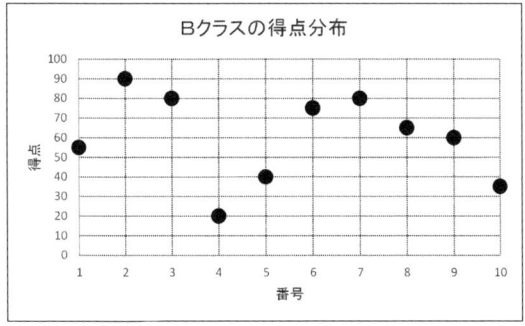

Aクラスの得点分布のグラフ

Bクラスの得点分布のグラフ

〈2.7.6　最小 2 乗法の練習問題〉

散布図を描くと次図のようになる。

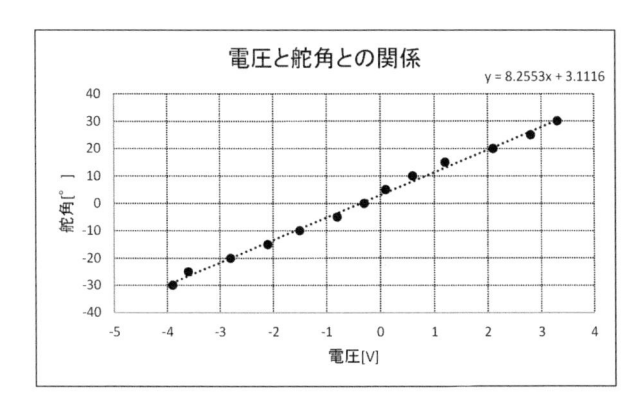

電圧と舵角との関係のグラフ　$y = 8.2553x + 3.1116$

　この問題は，2.6 節で説明した最小 2 乗法と近似曲線における例題 7 と数値が異なるだけである。エクセルで計算すると　$y = 8.2553x + 3.1116$　なので　$a = 8.2553$，$b = 3.1116$

259

と決定され，舵角 [°] = 8.2553 × 電圧信号 [V] + 3.1116 の関係が得られる。

答 $a = 8.2553$, $b = 3.1116$

◆ CHAPTER 3

〈3.5.1 力と運動に関する練習問題〉

① A2:A8 に時間を [s] の単位で，0 [s] から 5 [s] 間隔で 30 [s] まで設定。B2:B8 に加速度 0.2 [m/s²] を設定。右図のように数値積分によって速度(C 列目)と距離(D 列目)の時間変化を計算し，散布図を描く。

② 小問①の結果より，30 [s] のときの速度は 6 [m/s]，航行距離は 90 [m]。

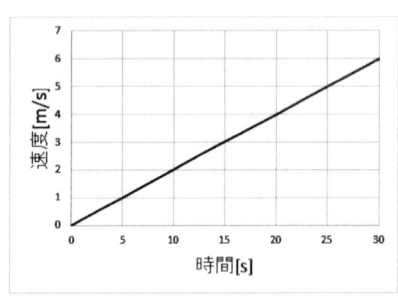

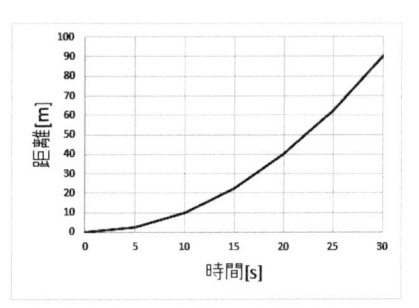

③ A9:A45 に時間を [s] の単位で，30 [s] から 5 [s] 間隔で 210 [s] まで設定（ 8 行目と 9 行目はどちらも同じ時間 30 [s] を表す）。B9:B45 に加速度 0 [m/s²] を設定し，速度と距離を計算し，散布図を描く。

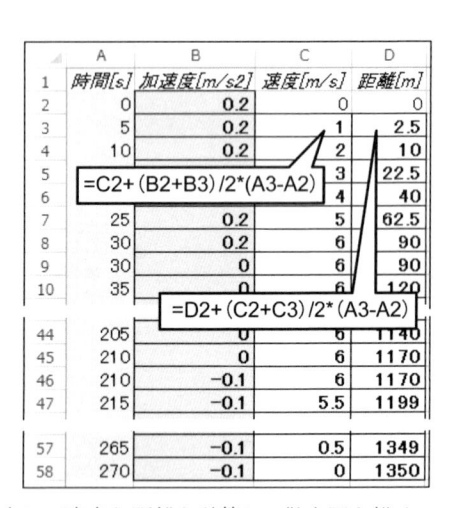

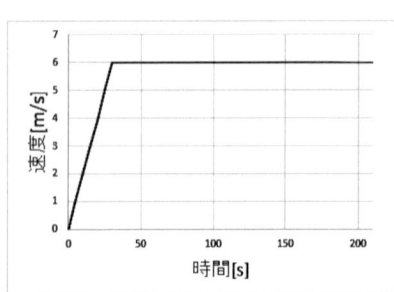

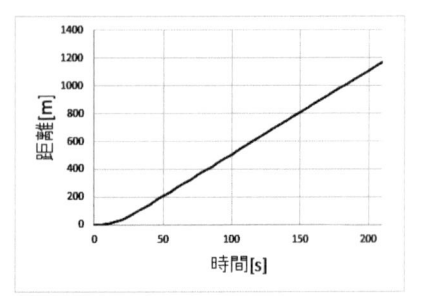

	A	B	C	D
1	時間[s]	加速度[m/s2]	速度[m/s]	距離[m]
2	0	0.2	0	0
3	5	0.2	1	2.5
4	10	0.2	2	10
5	15	0.2	3	22.5
6	20	0.2	4	40
7	25	0.2	5	62.5
8	30	0.2	6	90
9	30	0	6	90
10	35	0	6	120
...	...	...	...	...
44	205	0	6	1140
45	210	0	6	1170
46	210	−0.1	6	1170
47	215	−0.1	5.5	1199
...	...	...	...	...
57	265	−0.1	0.5	1349
58	270	−0.1	0	1350

C3: =C2+(B2+B3)/2*(A3-A2)
D3: =D2+(C2+C3)/2*(A3-A2)

④ A46 以下のセルに時間を [s] の単位で，210 [s] から 5 [s] 間隔で設定（ 45 行目と 46 行目はどちらも同じ時間 210 [s] を表す）。B46 以下のセルに加速度 -0.1 [m/s²] を設定し，速度と距離を計算。 C 列目がゼロとなる行を見つけることで，停止する時刻（ A 列目）は 270 [s]，その時刻までの航行距離（ D 列目）は 1350 [m] と求められる。

⑤ 小問①や③と同様に散布図を描く。

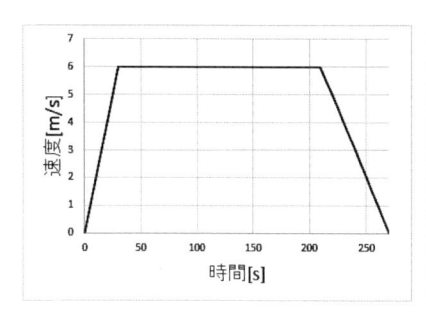

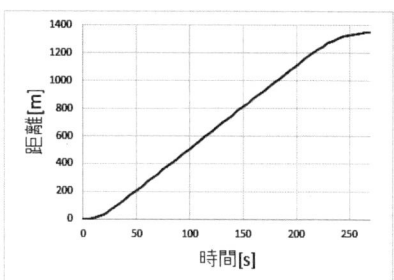

〈3.5.2 仕事とエネルギーに関する練習問題〉

 A2 に質量 15 [t] を設定し， A4 で [kg] の単位に換算。 A7 以下に時間を [min] の単位で 1 [min] 間隔で設定。なお， A7:A12 に 0 [min] から 5 [min] まで， A13:A23 に 5 [min] から 15 [min] まで， A24:A39 に 15 [min] から 30 [min] まで設定する（ 12 行目と 13 行目が同じ時間を， 23 行目と 24 行目が同じ時間を表す）。 B7 以下で時間を [s] の単位に換算。 C7 以下に推進力を [N] の単位で設定。すなわち C7:C12 に 100 [N] を， C13:C23 に 300 [N] を， C24:C39 に -200 [N] を設定。

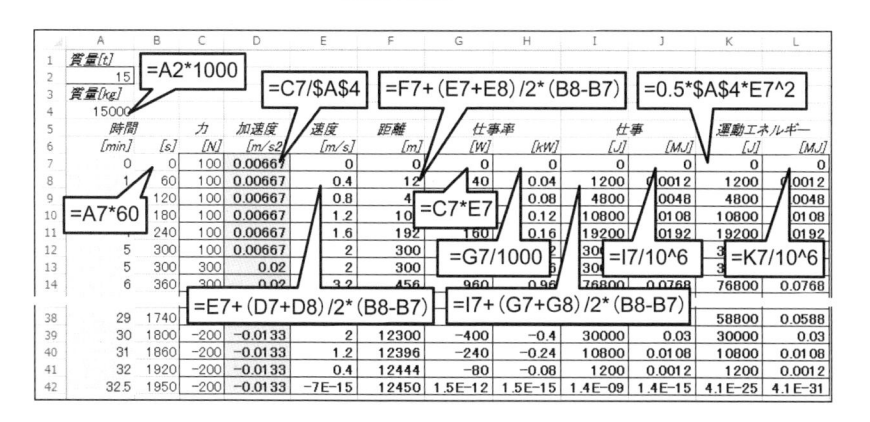

① D7 以下で，ニュートンの運動方程式によって加速度 [m/s²] を計算。
② 数値積分によって速度 [m/s]（ E7 以下）と距離 [m]（ F7 以下）を計算。時間 30 [min]（ 39 行目）以降も同様に計算。すると A41 が 32 のとき E41 が 0.4， A42 が 33 のとき E42 が -0.4 となり，32 [min] から 33 [min] までの間の時刻で速度がゼロになることがわかる。 A42 に {32.5} を設定すると E42 がほぼゼロになることから，停止時刻は出発から 32 分 30 秒後であることが求まる。また，そのとき F42 より航行距離が 12450 [m] と求まる。
③ 小問②での計算結果を散布図に描く。
④ G7 以下で，力と速度の積によって仕事率 [W] を計算， H7 以下で [kW] の単位に換算。

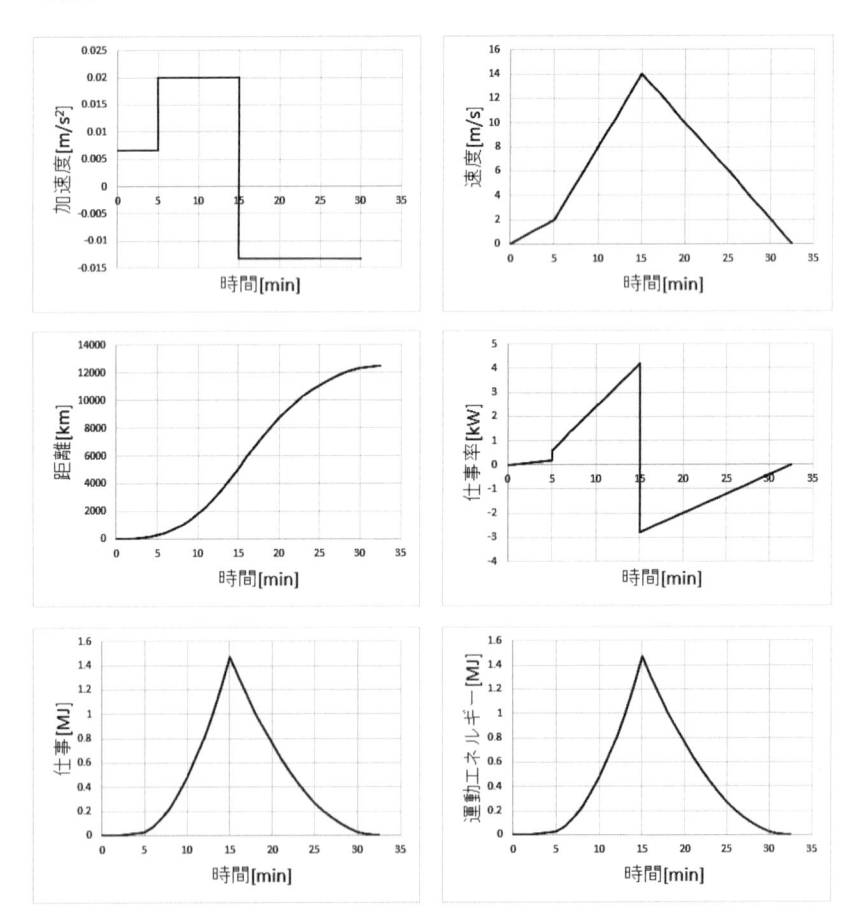

⑤ I7 以下で，数値積分によって仕事 [J] を計算，J7 以下で [GJ] の単位に換算。
⑥ K7 以下で，運動エネルギー [J] を計算，L7 以下で [GJ] の単位に換算。

〈3.5.3 電気回路に関する練習問題〉

R_{01}, R_{02}, R_A, R_b, R_c に流れる電流を，それぞれ I_{01}, I_{02}, I_A, I_b, I_c [A] とする。いずれも下から上への向きを正とする。キルヒホッフの第 1 法則により，R_{AB} を右から左に流れる電流は I_b+I_c，R_{PA} を右から左に流れる電流は $I_A+I_b+I_c$ となる。R_{ab} や R_{na} を左から右に流れる電流も同様に，I_b+I_c や $I_A+I_b+I_c$ となる。

分岐点 P において，キルヒホッフの第 1 法則を考える。また，閉回路 P → E_{01} → n → E_{02} → P，閉回路 A → P → E_{02} → n → a → A，閉回路 B → A → a → b → E_B → B，閉回路 C → B → E_B → b → c → E_C → C について，キルヒホッフの第 2 法則を考える。すると 5 つの方程式が成立し，行列形式で表せば次式のようになる。

$$\begin{bmatrix} 1 & 1 & 1 & 1 & 1 \\ -R_{01} & R_{02} & 0 & 0 & 0 \\ 0 & -R_{02} & R_{PA}+R_A+R_{na} & R_{PA}+R_{na} & R_{PA}+R_{na} \\ 0 & 0 & -R_A & R_{AB}+R_b+R_{ab} & R_{AB}+R_{ab} \\ 0 & 0 & 0 & -R_b & R_{BC}+R_c+R_{bc} \end{bmatrix} \begin{bmatrix} I_{01} \\ I_{02} \\ I_A \\ I_b \\ I_c \end{bmatrix} = \begin{bmatrix} 0 \\ -E_{01}+E_{02} \\ -E_{02} \\ E_B \\ -E_B+E_C \end{bmatrix}$$

この連立方程式を，§3.3.2 キルヒホッフの法則の例題 6 と同様にエクセルを使って解き，5 つの電流を求めることができる。

① $I_{01}=1.4942$, $I_{02}=1.4942$ と計算される。ゆえに電池 1 に流れる電流は，下から上へ 1.5 [A]。電池 2 に流れる電流は，下から上へ 1.5 [A]。

② $I_B=-1.144$, $I_C=-0.953$ と計算される。直流電動機 B に流れる電流は，上から下へ 1.1 [A]。直流電動機 C に流れる電流は，上から下へ 0.95 [A]。

③ $I_A=-0.891$。電球 A ($R_A=20$ [Ω]) にかかる電圧は，オームの法則より $R_A I_A = 20 \times (-0.891) = -17.82$ であるから，その大きさは 18 [V]。

④ $I_C=-1.507$ と計算されるから，上から下へ 1.5 [A]。

⑤ $I_A=-0.818$, $R_A I_A = 20 \times (-0.818) = -16.36$，ゆえに 16 [V]。

⑥ $I_B=-1.667$, $I_C=-1.389$ と計算される。直流電動機 B に流れる電流は，上から下へ 1.7 [A]。直流電動機 C に流れる電流は，上から下へ 1.4 [A]。

⑦ $I_A=-0.569$, $R_A I_A = 20 \times (-0.569) = -11.38$，ゆえに 11 [V]。

⑧ $I_{01}=3.9753$, $I_{02}=-1.025$ と計算される。ゆえに電池 1 に流れる電流は，下から上へ 4.0 [A]。電池 2 に流れる電流は，上から下へ 1.0 [A]。

〈3.5.4 熱と温度に関する練習問題〉

① ドラム缶と熱水の熱容量 C_1 は，ドラム缶の熱容量と熱水の熱容量の和であり，$C_1 = 20000 \times 0.435 + 100000 \times 4.22 = 430700$ [J/K] と求まる。§3.4.1 熱と温度の例題 7 と同様に，下の画面例のように平衡温度を計算し散布図を描く。ここで，熱水の質量（ C 列目）を {100000} で一定とし，冷水の質量（ G 列目）を {0} から {100000} まで 5000 刻みで増加させている。

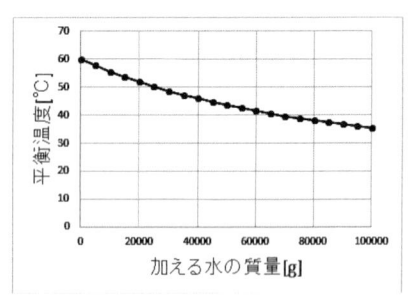

	A	B	C	D	E	F	G	H	I	J	K
1	ドラム缶		熱水		ドラム缶と熱水		冷水		=G3*H3		平衡温度
2	質量	比熱	質量	比熱	熱容量	初期温度	質量	比熱	熱容量	初期温度	
3	20000	0.435	100000	4.22	430700	60	0	4.22	0	10	60.00
4	20000	0.435	100000	4.22	430700	60	5000	4.22	21100	10	57.66
5	20000	0.435	100000	=A3*B3+C3*D3		60	10000	4.22	42200	10	55.54
6	20000	0.435	100000	4.22	430700	60	15000	=(E3*F3+I3*J3)/(E3+I3)			

② ドラム缶の熱容量と熱水の熱容量の和 C_1 は，熱水の量によって変化する値となる。下の画面例のように，熱水の質量（ C 列目）を {100000} から {0} まで 5000 刻みで減少させつつ，冷水の質量（ G 列目）を {0} から {100000} まで 5000 刻みで増加させて，平衡温度を計算し散布図を描く。

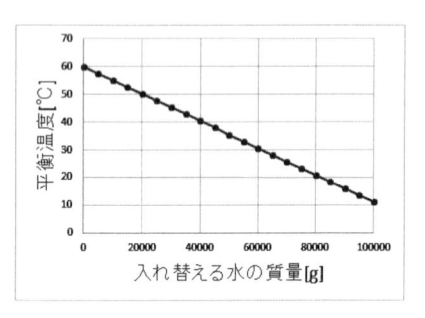

	A	B	C	D	E	F	G	H	I	J	K
1	ドラム缶		熱水		ドラム缶と熱水		冷水				平衡温度
2	質量	比熱	質量	比熱	熱容量	初期温度	質量	比熱	熱容量	初期温度	
3	20000	0.435	100000	4.22	430700	60	0	4.22	0	10	60.00
4	20000	0.435	95000	4.22	409600	60	5000	4.22	21100	10	57.55
5	20000	0.435	90000	4.22	388500	60	10000	4.22	42200	10	55.10
6	20000	0.435	85000	4.22	367400	60	15000	4.22	63300	10	52.65

◆ CHAPTER 4

〈4.7.1 船体の傾斜に関する練習問題〉

問1 は §4.1.1 横傾斜（ヒール）で解説した例題 1 と同じ問題であり，例題 1 で作成した図 4.2 のワークシートを利用すれば簡単に解くことができる。

問1 の題意に基づき，例題 1 の図 4.2 のワークシートにおける排水量 W を 20000 [t]，GM を 1.0 [m]，移動する船内貨物重量 w を 100 [t] に変更し，横移動量を，右表のとおり，元の位置（船体中心線）か

移動 No.	移動方向	移動距離 [m]	船体中心線からの横移動距離 l_H[m]
1	右	10	10
2	左	30	-20
3	右	10	-10

らの横移動距離 l_H[m] に換算して代入すれば，横傾斜角度 θ[°] は，図のとおり求まり，移動貨物の船体中心線からの横移動距離 l_H[m] に対応してグラフ表示する。

船体		
W([ton]) 船体 重量		GM[m] メタセンタ高さ
20000		1

船内貨物の横移動による横傾斜		
移動 No.	w[ton] 船内貨物重量(甲板上)	l_H[m] 船内貨物の横移動距離 [右:+/左:-]	θ[deg] = tan^{-1}{$(w \cdot l_H)/(W \cdot GM)$} 横傾斜角度 [右回り:+/左回り:-]
1	100	*10*	2.862
2	100	*-20*	-5.711
3	100	*-10*	-2.862

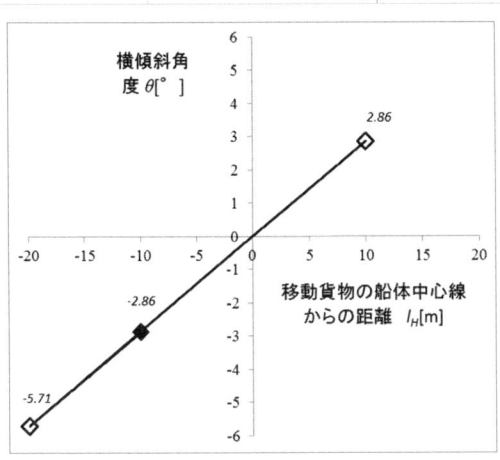

問2 は §4.1.2 縦傾斜（トリム）で解説した例題 2 と同じ問題であり，例題 2 で作成した図 4.6 のワークシートを利用すれば簡単に解くことができる。

問2 の題意に基づき，例題 2 の図 4.6 のワークシートにおける船首喫水 df を 3.5 [m]，船尾喫水 da を 3.5 [m]，浮面心位置 MF を 3 [m]，毎センチ排水トン数 TPC を 9.0 [t/cm]，毎センチトリムモーメント MTC を 38.0 [t·m/cm] に変更し，積荷時の船首喫水 df' と船尾喫水 da' は積載貨物重量 w を 70 [t]，積載貨物縦方向重心位置 l_L を 40 [m] とすることで求まり，揚荷時の船首喫水 df'' と船尾喫水 da'' は積載貨物重量 w を −40 [t]，積載貨物縦方向重心位置 l_L を 40 [m] とすることで得られる。演算結果は下図のとおりとなる。

L (m) 船長(垂線間長)		df (m) 旧船首喫水		da (m) 旧船尾喫水		MF (m) 浮面心:FのミジップMからの縦方向距離 [船首へ:+/船尾へ:−]		TPC (ton/cm) 毎センチ排水トン数		MTC (ton·m/cm) 毎センチトリムモーメント
100		3.5		3.5		3		9		38

w (ton) 積載貨物重量 [積荷:+/揚荷:−]		l_L (m) 積載貨物縦方向重心位置 (ミジップMからの距離) [船首へ:+/船尾へ:−]		$l_L'=l_L+MF$ (m) 積載貨物の縦方向重心位置の浮面心Fからの距離 [船首へ:+/船尾へ:−]		$w·l_L'$ (ton·m) 積載貨物量の浮面心F回りのトリムモーメント [船首トリム:+/船尾トリム:−]				
70		40		43		3010				

df' (m) $=df'cm/100$ 新船首喫水		$df'cm$ (cm) センチメートル新船首喫水		$df cm$ (cm) $=df·100$ 旧のセンチメートル船首喫水		$\Delta d = w/TPC$ (cm) 積載貨物重量による平行沈下量 [沈下:+/浮上:−]		$w·l_L'/MTC$ (cm) 積載貨物重量によるトリム変化量 [船首トリム:+/船尾トリム:−]		$(L/2+MF)/L$ トリム変化量の船首喫水への分配率
3.998	=	399.7593567	=	350	+	7.777777778	+	79.21052632	×	0.53

da' (m) $=da'cm/100$ 新船尾喫水		$da'cm$ (cm) センチメートル新船尾喫水		$da cm$ (cm) $=da·100$ 旧のセンチメートル船尾喫水		$\Delta d = w/TPC$ (cm) 積載貨物重量による平行沈下量 [沈下:+/浮上:−]		$w·l_L'/MTC$ (cm) 積載貨物重量によるトリム変化量 [船首トリム:+/船尾トリム:−]		$(L/2-MF)/L$ トリム変化量の船尾喫水への分配率
3.205	=	320.5488304	=	350	+	7.777777778	−	79.21052632	×	0.47

w (ton) 積載貨物重量 [積荷:+/揚荷:−]		l_L (m) 積載貨物縦方向重心位置 (ミジップMからの距離) [船首へ:+/船尾へ:−]		$l_L'=l_L+MF$ (m) 積載貨物の縦方向重心位置の浮面心Fからの距離 [船首へ:+/船尾へ:−]		$w·l_L'$ (ton·m) 積載貨物量の浮面心F回りのトリムモーメント [船首トリム:+/船尾トリム:−]				
−40		40		43		−1720				

df'' (m) $=df''cm/100$ 新船首喫水		$df''cm$ (cm) センチメートル新船首喫水		$df cm$ (cm) $=df·100$ 旧のセンチメートル船首喫水		$\Delta d = w/TPC$ (cm) 積載貨物重量による平行沈下量 [沈下:+/浮上:−]		$w·l_L'/MTC$ (cm) 積載貨物重量によるトリム変化量 [船首トリム:+/船尾トリム:−]		$(L/2+MF)/L$ トリム変化量の船首喫水への分配率
3.216	=	321.5660819	=	350	+	−4.444444444	+	−45.26315789	×	0.53

da'' (m) $=da''cm/100$ 新船尾喫水		$da''cm$ (cm) センチメートル新船尾喫水		$da cm$ (cm) $=da·100$ 旧のセンチメートル船尾喫水		$\Delta d = w/TPC$ (cm) 積載貨物重量による平行沈下量 [沈下:+/浮上:−]		$w·l_L'/MTC$ (cm) 積載貨物重量によるトリム変化量 [船首トリム:+/船尾トリム:−]		$(L/2-MF)/L$ トリム変化量の船尾喫水への分配率
3.668	=	366.8292398	=	350	+	−4.444444444	−	−45.26315789	×	0.47

演算結果である元の船首尾喫水（df, da），積荷時船首尾喫水（df', da'）と揚荷時船首尾喫水（df'', da''）に基づき，図 4.7 に倣って，原水線 WL，積荷時水線 WL′ と揚荷時水線 WL″ をグラフ表示すれば，喫水の変化を示す次図が得られる。

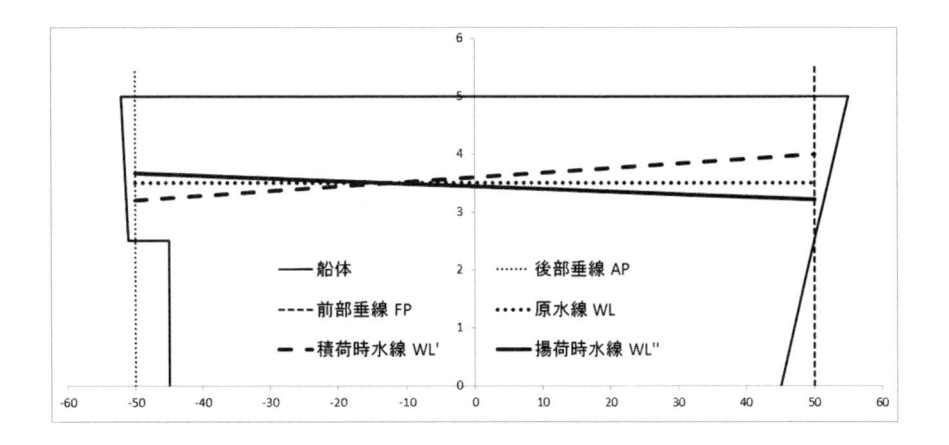

<図: 船体、前部垂線 FP、後部垂線 AP、原水線 WL、積荷時水線 WL'、揚荷時水線 WL''を示すグラフ>

〈4.7.2 航法に関する練習問題〉

問1　4.2 節の例題 6 が針路と航走距離が与えられているのに対して，着達地が与えられている点が異なっている。そこで，以下のようなエクセルによる計算で解いてはどうだろうか。

	A	B	C	D	E	F	G	H	I
1	練習問題1								
2	起程地l_{from}(°)	N	48	30		L_{from}	25	18	W
3	(')		2910				1518		
4	(°)	N	48.5						
5	M(l_{from})(')	N	3319.279413						
6	着達地l_{in}(')	N	45	15		L_{in}	32	14	W
7	(')		2715				1934		
8	(°)		45.25						
9	D.lat.(')		195						
10	M(l_{in})(')	N	3034.791884						
11	M.D.lat.	S	284.4875286						
12	D.Long.						416		W
13	Co.(°)	S	55.63317117				6	56	W
14			235.6331712						
15	Dist.		345.4450425						

起程地の緯度 C4 に対する漸長緯度 M(l_{from}) を C5 で求める（例題 6 のワークシートの C10 を参照）。次に，変緯 D.lat. を起程地と着達地の緯度から C9 で求める。次に，着達地の緯度に対する漸長緯度 M(l_{in}) を C10 で求める（例題 6 のワークシートの C11 を参照）。そして，漸長緯度差（M.D.lat.）を C11 で求める（例題 6 のワ

267

ークシートの C12 を参照)。また，変経（D.Long.）は起程地と着達地の経度から G12 のように計算できる。真針路は漸長緯度差と変経から C13 で求め， C14 のように 360° 式に直す。また航程は変緯と真針路から C15 のように計算できる。
（真針路 235°.6，航程 345′.4）

問2 4.2 節の例題 7 と同じであり，エクセルによる計算例のワークシートを利用することで解くことができる。針路と航程を表として作成し，合計の D.lat.（変緯）と Dep.（東西距）を求める。そして，D.lat. と Dep. を計算シートの C3 と G8 に入力する。まず着達地の緯度（l_{in}） C5 と D5 を求める。次に，中分緯度航法を使って平均中分緯度 C6 と変経（D.Long.） G9 を求め，着達地の経度 G11 と H11 を求める。そして，直航針路を C12，直航航程を C13 として計算する。
（着達地の緯度 41°39′N，経度 171°44′W，直航針路 N42°.9W，航程 69′.5）

	A	B	C	D	E	F	G	H	I
1	起程地l_{from}(°)	N	42	30		L$_{from}$	170	40	W
2	(′)	N	2550				10240		
3	D.lat.	S	50.9275						
4	着達地l_{in}(′)		2499.07						
5	(°)	N	41	39.072					
6	Mid.lat.(′)	N	2524.54						
7	(°)		42.0756				784.536		
8	Dep.						47.3541		W
9	D.Long.						63.797		W
10	L$_{in}$						10303.8		
11							171	43.797	W
12	Co.(°)	N	42.9177			W			
13	Dist.		69.5415						

問3 4.2 節の例題 9 と同じであり，エクセルによる計算例のワークシートを利用することで解くことができる。A，B の経度差を G6 に求める。次に，大圏距離 d を C9 に求める。そして， C14 と D14 に起程針路 X（ C12 は 90° を超えているので C13 のようにする）， C16 と D16 に着達針路 Y を求める。頂点の緯度は A 地点の緯度 C3 と起程針路 X から C17 で求める。頂点の経度は，まず A 地点と頂点の経差を A 地点の緯度 C3 と頂点の緯度 C17 から G19 で求め，A 地点の経度に加減して G22 で求める。そして，頂点の位置を考えて G24 （度分表示 G25 ， H25 ）とする。（起程針路 S75°49′.8E，着達針路 S65°10′.4E，大圏距離 4220′.8，頂点緯度 25°21′.5N，162°28′.4E）

	A	B	C	D	E	F	G	H	I
1			緯度				経度		
2	A地点 l from(°)	N	21	15		L1	162	40	W
3			21.25				9760		
4	B地点 l in(°)	S	−5	−20		L2	96	10	W
5			−5.3333333				5770		
6	ABの経度差(′)						17610		
7	(°)						293	30	W
8							293.5		
9	d(′)		4220.7581						
10	(°)		70	20.7581					
11			70.3459683						
12	X(起程針路)	N	104.169265		E				
13		S	75.8307355		E				
14	(°)		75	49.8441					
15	Y(着達針路)	S	65.1733558		E				
16	(°)		65	10.4013					
17	頂点緯度 lv(°)		25.3575005						
18		N	25	21.45					
19	Aと頂点の経差L1(°)						34.86042		
20							34	51.62	W
21							2091.625		
22	頂点経度L1						11851.62		
23							197	31.62	W
24	頂点の経度						9748.375		
25							162	28.38	E

〈4.7.3 誘導電動機に関する練習問題〉

① §4.3 の例題と同様に，エクセルを使って回転速度とトルクの関係をグラフに描く。すべりの変化の刻み幅を細かくすれば，より精度の高いシミュレーションとなる。グラフの最大点を見つけることで，トルクが最大となるときのすべりの大きさは 0.20，その最大トルクの大きさは 2.4 [N·m] と求められる。また，始動時（すべり 1 のとき）のトルクを表から読み取ることで，始動トルクの大きさは 0.91 [N·m] と求められる。

② 電動機のトルクの大きさが負荷トルク 0.5 [N·m] と一致する点を見つければよい。そのときのすべりの大きさは 0.021 と求められる。

③ トルクが最大となる点よりも回転速度が速い範囲（すべりが小さい範囲）で，電動機のトルクの大きさが負荷トルク 1.5 [N·m] と一致する点を見つければよい。そのときのすべりの大きさは 0.070 と求められる。

④ 小問①と同様の手順で，電源電圧を 220 [V] としてグラフを描く。トルクが最大となるときのすべりの大きさは 0.20，その最大トルクの大きさは 0.59 [N·m]，始動ト

ルクの大きさは 0.23 [N・m] と求められる。

⑤ 小問④で描いたグラフにおいて，トルクが最大となる点よりも回転速度が速い範囲（すべりが小さい範囲）で，電動機のトルクの大きさが負荷トルク 0.5 [N・m] と一致する点を見つければよい。そのときのすべりの大きさは 0.11 と求められる。

⑥ 二次巻線抵抗が 2 [Ω] の場合，小問①より，トルクが最大となるときのすべりの大きさは 0.20 である。二次巻線抵抗を 2 × (1/0.20) = 10 [Ω] へと調整すれば，比例推移の関係より，トルクが最大となるときのすべりの大きさは 1 となる。すなわち始動時にトルクが最大となる。小問①と同様の手順で，二次巻線抵抗を 10 [Ω] としてグラフを描く。

〈4.7.4 内燃系，熱系現象に関する練習問題〉

答 16509.737 [J]

❶ 問題中の条件をエクセル（Sheet「P」）へ記載し，①の V_1 (= 容積 V_s)，P_1 (= 大気圧力) と②の V_2 (= $V_1/(\varepsilon - 1)$) を計算する。

	A	B	C	D
1				
2		作動流体	空気	
3		比熱比 κ	1.41	-
4		容積 VS	0.0234	m3
5		圧縮比	13	-
6		大気圧力Patm	1013	hPa
7		燃焼終了後の容積	0.0045	m3
8				
9		①について，		
10		V1	0.0234	m3
11		P1	101300	Pa
12				
13		②について，		
14		V2	0.00195	m3

❷ Sheet2 にて実際の体積と圧力の変化を計算する。まず，体積の変化量 dV を 0.0001 [m³] とする（この値は各自で決定できるが，例として本解答では 0.0001 [m³] を用いる）。①の値が入る `B6` に V_1 `=P!C10` ，`C6` に P_1 `=P!C11` を入力する。両者の値と比熱比 κ を用いて $C_{comp.}$ を導出するために `F2` に `=C6*B6^P!C3` を入力する。

❸ 体積の変化量 dV を用いて，`B7` の体積を `=B6-$C$2` とし，`B8` 以降，体積を②の体積 V_2 (0.00195 [m³]) まで減少させる。

dV を 0.0001 [m³] とすると，`B220` の体積が 0.002 [m³] なので，`B221` に `=P!C14` を入力する（0.00195 が入る）。

練習問題の解答例

	A	B	C	D	E	F
1						
2		dV		0.0001	m3	Ccomp.	508.3979659
3					Cexp.	
4						
5		体積[m3]	圧力[Pa]			
6	①	0.0234	101300			
7		0.0233	101913.5561			

❹ 圧力の変化を `C7` から `C221` に入れることで①→②の変化が揃う。`C7` には❷で求めた $C_{\text{comp.}}$ を用いて，`=$F$2/(B7^P!$C$3)` を入力することで体積 `B7` に対する圧力 `C7` が導出される。`C8` 以降は§1.1.3 オートフィル機能を用いて `C221` まで圧力を計算する。

❺ `B222` と `C222` に体積 V_3 と圧力 P_3 をそれぞれ入力する。`B222` には燃焼後の体積 `=P!C7` を入力する。②→③は等圧変化なので `C222` には `=C221` を入力する。

❻ `B222` と `C222` から $C_{\text{exp.}}$ を `F3` にて導出する。`F3` に `=C222*B222^P!C3` を入力する。`B223` 以降は体積が増加するので dV を用いて `=B222+$C$2` により V_4 = 0.0234 まで§1.1.3 オートフィル機能で計算する（ `B411` ）。`C223` は $C_{\text{exp.}}$ を用いて `=$F$3/(B223^P!$C$3)` で導出する（ `C411` まで）。これで③→④の断熱膨張変化が完成する。

❼ ①に戻るため `B412` に `=B411`，`C412` に `=P!C11` を入力する。以上で①→②→③→④→①のサイクルが計算された。次に，各過程における仕事量の計算を行う。

❽ ③→④の断熱膨張過程で外部にする仕事 W_1 を導出する。まず，`D223` にて微小領域（短冊）の面積 `=(B223-B222)*(C222+C223)/2` を計算する。同様に `D224` にて `=(B224-B223)*(C223+C224)/2` を入力し，`D411` まで計算する。`F5` にて `D223` から `D411` までの総和 `=SUM(D223:D411)` を計算することで面積 W_1 が導出される。

❾ ②→③の等圧変化における面積を導出し，等圧膨張で外部にする仕事 W_1' を求める。面積は長方形 $(V_3 - V_2) \times P_2$ で導出できるため，`F6` にて `=(B222-B221)*C221` を計算する。

❿ 圧縮で外部から作動流体が受ける仕事 W_2 を求める。断熱圧縮過程 $V_1 \to V_2$ ($P_1 \to P_2$) の領域で，まず `D7` にて微小領域（短冊）の面積 `=(B7-B6)*(C6+C7)/2` を導出する。同様に `D8` にて `=(B8-B7)*(C7+C8)/2` を計算し，

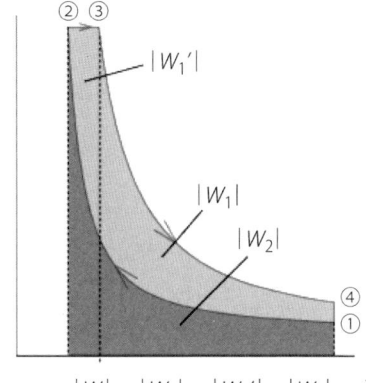

$|W| = |W_1| + |W_1'| - |W_2|$

D221 まで導出する．F7 にて D6 から D221 までの総和 =SUM(D6:D221) を計算することで面積 W_2 が導出される．

⑪ 膨張により外部にする仕事（$W_1' + W_1$）と圧縮で外部から受ける仕事 W_2 の差を導出し，これが1サイクルでの仕事 W（= 16509.7367 [J]）となる．

	A	B	C	D	E	F	G
1							
2		dV	0.0001	m3	Ccomp.	508.3979659	
3					Cexp.	1653.044887	
4							
5		体積[m3]	圧力[Pa]	積分	W1=	18158.29136	J
6	①	0.0234	101300		W1'=	8586.084983	J
7		0.0233	101913.5561	-10.1606778	W2=	-10234.63964	J
8		0.0232	102533.4913	-10.22235237	(W1'+W1)-W2=	16509.7367	J
9		0.0231	103159.9	-10.28466957			

〈4.7.5　梁の曲げ応力に関する練習問題〉

問1は §4.5.1 梁の曲げ応力で解説した例題14とまったく同じであり，問2は問1のワークシートを応用すれば簡単に解ける．

問1は §4.5.1 の例題14における図4.48のワークシートに，最大曲げモーメント $BM_{max} = 10$ [t·m] と A〜D の4種類の断面形状を代入すれば最大曲げ応力 σ_{max} [kgf/mm²] が求まる．次に，船体用圧延鋼材の引っ張り強さ 41 [kgf/mm²] を代入し，「引っ張り強さ/

軟鋼引張強さ[kgf/mm²]		41			最大曲げモーメント BMmax[t-m]		10	=
断面名称	外側		内側		面積	外側2次モーメント	内側2次モーメント	部材2次モーメント
	横	高	横	高	A[mm²]	Io[mm⁴]	Ii[mm⁴]	I[mm⁴]
	bo[mm]	ho[mm]	bi[mm]	hi[mm]	bo·ho·bi·hi	bo·ho³/12	bi·hi³/12	Io-Ii
A	200	100			20000	16666666.7	0	16666666.7
B	100	200			20000	66666666.7	0	66666666.7
C	100	300	100	100	20000	225000000	8333333.3	216666667
D	200	200	200	100	20000	133333333.3	16666666.7	116666667

最大曲げモーメント BMmax[kgf-mm]		10000000		
作用点距離	断面係数	最大曲げ応力	安全率	強さ順位
y[mm]	Z[mm³]	σmax[kgf/mm²]	SF=強さ/σmax	強い:1
(中性軸から)	I/y	Mmax/Z		〜4:弱い
50	333333.3	30	1.4	4
100	666666.7	15	2.7	3
150	1444444.4	6.923	5.9	1
100	1166666.7	8.571	4.8	2

最大曲げ応力」で定義される安全率 SF の演算式を加えることで，図の演算結果が得られる。

梁断面の強さ順位は強いほうからC→D→B→Aとなり，最大曲げ応力 σ_{max} [kgf/mm²] と安全率 SF は図に示すとおりとなった。

単位に kgf などの工学単位系が用いられていることに注意して演算せよ。

問 2 の 2 つの縦隔壁を有する中央断面を 1 つにまとめた内側断面と捉えれば，**問** 1 と同様に解くことができる。**問** 1 のワークシートの最大曲げモーメント BM_{max} を $W \cdot L/32$ [t·m]に，断面外側の横長さを 4 [m]，高さを 2 [m]に変更し，1 つにまとめた内側断面の横長さを 3.98 [m]，高さを 1.99 [m] とすることで，下図の演算結果が得られ，最大曲げ応力 σ_{max} は 3.188 [kgf/mm²]，安全率 SF は 12.9 となった。

断面形状などの諸数値の単位が，**問** 1 と異なり，[m] となっていることに注意して演算せよ。

最大曲げモーメント BMmax [t-m]= W*L/32		168.75		=	最大曲げモーメント BMmax [kgf-m]	
断面外側		断面内側		外側2次モーメント	内側2次モーメント	断面2次モーメント
横	高	横	高	Io[m⁴]	Ii[m⁴]	I[m⁴]
bo[m]	ho[m]	bi[m]	hi[m]	bo·ho³/12	bi·hi³/12	Io-Ii
4	2	3.98	1.99	2.66666667	2.613732002	0.05293466

168750		軟鋼引張強さ [kgf/mm²]		41
作用点距離	断面係数	最大曲げ応力	最大曲げ応力	安全率
y[m]	Z[m³]	σmax[kgf/m²]	σmax[kgf/mm²]	SF=強さ/σmax
(中性軸から)	I/y	Mmax/Z		
1	0.0529347	3187892.093	3.188	12.9

〈4.7.6 物理現象の数学モデルに関する練習問題〉

§4.6.3 旋回運動のシミュレーションで解説した例題 18 とまったく同じ問題であり，例題 18 で作成した図 4.59 のワークシートを利用すれば簡単に解くことができる。本練習問題と例題 18 における定数などの差異を整理すると次表となる。

A 船は舵角 35 [°] を取り始めた時刻 [s] と演算終了時刻 [s] が異なるだけで，他の定数は例題 18 と同じであり，他の B, C と D 船は A 船と T と K の定数のみが異なっている。

まず，A 船の旋回運動は図 4.59 のワークシートにおける舵角 35 [°] を取り始めた時刻を 5 [s] に，演算終了時刻を 200 [s] に変更することで求まる。

次に，他の B, C と D 船の旋回運動は A 船のワークシートをコピーし，表に示す各

変数	例題18	A	B	C	D
追従性の指数 T [s]	10	10	20	10	20
旋回性の指数 K [s^{-1}]	0.1	0.1	0.1	0.05	0.05
船速 V_s [m/s]	5	5			
舵角35 [°] を取り始めた時刻 t [s]	2	5			
演算終了時刻 t [s]	120	200			

船の定数 T と K に変更することで求まる。

最後に，A, B, C と D 船の4種ワークシート上の運動演算結果に基づき，時刻 t [s] と旋回角速度応答 $r(t)$ [°/s] から旋回角速度応答グラフを，x と y の移動距離（$x(t)$, $y(t)$）[m] から旋回軌跡グラフを描き，右図を得る。

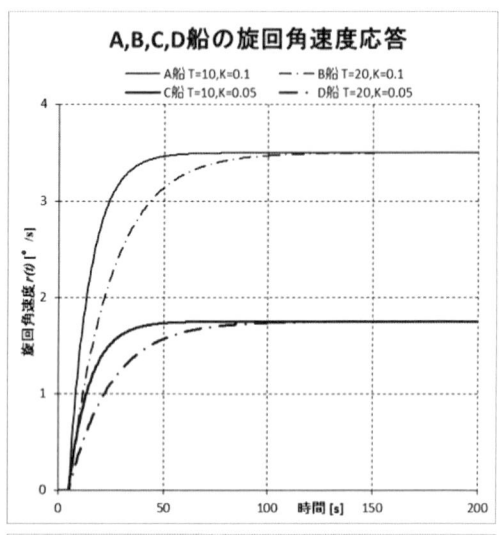

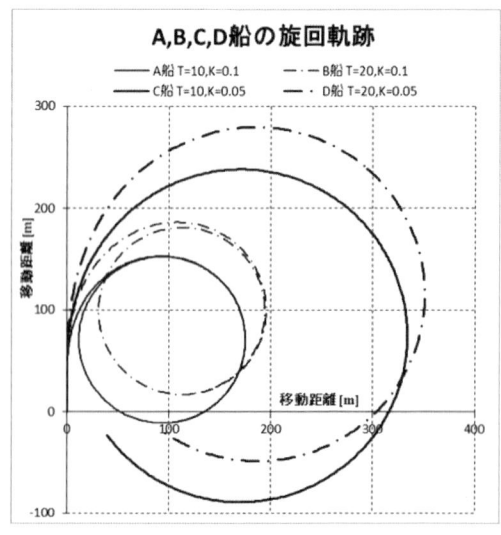

索　　引

【アルファベット他】
3-D 等高線　*157*
COUNTIF　*73*
Dep.　*183*
D.Long.　*185*
FALSE　*66*
IF 関数　*65, 67*
least square method　*118*
LSM　*118*
MTC　*173*
PID 型オートパイロット　*102*
scale factor　*119*
SUMIF　*73*
Taylor 展開　*125*
TPC　*173*
TRUE　*66*

【あ】
アクティブセル　*14*
圧力　*155*

【い】
1 階線形微分方程式　*233*

【う】
右辺行列　*95*
運動エネルギー　*141*

【え】
エネルギー　*141*
演算子　*25*
円柱の体積　*107*
円の方程式　*103*
円の面積　*102*

【お】
オットーサイクル　*206*
オートカルク　*27*
オートパイロット　*101*
オートフィル　*14, 20*
オーム　*145*
オームの法則　*144, 235*
温度　*151*

【か】
荷重曲線　*230*
加速度　*133*
画面表示ボタン　*15*
関数　*28*

【き】
気体　*155*
気体定数　*155*
起程地　*183*
起電力　*144*
偽の場合　*66*
逆行列　*95, 96*

275

球の体積　*106*
球面三角形　*195*
行　*14*
距等圏　*183*
距等圏航法　*183, 185*
距離　*130*
キルヒホッフの法則　*147*

【く】
クイックアクセスツールバー　*12*
グラフ　*75, 83*
クラメールの公式　*97*

【け】
係数行列　*95*
検索　*10*

【こ】
航程　*183, 185*
航程の線航法　*183*

【さ】
サイクルで得られる出力の計算　*216*
最小2乗法　*117, 118*
最小値　*109*
最大値　*109*
最大曲げ応力　*220*
最大曲げモーメント　*232*
差分する　*99*
三角比　*93*
残差　*118*
算術演算子　*25*
三相誘導電動機　*199*
散布図　*45*

【し】
仕事　*137*
仕事率　*138*
実航針路　*193*
実航速力　*193*
質量保存則　*236*
シート　*13*
シート見出し　*14*
始動電流　*200*
四分円の面積　*102*
シミュレーション　*244*
シャルルの法則　*155*
重量曲線　*230*
出力　*138*
ジュール　*137*
瞬間的な速さ v　*99*
条件式　*66, 67, 70, 71*
状態方程式　*155*
指令舵角　*101*
真の場合　*66*
針路偏差　*101*

【す】
数学モデル　*233*
数式バー　*14*
数値積分　*103*
数値積分法　*242*
スケールファクタ　*119*
ステータスバー　*14*
スピンボタン　*78*
ズームスライダー　*15*

【せ】
正規分布　*111*
正弦定理　*93*

積分（I） *101, 102*

絶対参照 *58*

セル *14*

船体縦強度 *218*

せん断応力 *219*

せん断力 *218*

せん断力曲線 *232*

漸長緯度 *189*

漸長緯度航法 *183, 188*

漸長緯度差 *190*

漸長図 *188*

【そ】

相対参照 *57*

速度 *130*

【た】

大圏距離 *195*

大圏航法 *194*

体積 *106*

タイトルバー *12*

縦強度 *224*

縦傾斜 *172*

縦曲げモーメント *229*

タブ *12*

断熱過程 *158*

断面係数 *219*

断面 2 次モーメント *219*

【ち】

力 *133*

着達地 *183*

中性軸 *219*

頂点 *195*

直航航程 *191*

直航針路 *191*

【て】

抵抗 *145*

電圧 *144*

電圧降下 *144*

電動機 *199*

電流 *144*

【と】

等エントロピ過程 *158*

等温過程 *158*

等高線 *157*

東西距 *183*

トリム *172*

トルク *200*

【な】

名前ボックス *14*

【に】

ニュートン *134*

ニュートンの運動方程式 *134*

ニュートンの第 2 法則 *234*

【ね】

熱 *152*

熱平衡状態 *151*

熱容量 *152*

【は】

舶用自動操舵装置 *101*

梁の曲げ応力 *218*

半球の体積 *106*

【ひ】

比較演算子　67
引数　28, 66, 72
ピタゴラスの定理　94
比熱　152
微分（D）　102
標準偏差　111
標本分散　110
標本平均　109
ヒール　164
比例（P）　102

【ふ】

ブック　13, 81
物理現象　233
不偏分散　111
浮力曲線　230
分散　110
分子　155

【へ】

平均　109
平均中分緯度航法　183, 186
平均的な速さ V　99
平衡温度　151
平面航法　183
ヘロンの公式　94
変緯　183
変経　185
変数行列　95

【ほ】

ホイートストンブリッジ　148
ボイルの法則　155
ボイル=シャルルの法則　155
ポインタ　13

【ま】

毎センチトリムモーメント　173
毎センチ排水トン数　173
マーカー　47
曲げ応力　219
曲げモーメント　218
曲げモーメント曲線　230, 232

【め】

メタセンタ高さ　165

【よ】

余弦定理　94
横傾斜　164

【ら】

ラジアン　90

【り】

リボン　12
流潮航法　193

【れ】

列　14
連針路航法　191

【ろ】

論理式　66

【わ】

ワークシート　49

〈編者紹介〉

商船高専キャリア教育研究会

商船学科学生のより良きキャリアデザインを構想・研究することを目的に，2007年に結成。
富山・鳥羽・弓削・広島・大島の各商船高専に所属する教員有志が会員となって活動している。
2014年は富山高等専門学校が事務局を担当している。

連絡先：〒933-0293
　　　　富山県射水市海老江練合1-2
　　　　富山高等専門学校　商船学科　気付

ISBN978-4-303-11542-5

マリタイムカレッジシリーズ

エクセルで試してわかる数学と物理

2014年9月26日　初版発行　　　　　　　　　　　　　　　© 2014

編　者	商船高専キャリア教育研究会	検印省略
発行者	岡田節夫	
発行所	海文堂出版株式会社	

　　　　本　社　東京都文京区水道 2-5-4（〒112-0005）
　　　　　　　　電話 03(3815)3291(代)　FAX 03(3815)3953
　　　　　　　　http://www.kaibundo.jp/
　　　　支　社　神戸市中央区元町通 3-5-10（〒650-0022）

日本書籍出版協会会員・工学書協会会員・自然科学書協会会員

PRINTED IN JAPAN　　　　　　　　　　印刷　田口整版／製本　誠製本

JCOPY ＜(社)出版者著作権管理機構　委託出版物＞

本書の無断複写は著作権法上での例外を除き禁じられています。複写される場合は，そのつど事前に，(社)出版者著作権管理機構（電話03-3513-6969，FAX 03-3513-6979，e-mail: info@jcopy.or.jp）の許諾を得てください。

図 書 案 内

船しごと、海しごと。
商船高専キャリア教育研究会 編
A5・224頁・定価（本体2,200円＋税）
ISBN978-4-303-11530-2
日本図書館協会選定図書

海、船にかかわる仕事がわかるガイドブック。「仕事って何だろう？」という第1講から始まり、海と船の基礎知識、船舶職員はもちろん海に関係がある様々な職業の紹介など、20講から構成。いろんな職場で活躍している12人の先輩たちからのメッセージも収録。それぞれの仕事のやりがいが伝わってくる。

＜マリタイムカレッジシリーズ＞
商船学の数理―基礎と応用
商船高専キャリア教育研究会 編
A5・200頁・定価（本体2,200円＋税）
ISBN978-4-303-11540-1

商船学を学ぶ学生が専門科目を理解する上で必須となる数理の基礎事項について、一般科目の数学や物理の内容を補完し、関係する部分を一貫して取り扱うことにより理解を深めることができるテキスト。最も重要な三角関数、ベクトル、物理単位の換算に重点を置くとともに、応用として、船舶の運動、振動現象などを解説。

＜マリタイムカレッジシリーズ＞
Surfing English
（CD付）
池田恭子 編／KCC-JMC NCEC協力
A5・192頁・定価（本体2,400円＋税）
ISBN978-4-303-23345-7

ハワイ州カウアイ・コミュニティ・カレッジの先生と学生の協力のもとに作成された、10日間で集中的に中学校で学んだ英文法が復習できるテキスト。添付CDに収録されたサーフィンを中心にハワイの海や文化を題材としたストーリーを聞きながら楽しく学べる。カウアイ島の鳥たちの声や音楽も聞こえてきますよ。

はじめての船上英会話［二訂版］
（PowerPoint用DVD付）
商船高専海事英語研究会 編
A5・192頁・定価（本体2,600円＋税）
ISBN978-4-303-23341-9

座学・実習において習得すべき船内コミュニケーションフレーズと海事英語語彙をテーマごとに全31ユニットに整理。写真や図を多用して理解を助けるとともに、ポイントとなる部分には解説を加えた。添付のDVDには、全ユニットに対応した文字・音声・映像情報を収録。二訂版では、ロールプレイタスクおよびナレーションタスクを追加。

＜マリタイムカレッジシリーズ＞
船舶の管理と運用
商船高専キャリア教育研究会 編
A5・160頁・定価（本体1,900円＋税）
ISBN978-4-303-24000-4

商船系高等専門学校の教員有志による、新時代の教科書「マリタイムカレッジシリーズ」第1弾。写真と図を多用した、見て分かる解説。〔目次〕①船の役割、②船の歴史、③船の種類と構造、④船の設備、⑤船体の保存と手入れ、⑥船用品とその取扱い、⑦舵とプロペラ、⑧性能に関する基礎知識、⑨錨泊、入港から出港までの操船

＜マリタイムカレッジシリーズ＞
船の電機システム
～マリンエンジニアのための電気入門～
商船高専キャリア教育研究会 編
A5・224頁・定価（本体2,400円＋税）
ISBN978-4-303-31500-9

船舶運航に必要な電機システム、電気工学技術について、海技士国家試験に出題される内容を中心に解説。なるべく計算式を省き、図解により初等機関士として最低限必要な電気工学の知識が得られる。電気工学の基礎から電気技術応用まで、幅広い内容が網羅されており、機関士として乗船勤務した際にも活用できる。

表示価格は2014年8月現在のものです。
目次などの詳しい内容はホームページでご覧いただけます。

http://www.kaibundo.jp/